冯玉增　李玉英　邓旭先　主编

石榴
病虫草害诊治
生态图谱

Atlas of Diagnosis and Treatment for Disease Pest and Weed Disease of Pomegranate

中国林业出版社
China Forestry Publishing House

编委会

主　　编：冯玉增　李玉英　邓旭先
副 主 编：（以姓氏笔画为序）
　　　　　李　爽　刘静敏　刘　斌　庞发虎　郝　静　黄　云　常　玮

图书在版编目（CIP）数据

石榴病虫草害诊治生态图谱 / 冯玉增，李玉英，邓旭先主编 . -- 北京：中国林业出版社，2019.8
ISBN 978-7-5219-0236-5

Ⅰ . ①石… Ⅱ . ①冯… ②李… ③邓… Ⅲ . ①石榴－病虫害防治－图谱②石榴－除草－图谱 Ⅳ . ① S436.65-64 ② S45-64

中国版本图书馆 CIP 数据核字 (2019) 第 177621 号

策划编辑：何增明
责任编辑：张　华

出版发行	中国林业出版社（100009　北京西城区德内大街刘海胡同 7 号）
	电话：（010）83143566
发　　行	中国林业出版社
印　　刷	固安县京平诚乾印刷有限公司
版　　次	2019 年 9 月第 1 版
印　　次	2019 年 9 月第 1 次印刷
开　　本	880mm×1230mm　1/32
印　　张	12.5
字　　数	492 千字
定　　价	69.00 元

前言 Preface

　　石榴在我国栽培和分布范围较广。由于各地自然条件不同、生态环境复杂多样，导致病虫草害种类繁多，危害严重，对石榴生产安全构成了直接威胁。由病虫草害引起的品质下降、产量降低以及市场损失更难以计量。防治失当，不合理的使用农药，还会造成果品农药残留超标与环境污染。随着我国人民生活水平的提高，加之我国农产品市场对国际市场的开放程度越来越广，出口量增加，对果品品质、质量安全要求也越来越高。

　　笔者长期从事果树病虫草害研究与防治技术的推广应用工作，在与果农的长期交往实践中，深知果农到底需要什么，渴望什么。

　　正确认识病虫草害、科学预防、合理用药、降低成本，是广大果农的迫切需求；吃上高品质的放心果品，减少农药残留影响，是广大消费者的迫切愿望。很多果农对果树病虫草害的诊断与防治技术还较落后，现在很多果树栽培类书，有关病虫草害多局限于文字描述，缺乏详实的生态图谱，即便是从事病虫草害研究和技术推广的专业技术人员，也很难通过阅读文字准确识别，而没有果树病虫草害专业知识的果农，就更不可能通过文字描述正确认识果树的病虫草害，从而进行正确的防治了。

　　为此，笔者早在20多年前就自费数千元，购买了当时较先进的数码相机，深入田间、果园拍照，与果农交朋友，收集他们的经验体会。为正确识别病虫草并拍摄生态图片，查阅了大量的果树专业技术文献，以图找病虫，由文字描述找病虫，对有些病虫草，请有关专家进行鉴定或征询同行意见。为了找全找齐各个虫态的生态图，采用沙网袋套袋饲养、夜晚观察、特殊天气条件下观察、昆虫周年生活史观察等方法，争取拍摄出理想的各虫态生态图片。对于昆虫尽量拍摄到各虫态的生态图片，对于病害尽量拍摄到不同发病期、树体不同发病部位的生态图片，对于杂草尽量拍摄到从幼苗到成株的各个生长阶段的生态图片。经过多年辛苦和不懈努力，拍摄积累了我国北方十余种落叶果树、数万张果树病虫草害及天敌生态图片。希望通过自己的努力，编写出版一套图像清晰、色彩真实、病状全面、真正实用的果树病虫草害及无公害防治图谱，同时配以简单而贴切的症状文字描述、发生规律和防治方法，让果农一看就懂、一学就会，用药用工少，防治效益好。

本书编写的主旨是为果农做点事，为我国北方落叶果树生产做点事，为提高果品产量、改善品质、减少农药残留，为国民果品消费安全，建设生态安全、还绿水青山，尽自己的一份力。

本套丛书包括苹果、梨、石榴、桃、杏、李、柿、枣、核桃、板栗、樱桃、山楂等12个分册。每个树种1个分册，书中绝大部分照片为田间实拍，清晰度高，色彩逼真。同一种病害尽可能表现在植株不同部位、不同时期的典型症状；同一种害虫尽可能表现出不同虫态，同一虫态尽可能表现不同的龄期、不同的表现型，以及害虫为害症状；同一种杂草尽可能表现出从幼苗到成熟期不同的生长龄期；同一种天敌，也尽量提供不同虫态的生态照片。在病虫草害防治方面，坚持"预防为主，综合防治"的农业植物保护方针，着重介绍最新研究推广的成功经验、新药剂、新方法。

丛书邀请国内在该领域有丰富理论和实践经验的专家共同编写完成。内容突破了以往农业科普读物中以语言文字介绍为主的局限性，更多的采用生态照片，形象生动、通俗易懂、内容科学简要、技术先进实用，使读者可以简明、快捷、准确地诊断病虫草害，适时、科学、正确、合理地开展防治。

云南农业大学李正跃教授提供了井上蛀果斑螟相关资料，云南省建水县植保植检站孙文研究员提供了井上蛀果斑螟成虫、幼虫及危害石榴果实照片，在此表示感谢。

全书的编写，还引用、借鉴了同行的部分内容。个别利用了微友发在微信群里共享照片。由于篇幅所限，不一一列出，在此一并感谢。

由于编著者水平所限，加之内容宽泛，书中难免有疏漏和不当之处，敬请同行专家、广大读者朋友批评指正。

冯玉增
2019年3月

目 录 Contents

前言
生态图谱 / 1～176

第1章 石榴病害诊断与防治 / 1

01 石榴干腐病·················· 2
02 石榴茎基枯病·············· 3
03 石榴枝枯病·················· 3
04 石榴褐斑病·················· 4
05 石榴叶枯病·················· 4
06 石榴果腐病·················· 5
07 石榴煤污病·················· 6
08 石榴炭疽病·················· 6
09 石榴黑霉病·················· 7
10 石榴蒂腐病·················· 8
11 石榴焦腐病·················· 8
12 石榴曲霉病·················· 9
13 石榴疮痂病·················· 9
14 石榴青霉病·················10
15 石榴黑斑病·················10
16 石榴麻皮病·················11
17 石榴根结线虫病···········12
18 石榴皱叶病·················13
19 石榴黄叶病·················13
20 石榴根腐病·················14
21 石榴木腐病·················14
22 石榴白纹羽病·············15
23 石榴膏药病·················16

24 石榴冠瘿病·················16
25 石榴枯萎病·················18
26 石榴叶霉病·················19
27 地衣寄生·····················20
28 石榴太阳果病··············21
29 石榴果实贮藏期褐变····22
30 石榴农药药害·············23
31 石榴多效唑药害··········25
32 石榴除草剂药害··········26
33 石榴裂果·····················27
34 石榴日灼·····················28
35 石榴霜害·····················29
36 石榴冻害·····················30
37 石榴冻旱害·················31
38 石榴雪害·····················32
39 石榴雨淞害·················33
40 石榴旱害·····················33
41 石榴涝害·····················34
42 石榴雹害·····················35
43 石榴沤根·····················36
44 石榴缺氮症·················36
45 石榴缺磷症·················37
46 石榴缺铁症·················37

47 石榴缺钾症……………………38	52 石榴缺铜症……………………40
48 石榴缺钙症……………………38	53 石榴缺锰症……………………41
49 石榴缺镁症……………………39	54 石榴缺钼症……………………41
50 石榴缺硼症……………………39	55 石榴缺硫症……………………42
51 石榴缺锌症……………………40	

第 2 章　石榴害虫诊断与防治 / 43

01 桃蛀螟……………………………44	28 康氏粉蚧……………………………74
02 桃小食心虫………………………45	29 吹绵蚧……………………………75
03 苹果蠹蛾…………………………47	30 紫薇瘤蚜…………………………76
04 泥黄露尾甲………………………48	31 麻皮蝽……………………………76
05 石榴巾夜蛾………………………49	32 茶翅蝽……………………………77
06 玫瑰巾夜蛾………………………50	33 绿盲蝽……………………………78
07 大袋蛾……………………………51	34 斑须蝽……………………………79
08 茶蓑蛾……………………………52	35 烟蓟马……………………………80
09 黄刺蛾……………………………53	36 柑橘粉虱…………………………82
10 白眉刺蛾…………………………54	37 短额负蝗…………………………82
11 丽绿刺蛾…………………………55	38 同型巴蜗牛………………………83
12 青刺蛾……………………………56	39 李叶甲……………………………84
13 扁刺蛾……………………………57	40 石榴茎窗蛾………………………85
14 樗蚕蛾……………………………58	41 豹纹木蠹蛾………………………86
15 茶长卷叶蛾………………………59	42 咖啡木蠹蛾………………………87
16 白囊蓑蛾…………………………60	43 荔枝拟木蠹蛾……………………89
17 栗黄枯叶蛾………………………61	44 小木蠹蛾…………………………90
18 折带黄毒蛾………………………62	45 六星黑点蠹蛾……………………91
19 木麻黄毒蛾………………………63	46 黑蝉………………………………92
20 金毛虫……………………………65	47 草履蚧……………………………94
21 茸毒蛾……………………………66	48 角蜡蚧……………………………95
22 绿尾大蚕蛾………………………67	49 红蜡蚧……………………………96
23 核桃瘤蛾…………………………69	50 斑衣蜡蝉…………………………96
24 棉蚜………………………………70	51 白蛾蜡蝉…………………………97
25 石榴小爪螨………………………71	52 八点广翅蜡蝉……………………98
26 榴绒粉蚧…………………………72	53 铜绿金龟…………………………99
27 枣龟蜡蚧…………………………73	54 杨白片盾蚧………………………101

55	棉铃虫 ·············102	75	苹毛丽金龟············124
56	柑橘小食蝇··········103	76	杏星毛虫·············125
57	井上蛀果斑螟········105	77	桑天牛···············126
58	白星花金龟···········107	78	山东广翅蜡蝉··········127
59	高粱穗隐斑螟·········107	79	桃剑纹夜蛾············128
60	石榴螟···············109	80	苹小卷叶蛾············129
61	桉树大毛虫···········109	81	木橑尺蠖·············130
62	贝刺蛾···············110	82	相思拟木蠹蛾··········131
63	常春藤圆盾蚧········· 111	83	小绿叶蝉·············132
64	大灰象甲·············112	84	星天牛···············133
65	盗毒蛾···············113	85	中华金带蛾············134
66	褐刺蛾···············114	86	舞毒蛾···············136
67	黑绒金龟·············115	87	长白盾蚧·············137
68	银毛吹绵蚧···········116	88	黑翅土白蚁············138
69	瘤瘿螨···············117	89	地老虎···············139
70	瘤缘蝽···············118	90	蝼蛄·················140
71	卵形短须螨···········119	91	蟋蟀·················141
72	美国白蛾·············120	92	石榴鸟害·············142
73	棉古毒蛾·············122	93	石榴鼠害·············143
74	梨眼天牛·············123		

第3章 果园主要杂草识别与防治 / 145

01	葎草················146	13	车前草···············151
02	狗尾草··············146	14	牵牛花···············151
03	反枝苋··············147	15	旋覆花···············152
04	稗草················147	16	黄蒿·················152
05	蛇莓················147	17	画眉草···············153
06	长裂苦苣菜··········148	18	地丁草···············153
07	三叶鬼针草··········148	19	荠菜·················154
08	苘麻················149	20	地肤·················154
09	田旋花··············149	21	米瓦罐···············155
10	芦苇················150	22	豚草·················155
11	虎尾草··············150	23	秃疮花···············156
12	猪毛菜··············151	24	鹅绒藤···············156

25	紫茎泽兰 ·············· 157	33	长芒草 ·············· 162
26	金鸡菊 ·············· 158	34	牛膝菊 ·············· 162
27	离子草 ·············· 158	35	龙爪茅 ·············· 163
28	阴石蕨 ·············· 159	36	鸡眼草 ·············· 163
29	铁杆蒿 ·············· 159	37	通泉草 ·············· 164
30	窄叶野豌豆 ·········· 160	38	苦苣菜 ·············· 164
31	辣蓼草 ·············· 160	39	蒲公英 ·············· 165
32	扁杆藨草 ············ 161	40	薄荷 ·················· 166

第4章　果园害虫主要天敌保护与识别利用 / 167

01	食虫瓢虫 ············ 168	08	螳螂 ·················· 172
02	草蛉 ·················· 168	09	白僵菌 ·············· 173
03	寄生蜂、蝇类 ······ 169	10	苏云金杆菌 ········ 174
04	捕食螨 ·············· 170	11	核多角体病毒 ······ 174
05	蜘蛛 ·················· 171	12	食虫鸟类 ············ 174
06	食蚜蝇 ·············· 171	13	蟾蜍（癞蛤蟆）、青蛙 ······ 175
07	食虫椿象 ············ 172		

第5章　果园病虫草无公害综合防治 / 177

01 适宜果园使用的农药种类及其 　　合理使用 ·············· 178	02 病虫害无害化综合防治 　　······················· 180

参考文献 / 187

附　录 / 189

附录一　黄淮地区无公害石榴病虫 　　　　周年优化防治历 ········ 190 附录二　波尔多液的作用与 　　　　配制方法 ············ 193	附录三　石硫合剂的作用与 　　　　熬制方法 ············ 196

生态图谱

图 1-1-1　石榴干腐病花蕾
图 1-1-2　石榴干腐病病花
图 1-1-3　石榴干腐病病果初期
图 1-1-4　石榴干腐病、炭疽病混发
图 1-1-5　石榴干腐病病果 1
图 1-1-6　石榴干腐病病果 2

图 1-1-7　石榴干腐病病果 3
图 1-1-8　石榴干腐病病果形成干僵果
图 1-1-9　石榴干腐病病斑
图 1-1-10　石榴干腐病病斑内部
图 1-1-11　石榴干腐病病干
图 1-1-12　石榴干腐病病斑上病菌

图1-2-1　石榴茎基枯病病干1
图1-2-2　石榴茎基枯病病干2
图1-2-3　石榴茎基枯病致树大量死亡
图1-2-4　石榴茎基枯病病干3
图1-2-5　石榴茎基枯病病干4
图1-2-6　石榴茎基枯病病干5

图 1-2-7　石榴茎基枯病致树叶早黄
图 1-2-8　石榴茎基枯病致树早落叶
图 1-2-9　石榴茎基枯病干防治
图 1-2-10　石榴茎基枯病防治
图 1-2-11　石榴茎基枯病致树早亡

图 1-3-1 石榴枝枯病病斑 1
图 1-3-2 石榴枝枯病病斑 2
图 1-3-3 石榴枝枯病病枝

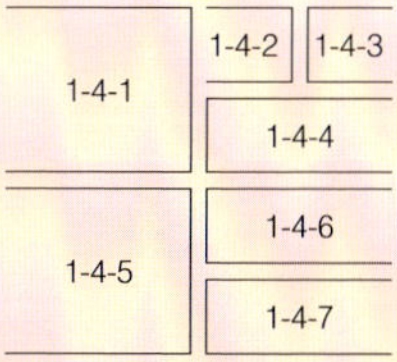

| 1-4-1 | 1-4-2 | 1-4-3 |
| 1-4-4 |
| 1-4-5 | 1-4-6 |
| 1-4-7 |

图 1-4-1　石榴褐斑病病果　　图 1-4-5　石榴褐斑病病叶正面
图 1-4-2　石榴褐斑病病果　　图 1-4-6　石榴褐斑病病叶背面
图 1-4-3　石榴褐斑病病果　　图 1-4-7　石榴褐斑病重病树
图 1-4-4　石榴褐斑病病叶

1-5-1	1-5-2	1-5-3
1-5-4	1-5-5	
	1-5-6	

图 1-5-1　石榴叶枯病病叶初期正面
图 1-5-2　石榴叶枯病病叶初期背面
图 1-5-3　石榴叶枯病病叶后期
图 1-5-4　石榴叶枯病病叶
图 1-5-5　石榴叶枯病病叶
图 1-5-6　石榴叶枯病全树染病

图 1-6-1 石榴果腐病病果初期
图 1-6-2 石榴果腐病病果 1
图 1-6-3 石榴果腐病病果 2
图 1-6-4 石榴果腐病病果 3

图 1-7-1 石榴煤污病病果
图 1-7-2 石榴煤污病病叶
图 1-7-3 榴绒粉蚧危害石榴煤污病病叶
图 1-7-4 枣龟蜡蚧危害石榴煤污病病叶
图 1-7-5 粉虱危害石榴煤污病病叶

1-8-1	1-8-2
1-8-3	1-8-4
1-8-5	1-8-6

图 1-8-1　石榴炭疽病病花
图 1-8-2　石榴炭疽病病果
图 1-8-3　石榴炭疽病病叶
图 1-8-4　石榴炭疽病幼果重病果
图 1-8-5　石榴炭疽病病果
图 1-8-6　石榴炭疽病病果

1-9-1	1-9-2
1-9-3	1-9-4
1-9-5	1-9-6

图1-9-1　石榴黑霉病果初期
图1-9-2　石榴黑霉病病果1
图1-9-3　石榴黑霉病病果2
图1-9-4　石榴黑霉病病果3
图1-9-5　石榴黑霉病病果4
图1-9-6　石榴黑霉病病果5

1-10-1	1-10-2
	1-10-4
1-10-3	1-10-5
	1-10-6

图 1-10-1　石榴蒂腐病病果初期
图 1-10-2　石榴蒂腐病病果初期
图 1-10-3　石榴蒂腐病病果初期
图 1-10-4　石榴蒂腐病病病果
图 1-10-5　石榴蒂腐病病果内部
图 1-10-6　石榴蒂腐病病病果后期

图1-11-1 石榴焦腐病病果前期
图1-11-2 石榴焦腐病病果中期
图1-11-3 石榴焦腐病病果后期
图1-12-1 石榴曲霉病病果
图1-12-2 石榴曲霉病病果中期
图1-12-3 石榴曲霉病病果后期

图 1-13-1　石榴疮痂病病果幼果染病
图 1-13-2　石榴疮痂病病果 1
图 1-13-3　石榴疮痂病病果 2
图 1-13-4　石榴疮痂病病果 3
图 1-13-5　石榴疮痂病病果 4
图 1-13-6　石榴疮痂病病果 5

图 1-14-1　石榴青霉病病果 1
图 1-14-2　石榴青霉病病果 2
图 1-14-3　石榴青霉病病果 3

图 1-15-1 石榴黑斑病病果初期
图 1-15-2 石榴黑斑病病果
图 1-15-3 石榴黑斑病病果初期
图 1-15-4 石榴黑斑病病果
图 1-15-5 石榴黑斑病重病园

1-16-1	1-16-2
1-16-3	1-16-4
1-16-5	

图1-16-1 石榴麻皮病病果初期
图1-16-2 石榴麻皮病病果前期
图1-16-3 石榴麻皮病病果中期
图1-16-4 石榴麻皮病病果后期
图1-16-5 石榴麻皮病与煤污病混发

图 1-17-1　石榴根结线虫病病根
图 1-17-2　石榴根结线虫病病根
图 1-17-3　石榴根结线虫病致发芽不整齐
图 1-17-4　石榴根结线虫病致病势衰弱
图 1-17-5　石榴根结线虫病致树分枝死亡
图 1-17-6　石榴根结线虫病致树整株死亡

图1-18-1 石榴皱叶病叶正面
图1-18-2 石榴皱叶病叶背面
图1-18-3 石榴皱叶病
图1-19-1 石榴黄叶病1
图1-19-2 石榴黄叶病2
图1-19-3 石榴黄叶病3
图1-19-4 石榴黄叶病株

	1-20-1
	1-20-2
1-20-3	1-20-4

图 1-20-1　石榴根腐病根
图 1-20-2　石榴根腐病根
图 1-20-3　石榴根腐病根局部
图 1-20-4　石榴根腐病致树势衰弱

图 1-21-1　石榴木腐病
图 1-21-2　石榴木腐病子实体
图 1-22-1　石榴白纹羽病（成龄树）
图 1-22-2　石榴白纹羽病（幼树）
图 1-22-3　石榴白纹羽病树势弱

图 1-23-1　石榴膏药病 1
图 1-23-2　石榴膏药病 2
图 1-23-3　石榴膏药病 3
图 1-23-4　石榴膏药病 4

图 1-24-1　石榴冠瘿病初期
图 1-24-2　石榴冠瘿病前期
图 1-24-3　石榴冠瘿病1
图 1-24-4　石榴冠瘿病2
图 1-24-5　石榴冠瘿病3
图 1-24-6　石榴冠瘿病基部夏季症状
图 1-24-7　石榴冠瘿病秋季症状
图 1-24-8　石榴冠瘿病初冬症状

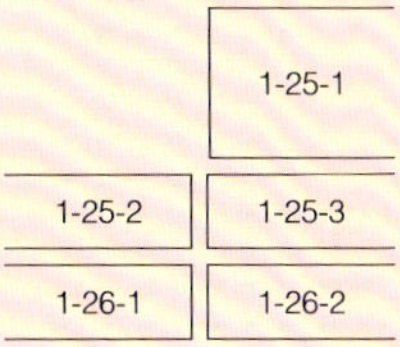

图 1-25-1　石榴枯萎病病树
图 1-25-2　石榴枯萎病病枝
图 1-25-3　石榴枯萎病病根
图 1-26-1　石榴叶霉病
图 1-26-2　石榴叶霉病病叶后期

图 1-27-1 地衣寄生
图 1-28-1 石榴太阳果病初期
图 1-28-2 石榴太阳果病初期
图 1-28-3 石榴太阳果病前期
图 1-28-4 石榴太阳果病中期
图 1-28-5 石榴太阳果病后期
图 1-28-6 石榴太阳果病套纸袋预防
图 1-28-7 石榴太阳果病套无纺布袋预防

1-29-1	1-29-2
	1-29-3
	1-29-4
	1-29-5

图 1-29-1　石榴果实贮藏期褐变 1
图 1-29-2　石榴果实贮藏期褐变 2
图 1-29-3　石榴果实贮藏期褐变 3
图 1-29-4　石榴果实贮藏期褐变 4
图 1-29-5　石榴果实贮藏期褐变 5

图 1-30-1　石榴农药药害致花蕾受害
图 1-30-2　石榴农药药害致花受害
图 1-30-3　石榴农药药害 1
图 1-30-4　石榴农药药害 2
图 1-30-5　石榴农药药害 3
图 1-30-6　石榴农药药害花蕾变褐坏死
图 1-30-7　石榴农药药害 4
图 1-30-8　石榴农药药害 5
图 1-30-9　石榴农药药害 6
图 1-30-10　石榴农药药害 7
图 1-30-11　石榴农药药害后抽生新芽
图 1-30-12　石榴农药药害后致树早落叶
图 1-30-13　石榴农药药害 8
图 1-30-14　石榴农药药害 9
图 1-30-15　石榴农药药害 10
图 1-30-16　石榴农药药害叶缘焦枯

图1-31-1 石榴多效唑药害1
图1-31-2 石榴多效唑药害2
图1-31-3 石榴多效唑药害3
图1-31-4 石榴多效唑药害后抽生新芽
图1-32-1 石榴除草剂药害症状1
图1-32-2 石榴除草剂药害症状2

图 1-32-3　石榴除草剂药害症状 3
图 1-32-4　石榴除草剂药害症状 4
图 1-32-5　石榴除草剂药害症状 5
图 1-32-6　石榴除草剂药害症状 6
图 1-32-7　石榴除草剂药害症状 7
图 1-32-8　石榴除草剂药害后新梢抽出
图 1-32-9　石榴除草剂药害症状 8
图 1-32-10　石榴除草剂药害症状 9
图 1-32-11　石榴除草剂药害症状 10
图 1-32-12　石榴除草剂药害症状 11

图 1-33-1　石榴裂果症状 1
图 1-33-2　石榴裂果症状 2
图 1-33-3　石榴裂果症状 3
图 1-33-4　石榴裂果症状 4
图 1-33-5　石榴果被虫害后裂果
图 1-33-6　石榴裂果后籽粒脱落
图 1-33-7　石榴裂果后籽粒被鸟食尽
图 1-33-8　石榴套无纺布袋防裂果
图 1-33-9　石榴套纸袋防裂果

图 1-34-1 石榴日灼果中后期
图 1-34-2 石榴日灼严重部位内籽粒被灼伤
图 1-34-3 石榴日灼后裂果
图 1-34-4 石榴日灼果后期
图 1-34-5 石榴日灼后期
图 1-34-6 石榴果实套塑膜袋日灼
图 1-34-7 石榴套纸袋防日灼
图 1-34-8 石榴套无纺布袋防日灼

图 1-35-1　石榴霜害症状 1
图 1-35-2　石榴霜害症状 2
图 1-35-3　石榴霜害症状 3
图 1-35-4　石榴霜害来前熏烟防霜
图 1-35-5　石榴霜害症状 4

图 1-36-1 石榴冻害（树干韧皮部变褐）
图 1-36-2 石榴冻害表皮症状
图 1-36-3 石榴冻害对比
图 1-36-4 石榴冻害发芽后枯死
图 1-36-5 石榴大树冻害
图 1-36-6 石榴冻害
图 1-36-7 石榴苗冻害

1-36-8	1-36-9	1-36-10
1-36-11	1-36-12	
	1-36-13	

图 1-36-8　石榴冻害发芽后芽枯萎
图 1-36-9　石榴冻害基部发芽
图 1-36-10　石榴冻害（韧皮部冻伤）
图 1-36-11　石榴树涂白防病虫及培土防冻
图 1-36-12　石榴树防冻害
图 1-36-13　石榴树防冻害

图 1-37-1　石榴冻旱害
图 1-37-2　石榴冻旱害死枝韧皮部变褐
图 1-37-3　石榴冻旱害

图1-38-1 石榴雪害后树冠及时清雪
图1-38-2 石榴雪害后基部及时清雪1
图1-38-3 石榴雪害
图1-38-4 石榴雪害后基部及时清雪2
图1-39-1 石榴雨凇害症状1
图1-39-2 石榴雨凇害症状2

图 1-40-1 石榴园土壤干旱
图 1-40-2 石榴园铺地布防旱害
图 1-40-3 石榴旱害致叶黄
图 1-40-4 石榴旱害致叶早落
图 1-41-1 石榴涝害症状 1
图 1-41-2 石榴涝害症状 2
图 1-41-3 石榴涝害致根腐

1-42-1	1-42-2
1-42-3	
1-42-4	

图1-42-1　石榴雹害果症状
图1-42-2　石榴雹害后伤口染病
图1-42-3　石榴雹害伤树枝
图1-42-4　石榴雹害后致大量落果

1-43-1	1-43-2
1-44-1	1-44-2

图 1-43-1　石榴沤根 1
图 1-43-2　石榴沤根 2
图 1-44-1　石榴缺氮症 1
图 1-44-2　石榴缺氮症 2

图1-45-1 石榴缺磷症前期
图1-45-2 石榴缺磷症中期
图1-45-3 石榴缺磷症后期
图1-46-1 石榴缺铁症症状1
图1-46-2 石榴缺铁症症状2

2-1-1	2-1-2	2-1-3
2-1-4	2-1-5	2-1-6
2-1-7	2-1-8	2-1-9
		2-1-10

图 2-1-1　桃蛀螟成虫
图 2-1-2　桃蛀螟产卵于石榴萼筒内
图 2-1-3　桃蛀螟幼虫危害石榴果
图 2-1-4　桃蛀螟越冬型老熟幼虫
图 2-1-5　桃蛀螟幼虫贴叶钻蛀危害石榴果
图 2-1-6　桃蛀螟幼虫贴枝钻蛀危害石榴果
图 2-1-7　桃蛀螟幼虫从萼筒钻蛀危害石榴果
图 2-1-8　桃蛀螟幼虫危害石榴幼果
图 2-1-9　桃蛀螟在纸袋内化蛹
图 2-1-10　桃蛀螟幼虫危害石榴果状

图2-1-11 桃蛀螟幼虫危害石榴僵果状
图2-1-12 桃蛀螟蛹
图2-1-13 桃蛀螟钻破纸袋危害
图2-1-14 桃蛀螟在石榴果内结茧越冬
图2-1-15 石榴萼筒抹药泥防蛀果害虫
图2-1-16 石榴萼筒塞药棉防蛀果害虫
图2-1-17 石榴萼筒掏药丝防蛀果害虫
图2-1-18 石榴果实套纸袋防蛀果害虫
图2-1-19 性诱剂诱杀桃蛀螟成虫

2-2-1	2-2-2
2-2-3	2-2-4
2-2-5	2-2-6	2-2-7
		2-2-8

图 2-2-1　桃小食心虫冬茧（上）和夏茧（下）
图 2-2-2　桃小食心虫幼虫危害石榴
图 2-2-3　桃小食心虫成虫
图 2-2-4　桃小食心虫卵
图 2-2-5　桃小食心虫幼虫蛀害孔
图 2-2-6　桃小食心虫咬破茧出土幼虫
图 2-2-7　桃小食心虫幼虫食害石榴籽
图 2-2-8　性诱剂诱杀桃小食心虫成虫

图 2-3-1　苹果蠹蛾成虫
图 2-3-2　苹果蠹蛾产在叶上的卵
图 2-3-3　苹果蠹蛾幼虫
图 2-3-4　苹果蠹蛾幼虫头部
图 2-3-5　苹果蠹蛾蛹
图 2-4-1　泥黄露尾甲成虫

2-5-1	2-5-2
2-5-3	2-5-4
	2-5-5

图 2-5-1　石榴巾夜蛾成虫
图 2-5-2　石榴巾夜蛾幼虫
图 2-5-3　石榴巾夜蛾蛹
图 2-5-4　石榴巾夜蛾茧
图 2-5-5　石榴巾夜蛾幼虫食害石榴叶状

图 2-6-1　玫瑰巾夜蛾成虫
图 2-6-2　玫瑰巾夜蛾幼虫 1
图 2-6-3　玫瑰巾夜蛾幼虫 2

图 2-7-1 大袋蛾囊
图 2-7-2 大袋蛾囊幼虫
图 2-7-3 大袋蛾低龄幼虫危害石榴状
图 2-7-4 大袋蛾囊光滑内壁及病死蛹
图 2-7-5 大袋蛾雄成虫羽化蛹壳外露

图2-8-1 茶蓑蛾囊
图2-8-2 石榴树上越冬茶蓑蛾囊
图2-8-3 茶蓑蛾雄蛾羽化蛹壳外露
图2-8-4 茶蓑蛾雄成虫
图2-8-5 茶蓑蛾雌成虫
图2-8-6 茶蓑蛾成虫交尾
图2-8-7 茶蓑蛾幼虫
图2-8-8 茶蓑蛾蛹
图2-8-9 茶蓑蛾危害石榴树叶状

图 2-9-1 黄刺蛾成虫
图 2-9-2 黄刺蛾成虫交尾
图 2-9-3 黄刺蛾卵
图 2-9-4 黄刺蛾初孵幼虫群集危害
图 2-9-5 黄刺蛾低龄幼虫群集危害
图 2-9-6 黄刺蛾低龄幼虫
图 2-9-7 黄刺蛾中龄幼虫
图 2-9-8 黄刺蛾成龄幼虫

2-9-9	2-9-10
2-9-11	2-9-12
2-9-13	2-9-14

图2-9-9　黄刺蛾老龄幼虫
图2-9-10　黄刺蛾茧
图2-9-11　石榴树上黄刺蛾越冬茧
图2-9-12　黄刺蛾蛹
图2-9-13　黄刺蛾茧及成虫羽化孔
图2-9-14　黄刺蛾茧被茧蜂寄生

2-10-1	2-10-2
2-10-3	2-10-4
2-10-5	2-10-6

图 2-10-1　白眉刺蛾成虫
图 2-10-2　白眉刺蛾低龄幼虫
图 2-10-3　白眉刺蛾中龄幼虫
图 2-10-4　白眉刺蛾成龄幼虫
图 2-10-5　白眉刺蛾夏茧
图 2-10-6　白眉蛾越冬茧

图 2-11-1　丽绿刺蛾成虫
图 2-11-2　丽绿刺蛾成虫交尾
图 2-11-3　丽绿刺蛾初孵幼虫
图 2-11-4　丽绿刺蛾低龄幼虫群集危害叶
图 2-11-5　丽绿刺蛾幼虫
图 2-11-6　丽绿刺蛾茧
图 2-11-7　丽绿刺蛾蛹

2-12-1	2-12-2
2-12-3	2-12-4
	2-12-5

图 2-12-1　青刺蛾成虫 1
图 2-12-2　青刺蛾成虫 2
图 2-12-3　青刺蛾低龄幼虫群集危害
图 2-12-4　青刺蛾成龄幼虫
图 2-12-5　青刺蛾茧及成虫羽化孔

图2-13-1 扁刺蛾成虫
图2-13-2 扁刺蛾卵
图2-13-3 扁刺蛾低龄幼虫
图2-13-4 扁刺蛾中龄幼虫
图2-13-5 扁刺蛾大龄幼虫
图2-13-6 扁刺蛾成龄幼虫
图2-13-7 扁刺蛾茧
图2-13-8 扁刺蛾幼虫腹部

图 2-14-1　樗蚕蛾成虫
图 2-14-2　樗蚕蛾卵
图 2-14-3　樗蚕蛾低龄幼虫群害石榴叶
图 2-14-4　樗蚕蛾成龄幼虫
图 2-14-5　樗蚕蛾蛹
图 2-14-6　樗蚕蛾茧

图 2-15-1　茶长卷叶蛾成虫
图 2-15-2　茶长卷叶蛾幼虫
图 2-15-3　茶长卷叶蛾幼虫卷叶危害
图 2-15-4　茶长卷叶蛾蛹

图 2-16-1　白囊蓑蛾雄成虫
图 2-16-2　白囊蓑蛾雌成虫
图 2-16-3　白囊蓑蛾囊
图 2-16-4　白囊蓑蛾幼虫
图 2-16-5　白囊蓑蛾蛹
图 2-16-6　白囊蓑蛾雄蛾羽化蛹壳外露

2-17-1	2-17-2
2-17-3	2-17-4
2-17-5	2-17-6

图 2-17-1　栗黄枯叶蛾成虫背面观
图 2-17-2　栗黄枯叶蛾成虫侧面观
图 2-17-3　栗黄枯叶蛾卵粒上附着雌蛾的尾毛
图 2-17-4　栗黄枯叶蛾幼虫
图 2-17-5　栗黄枯叶蛾幼虫侧面观
图 2-17-6　栗黄枯叶蛾茧

2-18-1	2-18-2
2-18-3	2-18-4
2-18-5	2-18-6

图 2-18-1　折带黄毒蛾成虫
图 2-18-2　折带黄毒蛾中龄幼虫
图 2-18-3　折带黄毒蛾低龄幼虫群害
图 2-18-4　折带黄毒蛾老龄幼虫
图 2-18-5　折带黄毒蛾蛹
图 2-18-6　折带黄毒蛾成龄幼虫

2-19-1	2-19-2
2-19-3	
2-19-4	

图 2-19-1　木麻黄毒蛾成虫
图 2-19-2　木麻黄毒蛾幼虫
图 2-19-3　木麻黄毒蛾幼虫群害
图 2-19-4　木麻黄毒蛾幼虫头部

2-20-1	2-20-2
2-20-3	2-20-4
2-20-5	2-20-6
2-20-7	2-20-8

图 2-20-1　金毛虫成虫　　　　　图 2-20-5　金毛虫幼虫食害石榴花
图 2-20-2　金毛虫成虫腹末黄毛　图 2-20-6　金毛虫幼虫危害榴果
图 2-20-3　金毛虫卵块　　　　　图 2-20-7　金毛虫幼虫食害石榴果
图 2-20-4　金毛虫幼虫食害石榴叶　图 2-20-8　金毛虫茧

图 2-22-1　绿尾大蚕蛾雌成虫
图 2-22-2　绿尾大蚕蛾雄成虫
图 2-22-3　绿尾大蚕蛾成虫交尾
图 2-22-4　绿尾大蚕蛾卵
图 2-22-5　绿尾大蚕蛾卵及初孵幼虫
图 2-22-6　绿尾大蚕蛾 3 龄前幼虫

图2-22-7 绿尾大蚕蛾4龄幼虫
图2-22-8 绿尾大蚕蛾成龄幼虫食害石榴叶
图2-22-9 绿尾大蚕蛾缀叶茧
图2-22-10 绿尾大蚕蛾茧
图2-22-11 绿尾大蚕蛾越冬茧
图2-22-12 绿尾蚕蛾蛹

2-22-7	2-22-8
2-22-9	2-22-10
2-22-11	2-22-12

图 2-23-1 核桃瘤蛾雌成虫
图 2-23-2 核桃瘤蛾雄成虫
图 2-23-3 核桃瘤蛾茧（上）和蛹（蛹）
图 2-23-4 核桃瘤蛾幼虫
图 2-23-5 核桃瘤蛾幼虫卷叶危害
图 2-23-6 核桃瘤蛾幼虫缀叶食害
图 2-23-7 核桃瘤蛾幼虫危害榴叶状
图 2-23-8 核桃瘤蛾幼虫食光石榴叶

| 2-24-1 | 2-24-2 |
| 2-24-3 |
| 2-24-4 | 2-24-5 | 2-24-6 |
| 2-24-7 |

图 2-24-1　棉蚜害石榴花蕾
图 2-24-2　棉蚜、绵蚧混合危害石榴花蕾
图 2-24-3　棉蚜害石榴叶枯黄
图 2-24-4　棉蚜害石榴嫩芽
图 2-24-5　棉蚜套袋前即害石榴
图 2-24-6　棉蚜在袋内害石榴
图 2-24-7　榴园挂黄蓝黏虫板防治棉蚜

2-25-1

2-25-2

2-25-3

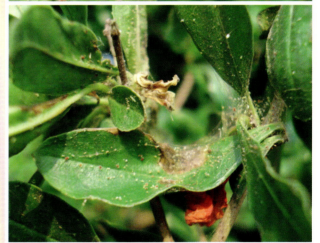

图 2-25-1　石榴小爪螨
图 2-25-2　石榴小爪螨危害状
图 2-25-3　石榴小爪螨危害叶

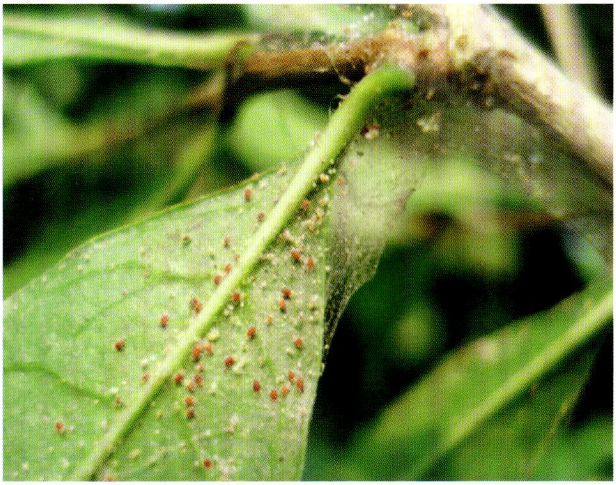

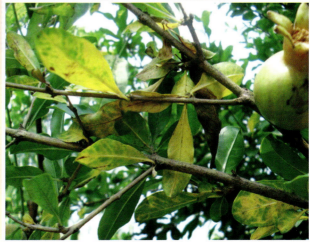

图2-26-1 榴绒粉蚧
图2-26-2 榴绒粉蚧危害榴枝
图2-26-3 榴绒粉蚧危害干
图2-26-4 榴绒粉蚧严重危害枝
图2-26-5 榴绒粉蚧危害石榴树皮开裂
图2-26-6 榴绒粉蚧危害榴果
图2-26-7 榴绒粉蚧致石榴煤污病

图 2-27-1 枣龟蜡蚧雌蚧危害石榴枝
图 2-27-2 枣龟蜡蚧危害致石榴煤污病
图 2-27-3 枣龟蜡蚧雌蚧严重危害状
图 2-27-4 枣龟蜡蚧雌介及卵
图 2-27-5 枣龟蜡蚧雌雄蚧害叶
图 2-27-6 枣龟蜡蚧雄蚧壳
图 2-27-7 枣龟蜡蚧雄虫和危害状

2-27-1	2-27-2
2-27-3	2-27-4
2-27-5	2-27-6
	2-27-7

2-28-1	2-28-2
2-28-3	2-28-4
2-28-5	2-28-6

图 2-28-1　康氏粉蚧雌成虫
图 2-28-2　康氏粉蚧雌成虫危害石榴
图 2-28-3　康氏粉蚧雌成虫危害干状
图 2-28-4　康氏粉蚧集中危害枝条状
图 2-28-5　康氏粉蚧若虫危害榴果
图 2-28-6　康氏粉蚧卵

图 2-29-1　吹绵蚧雌成虫
图 2-29-2　吹绵蚧雌成虫危害枝干
图 2-29-3　吹绵蚧若虫
图 2-29-4　吹绵蚧若虫
图 2-29-5　吹绵蚧危害枝
图 2-29-6　吹绵蚧危害枝干
图 2-29-7　七星瓢虫捕食吹绵蚧
图 2-29-8　七星瓢虫捕食吹绵蚧雌成虫

图2-30-1 紫堇榴蚜危害石榴花蕾1
图2-30-2 紫堇榴蚜危害石榴花蕾2
图2-30-3 紫堇榴蚜危害石榴花蕾3
图2-30-4 紫堇榴蚜危害石榴花蕾4
图2-30-5 紫堇榴蚜危害石榴花蕾5
图2-30-6 紫堇榴蚜危害石榴嫩芽

图 2-31-1 麻皮蝽成虫
图 2-31-2 麻皮蝽成交尾
图 2-31-3 麻皮蝽卵及初孵若虫
图 2-31-4 麻皮蝽低龄若虫
图 2-31-5 麻皮蝽中龄若虫

图2-31-6　麻皮蝽大龄若虫
图2-31-7　麻皮蝽成虫食害石榴花
图2-31-8　麻皮蝽若虫食害石榴
图2-31-9　麻皮蝽若虫集中危害
图2-31-10　麻皮蝽危害榴果状

图 2-32-1 茶翅蝽成虫危害石榴果
图 2-32-2 茶翅蝽卵及初孵若虫
图 2-32-3 茶翅蝽低龄若虫
图 2-32-4 茶翅蝽大龄若虫
图 2-32-5 茶翅蝽若虫危害石榴果
图 2-32-6 茶翅蝽食害榴果状

图2-33-1 绿盲蝽成虫危害榴果
图2-33-2 绿盲蝽危害石榴花状
图2-33-3 绿盲蝽危害石榴花状
图2-33-4 绿盲蝽若虫
图2-33-5 绿盲蝽成虫食害石榴花药
图2-33-6 绿盲蝽危害嫩芽状
图2-33-7 绿盲蝽危害叶状
图2-33-8 绿盲蝽危害果皮状

	2-34-1
	2-34-2
2-34-3	2-34-4

图 2-34-1　斑须蝽成虫
图 2-34-2　斑须蝽卵及初孵若虫
图 2-34-3　斑须蝽中龄若虫
图 2-34-4　斑须蝽大龄若虫

图 2-35-1　烟蓟马成虫
图 2-35-2　烟蓟马若虫
图 2-35-3　烟蓟马危害嫩芽状
图 2-35-4　烟蓟马危害嫩梢
图 2-35-5　烟蓟马危害花蕾状
图 2-35-6　烟蓟马危害榴实状

2-36-1	2-36-2
2-37-1	2-37-2
2-38-1	2-38-2
2-39-1	

图 2-36-1　柑橘粉虱成虫
图 2-36-2　柑橘粉虱若虫
图 2-37-1　短额负蝗成虫
图 2-37-2　短额负蝗成虫交尾状
图 2-38-1　同型巴蜗牛
图 2-38-2　同型巴蜗牛食害榴果
图 2-39-1　李叶甲

2-40-1	2-40-2
2-40-3	2-40-4
2-40-5	2-40-6

图2-40-1　石榴茎窗蛾成虫
图2-40-2　石榴茎窗蛾低龄幼虫
图2-40-3　石榴茎窗蛾幼虫
图2-40-4　石榴茎窗蛾蛹
图2-40-5　石榴茎窗蛾幼虫危害枝梢初期
图2-40-6　石榴茎窗蛾幼虫危害枝梢初期

2-40-7	2-40-8
2-40-9	2-40-10

图 2-40-7 石榴茎窗蛾幼虫危害枝梢排粪孔
图 2-40-8 石榴茎窗蛾蛹被寄生蝇寄生
图 2-40-9 石榴茎窗蛾成虫羽化孔
图 2-40-10 啄木鸟啄食石榴干石榴茎窗蛾虫孔

图 2-41-1　豹纹木蠹蛾成虫
图 2-41-2　豹纹木蠹蛾卵
图 2-41-3　豹纹木蠹蛾幼虫
图 2-41-4　豹纹木蠹蛾危害榴枝
图 2-41-5　豹纹木蠹蛾幼虫蛀干
图 2-41-6　豹纹木蠹蛾幼虫危害树枯黄

图 2-42-1　咖啡木蠹蛾幼虫
图 2-42-2　咖啡木蠹蛾蛹
图 2-42-3　咖啡木蠹蛾危害状
图 2-42-4　咖啡木蠹蛾危害状
图 2-42-5　咖啡木蠹蛾危害状
图 2-42-6　咖啡木蠹蛾幼虫蛀孔

2-43-1	2-43-2
2-43-3	2-43-4

图 2-43-1　荔枝拟木蠹蛾幼虫
图 2-43-2　荔枝拟木蠹蛾幼虫危害干状
图 2-43-3　荔枝拟木蠹蛾幼虫危害树干状
图 2-43-4　荔枝拟木蠹蛾幼虫危害枝状

	2-44-1	
2-44-2		2-44-3
2-44-4		2-44-5

图 2-44-1 小木蠹蛾成虫
图 2-44-2 小木蠹蛾幼虫
图 2-44-3 小木蠹蛾幼虫危害状
图 2-44-4 小木蠹蛾幼虫危害状
图 2-44-5 小木蠹蛾幼虫危害树枯死

2-45-1	
2-45-2	
2-45-3	2-45-4

图 2-45-1 六星黑点蠹蛾雌成虫
图 2-45-2 六星黑点蠹蛾雄成虫
图 2-45-3 六星黑点蠹蛾幼虫及危害状
图 2-45-4 六星黑点蠹蛾蛹

2-46-1	
2-46-2	2-46-3
2-46-4	2-46-5
2-46-6	

图 2-46-1　黑蝉产在被害枝中的卵
图 2-46-2　黑蝉成虫
图 2-46-3　黑蝉卵
图 2-46-4　黑蝉若虫
图 2-46-5　黑蝉成虫羽化
图 2-46-6　黑蝉成虫羽化

2-46-7	2-46-8
2-46-9	2-46-10
2-46-11	2-46-12

图2-46-7 黑蝉成虫羽化
图2-46-8 黑蝉初羽成虫
图2-46-9 黑蝉蝉蜕
图2-46-10 黑蝉染病死亡
图2-46-11 黑蝉危害榴枝枯
图2-46-12 黑蝉危害榴枝枯

图 2-47-1　草履蚧雌成虫（右）介壳（左）　　图 2-47-4　草履蚧雄成虫
图 2-47-2　草履蚧雌成虫腹面观　　　　　　　图 2-47-5　草履蚧成虫交尾
图 2-47-3　草履蚧雌成虫集中危害　　　　　　图 2-47-6　草履蚧初羽化雌成虫

2-47-7	2-47-8
2-47-9	2-47-10
2-47-11	
2-47-12	

图 2-47-7　草履蚧雌成虫下树产卵越夏
图 2-47-8　草履蚧若虫脱皮
图 2-47-9　草履蚧危害干状
图 2-47-10　草履蚧危害小枝状
图 2-47-11　草履蚧雌虫集中危害
图 2-47-12　黄色黏虫纸缠树干阻草履蚧雌虫上树

图 2-48-1　角蜡蚧雌介壳
图 2-48-2　角蜡蚧危害石榴枝
图 2-49-1　红蜡蚧雌蚧
图 2-49-2　红蜡蚧
图 2-49-3　红蜡蚧危害枝干

2-50-1	2-50-2
2-50-3	2-50-4
2-50-5	2-50-6

图 2-50-1　斑衣蜡蝉成虫
图 2-50-2　斑衣蜡蝉成虫集中危害
图 2-50-3　斑衣蜡蝉卵及孵块
图 2-50-4　斑衣蜡蝉在石榴上的越冬卵块
图 2-50-5　斑衣蜡蝉在石榴枝上的夏季卵块
图 2-50-6　斑衣蜡蝉正在产卵

图 2-50-7　斑衣蜡蝉产絮于卵上
图 2-50-8　正在孵化的斑衣蜡蝉越冬若虫
图 2-50-9　初孵的斑衣蜡蝉若虫
图 2-50-10　斑衣蜡蝉 3 龄前若虫
图 2-50-11　斑衣蜡蝉 3 龄前若虫集中危害
图 2-50-12　3 龄斑衣蜡蝉脱皮
图 2-50-13　斑衣蜡蝉 4 龄若虫
图 2-50-14　斑衣蜡蝉初羽成虫

2-50-7	2-50-8	2-50-9
	2-50-10	2-50-11
2-50-12	2-50-13	2-50-14

2-51-1	2-51-3
2-51-2	
2-51-4	2-51-5

图 2-51-1　白蛾蜡蝉成虫
图 2-51-2　白蛾蜡蝉成虫
图 2-51-3　白蛾蜡蝉成虫群集危害
图 2-51-4　白蛾蜡蝉若虫
图 2-51-5　白蛾蜡蝉若虫群集危害

	2-52-1	
2-52-2		
2-52-3	2-52-4	

图 2-52-1　八点广翅蜡蝉成虫
图 2-52-2　八点广翅蜡蝉若虫
图 2-52-3　八点广翅蜡蝉榴枝上产孵带
图 2-52-4　八点广翅蜡蝉危害榴枝

2-53-1	2-53-2
2-53-3	2-53-4
2-53-5	2-53-6

图 2-53-1　铜绿金龟成虫
图 2-53-2　铜绿金龟成虫食害石榴叶
图 2-53-3　铜绿金龟成虫食害榴花
图 2-53-4　铜绿金龟成虫交尾状
图 2-53-5　铜绿金龟成虫交尾状
图 2-53-6　铜绿金龟幼虫（蛴螬）

图 2-54-1　杨白片盾蚧 1
图 2-54-2　杨白片盾蚧 2
图 2-54-3　杨白片盾蚧 3

2-55-1	2-55-2
2-55-3	2-55-4
2-55-5	2-55-6
2-55-7	

图 2-55-1　棉铃虫成虫

图 2-55-2　棉铃虫黑褐色型幼虫

图 2-55-3　棉铃虫绿色型幼虫

图 2-55-4　棉铃虫蛹

图 2-55-5　棉铃虫绿色幼虫危害花

图 2-55-6　棉铃虫幼虫钻蛀孔

图 2-55-7　棉铃虫绿色幼虫危害幼果状

图 2-56-1　柑橘小实蝇成虫产卵果
图 2-56-2　柑橘小实蝇成虫产卵
图 2-56-3　柑橘小实蝇幼虫
图 2-56-4　柑橘小实蝇幼虫（单果内数十头）
图 2-56-5　柑橘小实蝇幼虫脱果孔
图 2-56-6　柑橘小实蝇诱捕器
图 2-56-7　柑橘小实蝇诱捕器
图 2-56-8　柑橘小实蝇诱捕器、黏虫板

图2-57-1 井上蛀果斑螟成虫
图2-57-2 井上蛀果斑螟成虫被糖醋液诱杀
图2-57-3 井上蛀果斑螟幼虫危害状
图2-57-4 井上蛀果斑螟幼虫在落果中越冬
图2-57-5 井上蛀果斑螟幼虫危害状
图2-57-6 井上蛀果斑螟幼虫害果状
图2-57-7 井上蛀果斑螟幼虫危害致大量落果

2-57-1	2-57-2	
2-57-3	2-57-4	2-57-5
2-57-6	2-57-7	

2-58-1	2-58-2
2-58-3	2-58-4
	2-58-5

图 2-58-1　白星花金龟成虫
图 2-58-2　白星花金龟成虫交尾
图 2-58-3　白星花金龟成虫群害树干
图 2-58-4　白星花金龟虫（蛴螬）
图 2-58-5　白星花金龟蛹

	2-59-1	
	2-59-2	2-59-3
2-59-4	2-59-5	2-59-6

图 2-59-1　高粱穗隐斑螟成虫
图 2-59-2　高粱穗隐斑螟幼虫
图 2-59-3　高粱穗隐斑螟幼虫害榴籽粒
图 2-59-4　高粱穗隐斑螟幼虫蛀果孔
图 2-59-5　高粱穗隐斑螟幼虫危害状
图 2-59-6　高粱穗隐斑螟幼虫危害状

2-60-1	2-61-1
2-61-2	2-61-3
2-61-4	2-61-5

图 2-60-1　石榴螟成虫
图 2-61-1　桉树大毛虫幼虫群集危害
图 2-61-2　桉树大毛虫低龄幼虫
图 2-61-3　桉树大毛虫成龄幼虫
图 2-61-4　桉树大毛虫茧
图 2-61-5　桉树大毛虫蛹

图 2-62-1 贝刺蛾成虫背面观
图 2-62-2 贝刺蛾成虫侧面观
图 2-62-3 贝刺蛾成虫腹面观
图 2-62-4 贝刺蛾成虫羽化
图 2-62-5 贝刺蛾茧
图 2-62-6 贝刺蛾茧
图 2-62-7 贝刺蛾若虫
图 2-62-8 贝刺蛾幼虫
图 2-62-9 贝刺蛾幼虫腹面

图 2-63-1　常春藤圆盾蚧危害枝状
图 2-63-2　常春藤圆盾蚧
图 2-64-1　大灰象甲
图 2-64-2　大灰象甲成虫交尾状
图 2-65-1　盗毒蛾成虫
图 2-65-2　盗毒蛾幼虫危害榴花
图 2-65-3　盗毒蛾幼虫危害榴花蕾

2-63-1	2-63-2	
2-64-1	2-64-2	
1-65-1	1-65-2	1-65-3

2-66-1	2-66-2
2-66-3	2-66-4
2-66-5	2-66-6	2-66-7
2-66-8

图 2-66-1 褐刺蛾成虫
图 2-66-2 褐刺蛾低龄幼虫
图 2-66-3 褐刺蛾红色型成龄幼虫
图 2-66-4 褐刺蛾红色型老龄幼虫
图 2-66-5 褐刺蛾黄色型成龄幼虫
图 2-66-6 褐刺蛾夏茧
图 2-66-7 褐刺蛾羽化茧
图 2-66-8 褐刺蛾越冬茧

2-67-1	2-67-2
2-67-3	
2-68-1	2-68-2

图 2-67-1 黑绒金龟成虫
图 2-67-2 黑绒金龟成虫交尾
图 2-67-3 黑绒金龟幼虫（蛴螬）
图 2-68-1 银毛吹绵蚧危害状
图 2-68-2 银毛吹绵蚧

图 2-69-1　瘤瘿螨危害状1
图 2-69-2　瘤瘿螨危害状2
图 2-69-3　瘤瘿螨危害状3
图 2-70-1　瘤缘蝽成虫
图 2-71-1　卵形短须螨

2-72-1	2-72-3
2-72-2	
2-72-4	2-72-5

图 2-72-1 美国白蛾成虫交尾
图 2-72-2 美国白蛾初产卵
图 2-72-3 美国白蛾成虫正在产卵
图 2-72-4 美国白蛾低龄幼虫
图 2-72-5 美国白蛾近孵化卵

2-72-6	2-72-7
2-72-8	2-72-9
2-72-10	2-72-11

图 2-72-6　美国白蛾成龄幼虫
图 2-72-7　美国白蛾中龄幼虫
图 2-72-8　美国白蛾幼虫腹面
图 2-72-9　美国白蛾蛹
图 2-72-10　美国白蛾幼虫集中危害状形成网幕
图 2-72-11　美国白蛾幼虫危害食光叶

2-73-1	2-73-2
2-73-3	2-73-4
2-74-1	2-74-2
2-74-3	2-74-4

图 2-73-1 棉古毒蛾雄成虫
图 2-73-2 棉古毒蛾雌成虫
　　　　　正产卵
图 2-73-3 棉古毒蛾卵
图 2-73-4 棉古毒蛾幼虫
图 2-74-1 梨眼天牛成虫
图 2-74-2 梨眼天牛成虫
图 2-74-3 梨眼天牛在树枝
　　　　　上产卵"H"形痕
图 2-74-4 梨眼天牛幼虫

2-75-1	2-75-2
	2-75-3
2-76-1	2-76-2
2-76-3	2-76-4

图 2-75-1　苹毛丽金龟成虫食害榴花
图 2-75-2　苹毛丽金龟成虫
图 2-75-3　苹毛丽金龟幼虫（蛴螬）
图 2-76-1　杏星毛虫成虫
图 2-76-2　杏星毛虫幼虫
图 2-76-3　杏星毛虫成虫交尾
图 2-76-4　杏星毛虫老龄幼虫

图 2-77-1　桑天牛成虫
图 2-77-2　桑天牛幼虫蛀干
图 2-77-3　桑天牛蛹
图 2-78-1　山东广翅蜡蝉成虫
图 2-78-2　山东广翅蜡蝉正产卵
图 2-78-3　山东广翅蜡蝉产卵枝
图 2-78-4　山东广翅蜡蝉若虫

2-79-1	
2-79-2	2-79-3
2-79-4	

图 2-79-1　桃剑纹夜蛾成虫
图 2-79-2　桃剑纹夜蛾幼虫 1
图 2-79-3　桃剑纹夜蛾幼虫 2
图 2-79-4　榴枝上桃剑纹夜蛾茧

图 2-80-1　苹小卷叶蛾成虫
图 2-80-2　苹小卷叶蛾卵
图 2-80-3　苹小卷叶蛾幼虫
图 2-80-4　苹小卷叶蛾蛹
图 2-80-5　苹小卷叶蛾蛹壳

图 2-81-1 木橑尺蠖成虫
图 2-81-2 木橑尺蠖幼虫
图 2-82-1 相思拟木蠹蛾幼虫
图 2-82-2 相思拟木蠹蛾幼虫及危害状
图 2-83-1 小绿叶蝉成虫
图 2-83-2 小绿叶蝉成虫和若虫

图 2-84-1 星天牛成虫
图 2-84-2 星天牛成虫交尾
图 2-84-3 星天牛在树枝上产卵痕
图 2-84-4 星天牛卵
图 2-84-5 星天牛幼虫
图 2-85-1 中华金带蛾成虫
图 2-85-2 中华金带蛾幼虫

2-86-1	2-86-2
2-86-3	2-87-1
2-87-2	2-87-3

图2-86-1 舞毒蛾雄成虫
图2-86-2 舞毒蛾雌成虫及卵块
图2-86-3 舞毒蛾幼虫
图2-87-1 长白盾蚧
图2-87-2 长白盾蚧危害树干
图2-87-3 长白盾蚧害榴叶煤污病

2-88-1	2-88-2	2-88-3
2-88-4	2-88-5	2-88-6
2-88-7	2-88-8	
	2-88-9	

图 2-88-1　黑翅土白蚁蚁后
图 2-88-2　黑翅土白蚁兵蚁
图 2-88-3　黑翅土白蚁工蚁
图 2-88-4　黑翅土白蚁幼蚁
图 2-88-5　黑翅土白蚁有翅蚁
图 2-88-6　黑翅土白蚁土中蚁巢
图 2-88-7　黑翅土白蚁有翅蚁、无翅蚁集中危害
图 2-88-8　黑翅土白蚁危害榴根状
图 2-88-9　黑翅土白蚁危害状（树干上泥套）

2-89-1	2-89-2
2-89-3	2-90-1
2-90-2	2-91-1

图 2-89-1　地老虎成虫
图 2-89-2　地老虎幼虫
图 2-89-3　地老虎老熟幼虫
图 2-90-1　蝼蛄成虫
图 2-90-2　蝼蛄危害地表面隧道
图 2-91-1　蛴螬

2-92-1	2-92-2
2-92-3	2-92-4
	2-92-5

图 2-92-1　鸟害 1
图 2-92-2　鸟害 2
图 2-92-3　鸟害 3
图 2-92-4　鸟害 4
图 2-92-5　鸟害 5

图 2-93-1 鼠害 1
图 2-93-2 鼠害 2
图 2-93-3 鼠害 3
图 2-93-4 鼠害 4
图 2-93-5 老鼠
图 2-93-6 松鼠

图 3-1-1　葎草 1
图 3-1-2　葎草 2
图 3-1-3　葎草 3
图 3-1-4　葎草 4

3-2-1	3-2-2	3-2-3
3-2-4	3-2-5	
3-3-1	3-3-2	
3-3-3		

图3-2-1 狗尾草1
图3-2-2 狗尾草2
图3-2-3 狗尾草3
图3-2-4 狗尾草4
图3-2-5 狗尾草5
图3-3-1 反枝苋1
图3-3-2 反枝苋2
图3-3-3 反枝苋3

图 3-4-1 稗草 1
图 3-4-2 稗草 2
图 3-4-3 稗草 3
图 3-4-4 稗草 4
图 3-4-5 稗草 5
图 3-4-6 稗草 6

3-5-1	3-5-2
3-5-3	
3-5-4	

图3-5-1　蛇莓1
图3-5-2　蛇莓2
图3-5-3　蛇莓3
图3-5-4　蛇莓4

图 3-6-1 长裂苦苣菜 1
图 3-6-2 长裂苦苣菜 2
图 3-6-3 长裂苦苣菜 3
图 3-6-4 长裂苦苣菜 4
图 3-6-5 长裂苦苣菜 5
图 3-6-6 长裂苦苣菜 6

图 3-7-1　三叶鬼针草 1
图 3-7-2　三叶鬼针草 2
图 3-7-3　三叶鬼针草 3
图 3-7-4　三叶鬼针草 4
图 3-7-5　三叶鬼针草 5

图 3-8-1 苘麻 1
图 3-8-2 苘麻 2
图 3-8-3 苘麻 3
图 3-8-4 苘麻 4
图 3-8-5 苘麻 5
图 3-8-6 苘麻 6

图 3-9-1　田旋花 1
图 3-9-2　田旋花 2
图 3-9-3　田旋花 3
图 3-9-4　田旋花 4
图 3-9-5　田旋花 5

图 3-10-1　芦苇 1
图 3-10-2　芦苇 2
图 3-10-3　芦苇 3
图 3-10-4　芦苇 4
图 3-10-5　芦苇 5

3-11-1	3-11-2
3-11-3	
3-11-4	

图 3-11-1　虎尾草 1
图 3-11-2　虎尾草 2
图 3-11-3　虎尾草 3
图 3-11-4　虎尾草 4

图 3-12-1　猪毛菜 1
图 3-12-2　猪毛菜 2
图 3-12-3　猪毛菜 3
图 3-12-4　猪毛菜 4

图 3-13-1 车前草 1
图 3-13-2 车前草 2
图 3-13-3 车前草 3

图 3-14-1　牵牛花 1　　图 3-14-5　牵牛花害石榴
图 3-14-2　牵牛花 2　　图 3-14-6　牵牛花 5
图 3-14-3　牵牛花 3　　图 3-14-7　牵牛花 6
图 3-14-4　牵牛花 4　　图 3-14-8　牵牛花种子

图 3-15-1　旋覆花1
图 3-15-2　旋覆花2
图 3-15-3　旋覆花3
图 3-15-4　旋覆花4

图 3-16-1 黄蒿 1
图 3-16-2 黄蒿 2
图 3-16-3 黄蒿 3
图 3-16-4 黄蒿 4
图 3-16-5 黄蒿 5
图 3-16-6 黄蒿 6

3-17-1	3-17-2
3-17-3	
3-17-4	

图 3-17-1　画眉草 1
图 3-17-2　画眉草 2
图 3-17-3　画眉草 3
图 3-17-4　画眉草 4

图 3-18-1　地丁草 1
图 3-18-2　地丁草 2
图 3-18-3　地丁草 3
图 3-18-4　地丁草 4
图 3-18-5　地丁草 5
图 3-18-6　地丁草 6

图 3-19-1　荠菜 1
图 3-19-2　荠菜 2
图 3-19-3　荠菜 3
图 3-19-4　荠菜 4
图 3-19-5　荠菜 5

图 3-20-1 地肤 1
图 3-20-2 地肤 2
图 3-20-3 地肤 3
图 3-20-4 地肤 4
图 3-20-5 地肤 5
图 3-20-6 地肤 6

图 3-21-1 米瓦罐 1
图 3-21-2 米瓦罐 2
图 3-21-3 米瓦罐 3
图 3-21-4 米瓦罐 4
图 3-21-5 米瓦罐 5
图 3-21-6 米瓦罐 6

图 3-22-1　豚草 1
图 3-22-2　豚草 2
图 3-22-3　豚草 3
图 3-22-4　豚草 4
图 3-22-5　豚草 5
图 3-22-6　豚草 6

3-22-1	3-22-2
3-22-3	3-22-4
3-22-5	3-22-6

3-23-1	3-23-2
3-23-3	
3-23-4	

图 3-23-1　秃疮花 1
图 3-23-2　秃疮花 2
图 3-23-3　秃疮花 3
图 3-23-4　秃疮花 4

图 3-24-1 鹅绒藤 1
图 3-24-2 鹅绒藤 2
图 3-24-3 鹅绒藤 3
图 3-24-4 鹅绒藤 4
图 3-24-5 鹅绒藤 5
图 3-24-6 鹅绒藤 6

图 3-25-1　紫茎泽兰 1
图 3-25-2　紫茎泽兰 2
图 3-25-3　紫茎泽兰 3
图 3-25-4　紫茎泽兰 4
图 3-25-5　紫茎泽兰 5

图 3-26-1 金鸡菊 1
图 3-26-2 金鸡菊 2
图 3-26-3 金鸡菊 3
图 3-26-4 金鸡菊 4

3-27-1	3-27-2
3-28-1	
3-28-2	
3-28-3	

图 3-27-1　离子草 1
图 3-27-2　离子草 2
图 3-28-1　阴石蕨 1
图 3-28-2　阴石蕨 2
图 3-28-3　阴石蕨 3

3-29-1	3-29-2
3-29-3	3-29-4
	3-29-5

图 3-29-1　铁杆蒿 1
图 3-29-2　铁杆蒿 2
图 3-29-3　铁杆蒿 3
图 3-29-4　铁杆蒿 4
图 3-29-5　铁杆蒿 5

图 3-30-1 窄叶野豌豆 1
图 3-30-2 窄叶野豌豆 2
图 3-30-3 窄叶野豌豆 3
图 3-30-4 窄叶野豌豆 4
图 3-30-5 窄叶野豌豆 5
图 3-30-6 窄叶野豌豆 6
图 3-30-7 窄叶野豌豆 7

图 3-31-1　辣蓼草 1
图 3-31-2　辣蓼草 2
图 3-31-3　辣蓼草 3

图 3-32-1 扁杆蔍草 1
图 3-32-2 扁杆蔍草 2
图 3-33-1 长芒草 1
图 3-33-2 长芒草 2
图 3-33-3 长芒草 3

图 3-34-1 牛膝菊 1
图 3-34-2 牛膝菊 2
图 3-34-3 牛膝菊 3
图 3-34-4 牛膝菊 4
图 3-34-5 牛膝菊 5

图 3-35-1 龙爪茅 1
图 3-35-2 龙爪茅 2
图 3-35-3 龙爪茅 3
图 3-35-4 龙爪茅 4
图 3-36-1 鸡眼草 1
图 3-36-2 鸡眼草 2
图 3-36-3 鸡眼草 3

图 3-37-1 通泉草 1
图 3-37-2 通泉草 2
图 3-37-3 通泉草 3
图 3-37-4 通泉草 4
图 3-37-5 通泉草 5

图 3-38-1　苦苣菜 1
图 3-38-2　苦苣菜 2
图 3-38-3　苦苣菜 3
图 3-38-4　苦苣菜 4
图 3-38-5　苦苣菜 5

图 3-39-1　蒲公英 1
图 3-39-2　蒲公英 2
图 3-39-3　蒲公英 3
图 3-39-4　蒲公英 4

图3-40-1　薄荷1
图3-40-2　薄荷2
图3-40-3　薄荷3
图3-40-4　薄荷4
图3-40-5　薄荷5

图 4-1-1　七星瓢虫成虫
图 4-1-2　七星瓢虫幼虫
图 4-1-3　七星瓢虫食蚜
图 4-1-4　七星瓢虫成虫
图 4-1-5　大红瓢虫

图 4-1-6　二星瓢虫
图 4-1-7　四星瓢虫成虫
图 4-1-8　四星瓢虫成虫捕食蚜虫

4-2-1	4-2-2
	4-2-3
	4-2-4

图 4-2-1 草青蛉成虫
图 4-2-2 草青蛉幼虫
图 4-2-3 草青蛉卵
图 4-2-4 草蛉幼虫捕食蚜虫

图 4-3-1　桃粉蚜被蚜茧蜂寄生变黑
图 4-3-2　茧蜂寄生栗六点天蛾幼虫
图 4-3-3　茧蜂寄生绿尾大蚕蛾幼虫
图 4-3-4　黄刺蛾茧被茧蜂寄生

4-3-5	4-3-6
4-3-7	
	4-3-8

图 4-3-5　小茧蜂幼虫寄生鳞翅目幼虫
图 4-3-6　上海青蜂成虫交尾状
图 4-3-7　天敌姬蜂成虫
图 4-3-8　金小蜂寄生柑橘凤蝶蛹羽化孔

4-4-1	4-5-1
4-5-2	4-5-3
	4-5-4

图 4-4-1　钝绥螨（上）捕食红蜘蛛

图 4-5-1　蜘蛛结网

图 4-5-2　绿蜘蛛

图 4-5-3　长腿蜘蛛

图 4-5-4　蜘蛛若虫

图 4-5-5 蜘蛛成蛛
图 4-5-6 蜘蛛猎杀食蚜蝇
图 4-5-7 绿蜘蛛捕食斑柿斑叶蝉成虫
图 4-5-8 蜘蛛

4-6-1	
4-6-2	
4-6-3	
4-6-4	

图 4-6-1　黑带食蚜蝇
图 4-6-2　羽芒宽盾食蚜蝇
图 4-6-3　食蚜蝇幼虫
图 4-6-4　黑带食蚜蝇幼虫捕食蚜虫

图 4-7-1 光肩猎蝽成虫
图 4-7-2 光肩猎蝽若虫
图 4-7-3 小花蝽若虫捕食红蜘蛛

图 4-8-1　螳螂成虫
图 4-8-2　螳螂茧
图 4-8-3　螳螂捕食黑蝉

图 4-9-1　白僵菌致鳞翅目幼虫死亡状
图 4-9-2　寄生蝇寄生石榴茎窗蛾蛹
图 4-12-1　戴胜
图 4-12-2　喜鹊巢

图 4-12-3 大山雀
图 4-12-4 啄木鸟
图 4-12-5 灰喜鹊
图 4-13-1 青蛙
图 4-13-2 蟾蜍

图 5-1-1　太阳能能源频振式杀虫灯
图 5-1-2　交流电源频振式杀虫灯
图 5-2-1　大棚内黄色黏虫板

图 5-3-1　黏虫带阻尺蠖上树
图 5-3-2　树干上黏虫带
图 5-3-3　树干上缠普通塑料薄膜阻虫

图 5-4-1 涂捕虫圈
图 5-5-1 防虫网
图 5-6-1 盲蝽诱捕器
图 5-6-2 诱捕器

图 5-7-1　白色木浆纸袋
图 5-7-2　白色无纺布袋
图 5-7-3　双层纸袋
图 5-8-1　释放天敌寄生蜂

第1章

石榴病害诊断与防治

01 石榴干腐病（图1-1-1至1-1-12）

症状诊断 在国内各产区均有发生，除危害干枝外，也危害花器、果实，是石榴的主要病害，常造成整枝、整株死亡。陕西临潼产区果农对染病果实称为"脓包果"。干枝发病初期皮层呈浅黄褐色，表皮无症状。以后皮层变为深褐色，表皮失水干裂，变得粗糙不平，与健部区别明显。条件适合发病部位扩展迅速，形状不规则，后期病部皮层失水干缩、凹陷，病皮开裂，呈块状翘起，易剥离，病症渐深达木质部，直至变为黑褐色，终使全树或全枝逐渐干枯死亡。而花果期于5月上旬开始侵染花蕾，以后蔓延至花冠和果实，直至一年生新梢。在蕾期、花期发病，花冠变褐，花萼产生黑褐色椭圆形凹陷小斑。幼果发病首先在表面发生豆粒状大小不规则浅褐色病斑，逐渐扩为中间深褐、边缘浅褐的凹陷病斑，再深入果内，直至整个果实变褐腐烂。在花期和幼果期严重受害后造成早期落花落果；果实膨大期至初熟期，则不再落果，而干缩成僵果悬挂在枝梢。僵果果面及隔膜、籽粒上着生许多颗粒状的病原菌体。

病原 石榴干腐病因发病部位不同，引起发病的病原菌也不同，其中石榴果实干腐病原菌为石榴垫壳孢菌，该菌属半知菌类真菌，其分生孢子器球形，壁内层红色，外层橄榄色，大小为15~144微米×62~131微米；分生孢子纺锤形，无隔，无色，大小为3.2~4微米×10.8~18微米；分生孢子梗秆状，束生，19~25微米×1.5微米；石榴枝条干腐病原菌为葡萄座腔菌，该菌属子囊菌门真菌，子囊座埋生、半埋生至突破表皮，大多为葡萄状多腔，有时单腔，包被较厚，外层棕色至黑色；子囊腔球形至近球形；子囊双囊壁，大多棍棒状，具柄或无，8个子囊孢子，子囊孢子卵圆形、椭圆形至拟椭圆形，单孢、薄壁，具1~2个分隔，呈不规则双列排列。

发病规律 主要以菌丝体或分生孢子在病果、果台、枝条内越冬，其中果皮、果台、籽粒的带菌率最高。翌年4月中旬前后，越冬僵果及果台的菌丝产生分生孢子是当年病菌的主要传播源，发病季节病原菌随雨水从寄主伤口或皮孔处侵入。温度决定发病的早晚，发病温度为12.5~35℃，最适温度为24~28℃。雨水和相对湿度加速了病原菌的传播危害速度，相对湿度95%以上时孢子萌发率99%；相对湿度在90%时萌发率不减，但萌发速度变慢；相对湿度小于90%时几乎不萌发。7~8月在高温多雨及蛀果或蛀干害虫的作用下，加速了病情的发展。石榴干腐病的发生还与树势、品种、管理水平有关，树势健壮、管理水平高的果园发病轻；高温高湿、密度大的果园易发病；河南产区的蜜露软籽、蜜宝软籽抗病性很好。

防治方法

农业防治 选育和发展抗病品种。冬春季节结合消灭桃蛀螟越冬虫蛹，搜集树上树下干僵病果烧毁或深埋，辅以刮树皮、石灰水涂干等措施减少越冬病源，还可起到树体防寒作用。

其他防治 坐果后套袋和及时防治桃蛀螟及其他蛀果害虫，可减轻该病害发生。

化学防治 从3月下旬至采收前20天，喷洒1：1：160的波尔多液或40%多菌灵胶悬剂500倍液，或50%甲基硫菌灵可湿性粉剂800~1000倍液4~5次，防治率可达63%~76%。黄淮地区以6月25日至7月15日的幼果膨大期防治果实干腐病效果最好。休眠期喷3~5波美度石硫合剂。

02 石榴茎基枯病（图1-2-1至1-2-11）

症状诊断 成龄树1~2年生枝条基部及幼树（2~4年生）茎基部发生病变，枝条或主茎基部产生圆形或椭圆形病斑，树皮翘裂，树皮表面分布点状突起孢子堆。病斑处木质部由外及内、由小到大逐渐变黑干枯，输导组织失去功能，导致整枝或整株死亡。

病原 属半知菌类真菌，大茎点属。

发病规律 病菌主要以分生孢子器或菌丝在病部越冬，第二年春季遇雨或灌溉水，释放出分生孢子，借水传播蔓延，当树势衰弱或枝条失水皱缩及冬季受冻后易诱发此病。

防治方法

农业防治 刮树皮剪除病弱枝。

化学防治 结合冬管或早春喷施65%代森锌可湿性粉剂600倍液或40%多菌灵胶悬剂500倍液或冬季刮树皮石灰水涂干。生长季节喷施50%退菌特800倍液或1：1：200的波尔多液或50%甲基硫菌灵可湿性粉剂800倍液。

03 石榴枝枯病（图1-3-1至1-3-3）

症状诊断 苗木幼茎及1~2年生枝条发生病变，产生溃疡斑或枝枯，影响苗木成活和生长发育。苗木幼茎及嫩枝条，基部呈圆周状干缩，树皮变灰褐。病重树春季不能正常发芽或推迟发芽；有些春季发芽后，叶片凋萎死亡，不易脱落，病枝木质部髓腔变黑褐色，输导功能丧失。生长季节发病，枝条枯死。

病原 病原菌有两种：即石榴白孔壳蕉菌和石榴枝生单毛孢菌。

发病规律 病菌以菌丝体潜伏在树皮中越冬，春季寒冷或干旱易诱发此病。生长季节高温高湿发病重。

防治方法 参照石榴茎基枯病的防治方法。

04 石榴褐斑病（图1-4-1至1-4-7）

症状诊断 在石榴分布区均有发生。主要危害果实和叶片，病园的病叶率达90%~100%，8~9月大量落叶，树势衰弱，产量锐减。尤其严重影响果实外观。叶片感染初期为黑褐色细小斑点，逐步扩大呈圆形、方形、多角形不规则的1~2毫米小斑块。果实上的病斑形状与叶片的相似，但大小不等，有细小斑点和直径1~2厘米的大斑块，重者覆盖1/3~1/2的果面。在青皮类品种上病斑呈黑色，微凹状，有色品种上病斑边缘呈浅黄色。

病原 属半知菌类真菌，石榴尾孢霉菌。菌丝丛灰黑色，在25℃时生长良好。

发病规律 于4月下旬开始产生分生孢子，靠气流传播。5月下旬开始发病，侵染新叶和花器。黄淮地区7月上旬至8月末为降水量集中的雨季是发病的高峰期，秋季继续侵染，但病情减弱，10月下旬叶片进入枯黄季节则停止侵染蔓延，11月上旬随落叶进入休眠期。其危害程度与品种、土肥水管理、树体通风透光条件和年降水量等有密切关系。

防治方法 在落叶后至翌年3月清除园内落叶，摘除树上病果、僵果、枯叶深埋或烧毁，达到清除越冬病源的目的。药物防治同石榴干腐病。

05 石榴叶枯病（图1-5-1至1-5-6）

症状诊断 主要危害叶片，石榴树染病后，初期叶缘失绿变黄，渐渐枯焦；部分叶片由绿变黄，不枯即落；或是叶片出现灰色至褐色斑，直径8~10毫米，周围淡黄色，随病情发展由病斑连成焦叶，最后焦叶呈黑褐色，叶片坏死，后期病斑上生出黑色小粒点，即病原菌的分生孢子盘；病枝上有间断的皮层发褐、坏死，多数由先端向下坏死枯焦；重病树普遍坐果率低或坐果少而小且早落，有的植株几乎绝收；重病树在9月中下旬出现二次萌芽，新叶发出后，重新感染发病，导致树势衰弱、影响产量。

叶枯病易与药害混淆，要注意分辨。药害往往有喷药史，且多为局部，而叶枯病为系统性侵染病害，有发病过程，多没有喷药史。

病原 属半知菌类真菌。厚盘单毛孢菌。分生孢子盘直径92~307微米。分生孢子纺锤形两端细胞无色，中间细胞黄褐色，大小20~30微米×5~8微米，顶生1~2根附属丝。

发病规律 病原属于弱寄生菌，以分生孢子盘或菌丝体在病组织中越冬，翌年产生分生孢子，借风雨传播，进行初侵染和多次再侵染。黄淮地区5月中旬始发病，7~8月为发病盛期。凡树势弱、冠内枯死枝多者发病重；天气干旱、土壤含水量低者病枝率高，水浇地石榴树病害轻。发病高峰期降水次数多，病害蔓延速度快；不同品间抗病性不同。

防治方法

农业防治　冬春季清除园内枯枝落叶，集中烧毁或深埋，以消灭越冬病菌。萌叶后剪除未发芽的枯枝，以减少传染源。培肥地力，促壮树抗病。保证肥水供应，培肥地力，加强果园管理，保证树体健壮生长。提倡采用覆盖草栽培法和密植单干式方法，每亩栽110株，一棵树只留一主干，保证通风透光，树冠紧凑易控，树势健壮。

化学防治　发病初期的5月及7、8月各喷一次12.5%烯唑醇可湿性粉剂500倍液或20%络氨铜·锌（抗枯宁）水剂500倍液、30%王铜悬浮剂800倍液、或1∶1∶200倍式波尔多液、50%多菌灵可湿性粉剂800倍液、47%春雷霉素·王铜可湿性粉剂700倍液、30%碱式硫酸铜悬浮剂400倍液等，重病园发病初期10天左右1次，防治3~4次，以控制病情发生蔓延。

06　石榴果腐病（图1-6-1至1-6-4）

症状诊断　在国内各石榴产区均有发生，一般发病率20%~30%，尤以采收后、贮运期间病害的持续发生造成的损失重。

由褐腐病菌侵染造成的果腐，多在石榴近成熟期发生。初在果皮上生淡褐色水浸状斑，迅速扩大，以后病部出现灰褐色霉层，内部籽粒随之腐坏。病果常干缩成深褐色至黑色的僵果悬挂于树上不脱落。病株枝条上可形成溃疡斑。

由酵母菌侵染造成的发酵果也在石榴近成熟期出现，贮运期进一步发生。病果初期外观无明显症状，仅局部果皮微现淡红色。剥开带淡红色部位果瓤变红，籽粒开始腐败，后期果内部腐坏并充满红褐色带浓香味浆汁。用浆汁涂片镜检可见大量酵母菌。病果常迅速脱落。

自然裂果或果皮伤口处受多种杂菌（主要是青霉和绿霉）的侵染，由裂口部位开始腐烂，直至全果，阴雨天气尤为严重。

果腐病的突出症状除一部分干缩成僵果悬挂于树上不脱落外，多数果皮糟软，果肉籽粒及隔膜腐烂，对果皮稍加挤压，就可流出黄褐色汁液，致整果烂掉，失去食用价值。

病原　石榴果腐病原菌有3种：褐腐病菌，占果腐数的29%；酵母菌，占果腐数的55%；杂菌（主要是青霉和绿霉），占果腐数的16%。

发生规律　褐腐病病菌以菌丝及分生孢子在僵果上或枝干溃疡处越冬，来年雨季靠气流传播浸染。病果多在温暖高湿气候下发生严重。酵母形成的发酵果主要与榴绒粉蚧有关，凡病果均受过榴绒粉蚧的危害，特别是在果嘴残留花丝部位均可找到榴绒粉蚧；酵母菌通过粉蚧的刺吸伤口侵入石榴果实；榴绒粉蚧常在6~7月少雨适温年份发生猖獗，石榴发酵果也因此发生严重。裂果严重的果腐病相对发生也重。

防治方法

防治褐腐病　于发病初期用40%多菌灵可湿性粉剂600倍液喷雾，7天1次，连用3次，防效95%以上。

防治发酵果　关键是杀灭榴绒粉蚧和其他介壳虫如康氏粉蚧、龟蜡蚧等，于5月下旬和6月上旬两次施用25%噻嗪酮可湿性粉剂，每亩每次40克，防效良好。

防治生理裂果　用浓度为50毫克／升的赤霉素于幼果膨大期喷布果面，10天1次，连用3次，防裂果率达47%。

07　石榴煤污病（图1-7-1至图1-7-5）

症状诊断　主要危害叶片和果实，病部为棕褐色或深褐色的污斑，边缘不明显，像煤斑。病斑有4种型：分枝型、裂缝型、小点型及煤污型。菌丝层极薄，一擦即去。

病原　属半知菌类真菌，煤炱菌。无性态称散播烟霉，较常见。菌丝体由细胞组成，呈串珠状，多生有刚毛，有时也生附着枝。子囊座瓶状，表生，座壁也由球形细胞组成，别于小煤炱。病原菌在石榴叶、果表皮上形成一个菌丝层，菌丝错综分枝，有许多厚壁的褐色细胞，有时菌丝体团结成小粒体，以后可发展为分生孢子器，但很少产生分生孢子。

发病规律　病菌以菌丝体在病部越冬，借风雨或介壳虫活动传播扩散。该病发生主要诱因是昆虫在寄主上取食，排泄粪便及其分泌物。衰老树和蚜虫、介壳虫类危害严重及低洼积水和田间郁闭通风透光不良、温度高，湿气滞留的果园易发病。该病影响光合作用。

防治方法

农业防治　合理修剪创造良好的果园生态条件，并及时做好排水清淤工作，以降低果园湿度，减少发病条件。

防虫治病　搞好蚜虫及介壳虫类的防治工作，杜绝病源。

化学防治　在发病的6月中旬到9月，喷施1∶1∶180的波尔多液2~3次，防效很好。

08　石榴炭疽病（图1-8-1至图1-8-6）

症状诊断　危害叶、枝及果实。叶片染病产生近圆形褐色病斑；枝条染病断续变褐；果实染病产生近圆形暗褐色病斑，有的果实边缘发红，无明显下陷现象，病斑下面果肉坏死，病部生有黑色小粒点，即病原菌的分生孢子盘。在我国南方石榴产区常发生此病。

病原 属半知菌类真菌，胶孢炭疽菌。分生孢子盘初埋生在寄主表皮下，后外露，湿度大时，涌出赭红色分生孢子盘，分生孢子盘一般不产生刚毛，分生孢子梗不分隔呈栅状排列，无色，圆柱形，大小10~20微米×1.5~2.5微米。分生孢子圆筒形，稍弯，无色，单胞，大小12~20微米×4~7微米，常具油球1~2个。

发病规律 病菌以菌丝体或分生孢子在树上的病部越冬，翌年温湿度适宜产生分生孢子，借风雨或昆虫传播，引起发病。此外，该菌可进行潜伏侵染，条件适宜时显症。

本病在高温多湿条件下发病，分生孢子发生量，常取决于雨日多少及降雨持续时间，一般春梢生长后期始病，夏、秋梢期盛发。

防治方法

农业防治　选用抗病品种。加强管理，雨后及时排水，防止湿气滞留。采用密植单干式，只留一个主干，每667平方米栽110株，通风好、树势稳定、挂果早，病害轻。

化学防治　发病初期喷洒1∶1∶160倍式波尔多液或47%春雷霉素·王铜可湿性粉剂700倍液、30%碱式硫酸铜悬浮液或25%溴菌清可湿性粉剂500倍液、50%甲基硫菌灵可湿性粉剂1000倍液。

09　石榴黑霉病（图1-9-1至图1-9-6）

症状诊断 石榴果实初生褐色斑，后逐渐扩大，略凹陷，边缘稍凸起，湿度大时病斑上长出绿褐色霉层，即病原菌的分生孢子梗和分生孢子。温室越冬的盆栽石榴多发生此病，影响观赏。另从广东、福建等地北运的石榴，在贮运条件下，持续时间长也易发生黑霉病。

病原　属半知菌类真菌枝孢黑霉菌。

发病规律　病菌以菌丝体和分生孢子在病果上或随病残体进入土壤中越冬，翌年产生分生孢子，借风雨、粉虱传播蔓延，湿度大、粉虱多易发病。

防治方法

农业防治　调节石榴园小气候，及时灌排水，风光透通，防湿气滞留。

防虫治治　及时防治蚜虫、粉虱及介壳虫。

化学防治　点片发生阶段，及时喷洒50%多菌灵可湿性粉剂1000倍液、40%多菌灵胶悬剂600倍液、50%多菌灵·万霉灵可湿性粉剂1000倍液、65%硫菌·霉威可湿性粉剂1500倍液，隔15天左右1次，防治1次或2次。果实贮运途中保证通风，最好在装车前喷上述杀菌剂预防。

10 石榴蒂腐病（图1-10-1至图1-10-6）

症状诊断 主要危害果实，引起蒂部腐烂，病部变褐呈水清状软腐，后期病部生出黑色小粒点，即病原菌分生孢子器。

病原 属半知菌类真菌，石榴拟茎点霉菌。分生孢子器扁球形至近球形，黑褐色，单腔或双腔，直径102~130微米；分生孢子梗细长分枝；分生孢子两型，甲型长卵形，大小5~8微米×2~3微米，无色；乙型线状，直或弯，无色，大小28~49微米×0.8~0.5微米。

发病规律 病菌以菌丝或分生孢子器在病部或随病残叶留在地面或土壤中越冬，翌年条件适宜时，在分生孢子器中产生大量分生孢子，从分生孢子器孔口逸出，借风雨传播，进行初侵染和多次再侵染。一般进入雨季、空气湿度大易发病。

防治方法

农业防治　加强石榴园管理，施用酵素菌沤制的堆肥或保得生物肥或腐熟有机肥、合理灌水保持石榴树生长健壮。雨后及时排水，防止湿气滞留，减少发病。

化学防治　发病初期喷洒27%春雷霉素·王铜可湿性粉剂700倍液、75%百菌清可湿性粉剂600倍液、50%百菌清·硫黄悬浮剂600倍液，每隔10天1次，防治2~3次。

11 石榴焦腐病（图1-10-1至图1-10-3）

症状诊断 果面或蒂部初生水渍状褐斑，后逐渐扩大变黑，后期产生很多黑色小粒点及病原菌的分生孢子器。

病原 属子囊菌门，柑橘葡萄座腔菌。子囊果近圆形，暗褐色，大小224~280微米×168~280微米，孔口突起。子囊棍棒状，子囊孢子8个，椭圆形，单胞无色，大小21.3~32.9微米×10.3~17.4微米。南方春天产生分生孢子器，分生孢子初单胞无色，成熟时双胞褐色，大小19.4~25.8微米×10.3~12.9微米。

发病规律 病菌以分生孢子器或子囊在病部或树皮内越冬，条件适宜时产生分生孢子和子囊孢子，借风雨传播，该菌系弱寄生菌，常腐生一段时间后引起果实焦腐或枝枯。

防治方法

农业防治　加强管理，科学防病治虫、浇水施肥，增强树体抗病力。

化学防治　发病初期喷洒1∶1∶160倍式波尔多液或40%百菌清悬浮剂

500倍液、50%甲基硫菌灵可湿性粉剂1000倍液。

12 石榴曲霉病（图1-12-1至图1-12-3）

症状诊断 危害石榴果实。染病果初呈水渍状湿腐，果面变软腐烂，后在烂果表面产生大量黑霉，即病菌分生孢子梗和分生孢子。

病原 属半知菌类真菌，黑曲霉菌。分生孢子穗灰黑色至炭黑色，圆形至放射状，直径300~1000微米，边缘裂开形成放射排列的圆柱体。分生孢子梗无色或顶部黄色至褐色，光滑，有时破裂成条，大小200~400微米×7~10微米，梗顶端近球形，直径20~50微米，上生两层小梗，顶层小梗大小6~10微米×2~3微米，上串生球形褐色孢子，大小2.5~4微米。

发病规律 病菌以菌丝体和分生孢子在病果上越冬，通过气流传播，病菌孢子从日灼和各种果皮伤口处侵入，引起发病，湿度大易诱发此病。

防治方法

农业防治 保持果园通风透光良好，雨后及时排水。

化学防治 发病初期喷洒50%多菌灵可湿性粉剂800倍液或47%春雷霉素·王铜可湿性粉剂800倍液，隔10天左右1次，连续防治2~3次。

13 石榴疮痂病（图1-13-1至图1-13-6）

症状诊断 主要危害果实和花萼，病斑初呈水渍状，渐变为红褐色、紫褐色直至黑褐色，单个病斑圆形至椭圆形，直径2~5毫米，后期多斑融合成不规则疮痂状，粗糙，严重的龟裂，直径10~30毫米或更大。湿度大时，病斑内产生淡红色粉状物，即病原菌的分生孢子盘和分生孢子。

病原 属半知菌类真菌，石榴痂圆孢菌。分生孢子盘暗色，近圆形，略凸起，大小54~120微米。分生孢子盘上生排列紧密的分生孢子梗，无色透明，瓶梗型，大小8.4~25微米×2.3~2.8微米。分生孢子顶生，卵形至椭圆形，单胞无色，透明，两端各生1个透明油点，大小2.8~7.8微米×2.3~5微米。

发病规律 病菌以菌丝体在病组织中越冬，花果期气温高于15℃，多雨湿度大，病部产生分生孢子，借风雨或昆虫传播，经几天潜育形成新的病斑，又产生分生孢子进行再侵染。气温高于25℃病害趋于停滞，秋季阴雨连绵病还会发生或流行。

防治方法

农业防治 调入苗木或接穗时要严格检疫。发现病果及时摘除，减少初侵染源。

化学防治 发病前对重病树喷洒10%硫酸亚铁液。花后及幼果期喷洒

1∶1∶160倍式波尔多液或50%多菌灵可湿性粉剂800倍液、45%噻菌灵可湿性粉剂900倍液。

14 石榴青霉病（图1-14-1至图1-14-3）

症状诊断 主要危害果实，受害果实表面产生青绿色霉层，造成果实腐烂，受害果有苹果香味。后期果面变成暗褐色。

病原 属半知菌类真菌，产紫青霉菌。分生孢子梗短且光滑，大小100~150微米×2.5~3.5微米，间枝紧密，单层5~7个，大小10~14微米×2.5~3微米。小梗披针形，4~6个，大小10~12微米×2~2.5微米。分生孢子椭圆形至亚球形，大小3~3.5微米×2.5~3微米，极粗糙。

发病规律 青霉菌常腐生在各种有机质上，随时可产生大量分生孢子，借气流传播，从伤口侵入。贮运时病健果通过接触传染，果实腐烂产生大量CO_2，与空气中的水接触产生稀碳酸致果面呈酸性，利于病菌侵染，造成更多烂果。

防治方法

农业防治 注意防止日灼和虫害。采收和贮运期间要轻拿轻放，防止伤口产生。贮运温度3~6℃，相对湿度80%~85%为宜。

化学防治 采收前一星期喷洒50%甲基硫菌灵·硫黄悬浮剂800倍液或50%多菌灵可湿性粉剂800倍液。贮运器具用50%甲基硫菌灵可湿性粉剂或50%多菌灵可湿性粉剂200~400倍液液消毒。

15 石榴黑斑病（图1-15-1至图1-15-5）

症状诊断 又称石榴树角斑病。主要分布于长江以南各地。危害石榴树叶片，严重发生者，可造成树叶早落，树势衰弱。

发病初期叶面为一针眼状小黑点，后不断扩大，发展为圆形至多角形不规则状斑点，大小为0.4~1.5毫米×2.5~3.5毫米。后期病斑深褐色至黑褐色，边缘常呈黑线状。气候干燥时，病部中心区常呈灰褐色。叶面散生数个病斑，严重时，病斑相连，导致叶片提早枯落。

病原 属半知菌类丛梗孢目尾孢属中的石榴生尾孢霉菌。病菌的子实层生于叶面，呈微细黑点，散生。子座深褐色，半球形，直径10~25微米；分生孢子梗散生丛生，少数1~2根单生或并生，褐色，具隔膜，直立不分枝，顶端钝圆，大小为10~60微米×2.5~3.5微米；分生孢子淡橄榄色，直或稍弯曲，倒棍棒形，基部钝圆而端部细长如尾，有3~9个细胞，大小为25~55微米×3~4.5微米。有性世代为石榴球腔菌，在贵州，很难在叶上找到子囊壳。

发病规律 病原以分生孢子梗和分生孢子在落叶上越冬。翌年4月中旬至5月上旬，越冬分生孢子或新生分生孢子借风雨飞溅到石榴新梢叶上萌发出菌丝侵染，此后继续重复侵染。此病危害期一般在7月下旬至8月中旬，此时石榴鲜果已近成熟，对产量和品质影响不大。9~10月，由于叶上病斑数量增多，病叶率增加，叶片早落现象明显，对花芽分化不利，是翌年生理落果严重的原因之一。

防治方法

农业防治 结合冬管，清除病枝落叶堆沤或烧毁，减少菌源。

化学防治 5月下旬至7月中旬，降水日多，病害传播快，应在晴朗日及时进行化学防治。效果较好的药剂为20%多菌灵硫黄胶悬剂500倍液喷雾。中后期用25%代森锌对高脂膜300倍液喷雾保护，效果亦好。也可在6月中旬至7月中旬喷洒3次1：2：200波尔多液保护，每次间隔15天。

16 石榴麻皮病（图1-16-1至图1-16-5）

症状诊断 果皮粗糙，失去原品种颜色和光泽，影响外观，轻者降低商品价值，重者烂果。

病原 石榴麻皮病是一种重要的综合性病害，重病园病果率可达95%以上。病因复杂，主要由疮痂病、干腐病、日灼病、蓟马危害等所致。

发病规律 南方果实生长期处于多雨的夏季及庭院石榴通风透光不良，石榴果实易遭受多种病虫害的侵袭，而在高海拔的山地果园因干旱和强日照易发生日灼。多种原因导致石榴果皮上发生的病变统称为"麻皮病"。引起果皮变麻的主要原因有以下几方面。

疮痂病 南方产区该病发病高峰期为5月中旬至6月上旬，与这一时期降水量有较大关系，降水多的年份发病较重，6月下旬至7月上旬，管理差的果园，病果率可达90%以上。

干腐病 该病初发期为6月上旬，盛发期为6月下旬至7月上旬，以树龄较大的老果园、密度大修剪不合理郁闭严重果园及树冠中下部的果实发病较多。

日灼病 在高海拔的山地果园，由于日照强，树冠顶部和外围的石榴果实的向阳面处于夏季烈日的长期直射下，犹其在石榴生长后期7~8月伏旱严重时，日灼病发生尤为严重。

蓟马危害 危害石榴的主要是烟蓟马和茶黄蓟马，以幼果期危害较重。南方产区危害的高峰期为5月中旬至6月中旬，北方果区危害至6月下旬。因蓟马危害的石榴可达85%~95%，由于蓟马虫体小，危害隐蔽，不易被发现，常被错误认为是缺素或是病害。

防治方法 石榴的麻皮危害是不可逆的，一旦造成危害，损失无法挽回，生产上应针对不同的原因采取相应的综合防治措施。

做好冬季清园，清灭越冬病虫　冬季落叶后，结合冬季修剪，清除病虫枝、病虫果、病叶进行集中销毁，对树体喷洒5波美度的石硫合剂。

化学防治　春季石榴萌芽展叶后，用80%代森锌可湿性粉剂600倍液或20%丙环唑乳油3000倍消灭潜伏危害的病菌。

幼果期防治　幼果期是防治石榴麻皮的关键时期，主要防治好蚜虫、蓟马、疮痂病、干腐病。

果实套袋和遮光防治日灼病　对树冠顶部和外围的石榴用牛皮纸袋进行套袋，套袋前先喷杀虫杀菌混合药剂，既防其他病虫也可有效防治日灼病，于采果前15~20天去袋。

17　石榴根结线虫病（图1-17-1至图1-17-6）

症状诊断　病株根结主要分两种：一种为根部长有许多根结，沿根呈串状着生，根结表面光滑，不长短须根；另一种为根部长有许多根结，根结上长短须根，根结形成后，原来的根不再生长，产生次生根，次生根上又产生根结，整个根系畸形，根系不发达。感病石榴植株主要表现为生长缓慢、叶片发黄、叶片有不同程度的畸形。苗圃重病园病株率可达40%以上。

病原　有3种：①南方根结线虫。雌虫会阴花纹，有一高而方形的背弓，近肛门处的线纹为波浪形或平滑形。2龄幼虫线形、尾尖钝圆，尾透明末端界限不明显，末端多不平滑，有的尾部有1~2次缢缩。体长385.3微米，尾长47.8微米，透明尾长12.0微米。②花生根结线虫。雌虫背弓多为扁平或扁圆形，近肛门处的线纹多为波浪形。2龄幼虫线形，尾透明，末端尖圆，末端界限多数明显。体长405.2微米，尾长53.3微米，透明尾长16.4微米。③北方根结线虫。雌虫背弓多为扁平形，会阴花纹多为稍扁平的卵圆形。2龄幼虫线形，尾部末端钝，尾透明末端界限多数明显，尾端有缢缩。体长403.7微米，尾长53.0微米，透明尾长16.4微米。

发病规律　根结线虫主要以卵或2龄幼虫在土壤中越冬，第二年4~5月新根开始活动后，幼虫从根的先端侵入，在根里生长发育。8月上旬形成明显的瘤子，8月下旬后，在瘤子里产生明胶状卵包，并产卵，卵聚集在雌虫后端的胶质卵囊中，每卵囊有卵300~800粒。初孵化的幼虫又侵害新根，并在原根附近形成新的根瘤。秋末，以成虫、幼虫或卵在根瘤中越冬，第二年5月开始活动，并发育成下一虫态。石榴根结线虫2年发生3代，在土壤中随根横向或纵向扩展，多数生活在土壤耕作层内。此病的主要侵染来源是带病的土壤、病根和肥料。病苗是传播此病的主要途径，水流近距离传病。砂质土壤、前茬花生的苗圃地发病重。

防治方法

农业防治 对外来苗木严格检疫，防止带病苗木传入。培肥果园地力，增施有机肥，合理整形修剪，培育壮树，提高树体忍耐线虫危害的能力。冬前落叶后或早春2月，挖除病株土壤表层的病根和须根团，保留水平根及较粗大的根，然后每株均匀施石灰1.5~2.5千克，并增施有机肥料，可促使树体复壮。

化学防治 用50%辛硫磷乳油800倍液或1.8%阿维菌素乳油2000~3000倍液喷洒土壤；50%辛硫磷乳油每亩1~1.5千克拌入有机肥，施入土中或制成毒土撒施后，翻入深3~5厘米土壤中。

18 石榴皱叶病（图1-18-1至1-18-3）

症状诊断 主要危害石榴叶片，以大叶类品种症状明显，如白花重瓣、红花重瓣品种等。春季嫩叶抽出时即被害，叶缘向内卷曲，呈现波纹病状，后随叶片生长，卷曲皱缩程度增加，全叶显示症状，叶片变厚、质脆。嫩枝染病，节间缩短，略为粗肿，病枝上常簇生皱缩的病叶，枝条当年只有春梢生长，不再有夏、秋生长。该病多危及一年生枝条。

病原 对石榴皱叶病目前尚不能从石榴病组织中分离纯化出病原物，但一般疑似病毒或类病毒。

发生规律 该病经嫁接和蚜虫、蓟马等危害传染，蚜虫、蓟马等刺吸式口器危害重的石榴树发病重。

防治方法

农业防治 加强果园管理，增强树势，提高树体抗病力。剪除重病枝，防止病害传播蔓延。

化学防治 发病初期用20%吗胍乙酸铜可湿性粉剂500倍液、10%混合脂肪酸（83增抗剂）水乳剂100倍液、5%菌毒清水剂200倍液喷洒叶面，对皱叶病的发生有明显抑制作用。

防虫治病 及时防治蚜虫、蓟马等刺吸式口器害虫危害，防止病害传播蔓延。

19 石榴黄叶病（图1-19-1至1-19-4）

症状诊断 主要表现在叶片上，典型症状为叶片顶部首先发黄，逐渐向叶柄部蔓延，发病轻时叶基部叶脉仍为绿色，发病重时全叶鲜黄，叶柄脆，叶片极易脱落。该病与缺氮、缺铁等缺素症所表现出的黄叶不同点是石榴树局部发病，且多是成龄叶片。

病原 认为是黄化病毒组的病毒引起。

发生规律 5月中下旬蚜虫多发季节发病重。黄淮地区7~8月份高温高湿易诱发此病的发生。该病发生往往速度快，症状明显，从发病到落叶一般只需7~10天时间，一旦发病，叶片很难恢复正常，常造成大量落叶。

防治方法

农业防治 加强果园管理。及时追肥浇水，科学整形修剪，培养合理树形，提高抗病能力。对成龄且郁闭较严重果园，夏季雨后要及时排水。

防虫治病 及时防治蚜虫、蓟马等刺吸口器害虫，防止交叉传染。

化学防治 发病初期用10%混合脂肪酸（83增抗剂）水乳剂100倍液、20%吗胍乙酸铜可湿性粉剂500倍液、5%菌毒清水剂200倍液叶面喷雾，可抑制病毒病的发展。

20 石榴根腐病（图1-20-1至1-20-4）

症状诊断 先是细小侧根被病原菌侵染，皮层变为黑褐色，后病部进一步发展，致主根受害，皮层变为黑褐色，最终导致全根腐烂枯死。地上部分症状表现为：先是1~2年生枝的叶片发黄，后渐变为黄红色，随病害加重，可导致整株叶片变为黄红色，发病枝条或发病株基本不能结果，或结果少而小，最后整株枯死。

病原 属卵菌门腐霉属真菌。主要危害石榴根系。

发病规律 病原菌可在土壤中较长时间营腐生生活，当石榴树根系生长衰弱、有机械或地下害虫造成的伤口，病原菌易从伤口处侵入根部引发病害。该病发生普遍，发病严重的果园，病株率高达50%以上。果园土壤黏重、盐碱过重、长期积水、果树载果量大、管理不当发病重；幼树受害重于成龄壮树；生长势弱的石榴树重于健壮树。

防治方法

农业防治 加强果园管理，低洼易涝地及时挖沟排水，防止田间渍害；发现病株及时拔除烧毁，施用石灰、苯醚甲环唑、丙环唑等药剂进行土壤处理。

防虫治病 做好地下害虫蛴螬、蝼蛄、根结线虫等的防治工作。

化学防治 ①药液灌根。发现病树不太严重时在树冠投影外缘挖深20~30厘米、宽30厘米左右的沟结合施基肥，浇灌40%腐霉利可湿性粉剂300倍液、25%甲霜灵可湿性粉剂800倍液、15%噁霉灵水剂500倍液、50%甲基硫菌灵1000倍液等。②处理病株。春秋季扒土晾根，晾根7~10天后，用波尔多液浆或用3~4波美度的石硫合剂、50%多菌灵可湿性粉剂300倍液涂抹病部。

21 石榴木腐病（图1-21-1，图1-21-2）

症状诊断 病原菌子实体寄生在枝干上，在病部呈覆瓦状叠生，革质、无柄、平伏、贝壳状，有细长绒毛，有灰褐色、灰黑色的同心环带或全部灰白色，边缘薄，受害处树皮多脱落，在枝干上可分布成长带或绕枝干。

病原　为担子菌门栓菌属云芝栓孔菌。主要危害枝干树皮受伤部位。

发病规律　病菌以多年生菌丝体和子实体在病树上越冬，翌年枝干内的菌丝体继续扩展危害。树上子实体产生大量担孢子，借风雨或气流传播，从剪锯口、虫伤、冻伤等伤口或皮孔侵入危害。尤其以长期不能愈合的剪锯口及冻伤为主。

防治方法

避免及保护伤口　注意蛀干害虫的防治，避免造成虫伤。剪口、锯口等机械伤口、冻伤口等及时涂药保护，防止病菌侵染。常用伤口保护剂如1%硫酸铜消毒液、波尔多液浆、腐植酸•铜等。

加强栽培管理　以有机肥为主，增施磷、钾肥，合理调整结果量，培育壮树，提高树体抗病能力。及时刮除子实体，深埋或烧毁，病部再涂1%硫酸铜消毒。

22　石榴白纹羽病（图1-22-1至1-22-3）

症状诊断　在根部缠绕许多白色或灰白色丝状物，即菌索，渐变为灰褐色，老根或主根上形成略带棕褐色的菌丝层或菌丝索，结构比较疏松柔软。菌丝索可以扩展到土壤中，变成较细的菌索，有时还可以填满土壤中的空隙。菌丝层上可生长出黑色的菌核。菌丝穿过皮层侵入形成层深入木质部导致全根腐烂，病树叶片发黄，早期脱落，以后渐渐枯死。

病原　有性态属子囊菌门座坚壳菌；无性态为半知菌类白纹羽束丝菌。在自然条件下，病菌主要形成菌丝体、菌索、菌核，有时也形成子囊壳。子囊壳黑褐色、炭质、近球形，集生于死根上。子囊圆柱形，内含8个子囊孢子。子囊孢子单胞，纺锤形，褐色至黑色。子囊孢子作用较小，主要靠菌丝体及其变态来繁殖和传播。

发病规律　病菌的菌丝残留在病根或土壤中，可存活多年，并且能寄生多种果树，引起根腐，最后导致全株死亡，是重要的土传病害。主要以菌丝越冬，靠接触传染。凡树体衰老或因其他病虫为害及田间耕作造成伤口、树势衰弱的果树，一般多易于发病。

防治方法

建园前清园　白纹羽病菌寄主范围很广，最好不在新伐林地开辟果园，若在新伐林地建果园，一定要把烂根清拣干净。

选栽无病苗木　石榴苗木在病圃育苗或冬季假植不当，易染病，果园栽植前要认真检查，剔除病苗。

加强果树管理，增强树势 科学追施有机肥料，注意中耕排水，促进根系发育，提高抗病能力。

病树治治疗 发现病树应及时挖除，并开沟隔离，以防蔓延；对受病轻的树可以用300~500倍的甲基硫菌灵灌根保护；还可选用40%腐霉利粉剂1份兑新土40~50份，充分混匀后施于根部，8~10年生大树，株施药土0.3千克左右。

23 石榴膏药病（图1-23-1至1-23-4）

症状诊断 枝干上生圆形、椭圆形至不规则形膏药状菌膜，菌膜表面白色、灰白色至暗褐色，较平滑，边缘一圈灰白色；老菌膜颜色较深，表面有皱褶。后期有脱落现象。

病原 为担子菌门隔担耳菌。危害枝干。菌膜分布在大的枝干上，大小不等，长宽可达数十厘米，初白色，渐变为褐色至深褐色，边缘清渐，表面有的光滑，有的有皱褶。担子在菌膜老熟时直接从菌丝上产生，呈圆柱或棒状，隔膜处常缢缩，直或弯曲，无色透明或褐色。吸器由球形细胞和不规则盘绕的菌丝构成，无色透明。通过风、雨、昆虫、农事操作等传播传播蔓延。

发病规律 病菌以菌膜在被害枝干上越冬，翌年5~6月间，产生担孢子通过风雨、农事操作和介壳虫类传播，病菌生长期以介壳虫的分泌物为养料。该病的发生与介壳虫关系密切，病原菌与介壳虫之间形成共生关系，病原菌以介壳虫的分泌物为养料，介壳虫由于菌膜的覆盖而得到保护。介壳虫发生重、果园郁闭湿度大、通风透光不良易发病；树龄老、树势弱、管理不善、土壤黏重、排水不良的果园都易发病。

防治方法

农业防治 合理修剪，雨后及时排水，保持果园通风透光良好，增强抗病力。科学修剪、合理施肥，适时灌排水，培养壮树，提高树体抗病能力。

化学防治 用刀子等利器及时刮除菌膜，刮后病部涂抹45%晶体石硫合剂30倍液或20%石灰乳、3~5波美度石硫合剂或1∶0.5∶100倍式波尔多液、25%多菌灵可湿性粉剂200倍液、5%菌毒清水剂50倍液等。

防虫治病 及时防治杏球坚蚧、草履蚧、桑白蚧等介壳虫。

24 石榴冠瘿病（图1-24-1至1-24-8）

果树冠瘿病。又称根癌病、根瘤病、黑瘤病、肿瘤及肿根病、毛瘤病等，是多种果树共患的一种重要的细菌性病害。1996年被列入国内森林植物检疫对象名单。陕西、甘肃、新疆、山西、河南、河北、辽宁等地都有分布，病原菌寄主范围广泛，主要包括李属、蔷薇属、苹果属、梨属、胡桃属、葡萄属、石榴属等

332属的640多个不同种植物。感病植物根系出现瘤状癌变，地上部分生长缓慢，枝条干枯甚至枯死，严重影响果树生长。近年来，随着不同产地果树调运频繁，加速了此病的发展蔓延，并侵染了其他果树树种。石榴树新发生病害。对石榴树的侵染危害也是近年才有研究报道，于2009年首先在新疆喀什疏附县石榴种植区发现，近年来，在河南南阳、江苏泗洪石榴产区的突尼斯软籽石榴品种上也有发生。

症状诊断　①患病植株地上部分。根茎结合部形成肿瘤状膨大或似气生根状物；茎枝上形成大小不等的圆形或不规则形瘤状突起，初期幼嫩，逐渐增大成不规则形状，其后在大瘤上又出现许多直径1厘米左右、长1至数厘米不等的小瘤，颜色初嫩白色，渐变为褐色、深褐色，瘤部皮粗糙而龟裂，到后期瘤的内部组织紊乱，瘤边缘长出许多丝状物，天气潮湿时表现鲜活，天气持续干燥时，瘤状突起也表现失水状态。染病后的枝条生长衰弱，若根茎部发生癌变，则整个植株生长衰弱，叶黄且小，新梢生长不良，甚至枯死。②患病植株地下根系。出现数个、大小不等的瘤状癌变，导致地上生长不良，重致地上染病一侧树枝逐渐枯死或整株枯死。

病原　为野杆菌属的根癌土壤杆菌。细菌杆状，单极生1~4根鞭毛，在水中能游动，有荚膜，不生成芽孢，革兰氏染色阴性，好气性，需氧呼吸。该菌为土壤习居菌，适生范围广。发育温度为10~34℃，最适生长温度为25~28℃，致死温度51℃，耐酸碱度5.7~9.2，最适pH为7.3。菌落通常为圆形、隆起、光滑、白色至灰白色、半透明。侵染寄主广泛，在我国大多地区有分布。

发病规律　病原细菌在病瘤表皮、病组织残体及土壤中存活越冬。当癌瘤外层被分解以后，细菌被雨水或灌溉水冲下，进入土壤，残体在土壤中可存活1年以上，2年内得不到侵染机会即失去生活力。病菌借灌溉水、雨水、地下害虫、嫁接工具、农事操作等近距离传播；通过带病苗木、插条、接穗或树木异地栽植等人为调运进行远距离传播。由嫁接、其他病害、害虫和中耕造成的伤口、及自然孔口侵入植株，可在皮层的薄壁细胞间隙中不断繁殖，并分泌刺激性物质，使邻近细胞加快分裂、增生，形成癌瘤症状。入侵细菌可潜伏侵染，待条件合适时发病。土温在18~22℃时最适合癌瘤的形成。一般经数周或1年以上表现症状。每年的生长期都可发生危害，6~10月间以8月发生最多。微碱性土壤和湿度大的砂壤土较酸性土壤发病重，重茬地及菜园地发病重；连作利于发病，根部伤口多则发病重；排水不良、果园郁闭、通风透光差、树势生长弱果园发病多且重。特别是树干基部杂草丛生、郁闭严重的单株易染病；发病程度还与砧木品种有关。

防治方法

严格检疫，发现病苗烧掉　禁止从疫病区调入苗木、插接穗。对于表现矮化、干枯、叶片黄化、早落、根系小、根细、须根少、根冠部有灰白色、光滑质

软、球形或扁球形的瘤或褐色、深褐色、表面粗糙龟裂、周围和表面长细根状木瘤的苗木，作为检疫的重点。在调运检疫中，发现染病的苗木应彻底销毁。

育苗地选择 选未感染冠瘿病、土壤疏松、排水良好、偏酸性土壤的地块育苗，与不感病农作物、树种轮作。如已感染病菌，起苗后捡除土内残根。并施用硫酸亚铁或硫黄粉75～225千克/公顷消毒。

栽前处理 对不显症状的可疑苗木，栽植前应用生物农药抗根癌剂（K84）30倍液浸根5分钟后定植，或用石灰乳（石灰：水=1∶5）或0.1%高锰酸钾液或1%硫酸铜液，将苗木浸泡10分钟，用清水冲洗后栽植。

加强果园管理，增强树势，提高抗病力 适当增施酸性肥料，使土壤呈微酸性，抑制病原菌的发生扩展；科学修剪，培养壮树，保持果园及树干基部通风透光良好。及时防治地下害虫，果园施肥等农事操作，尽量减少各种伤口。嫁接苗嫁接高度80厘米以上。

及时刮除病瘤 果树生长期间，对初发病的带疫植株，及时刮除病瘤，并用抗根癌剂（K84）30倍液或80%抗菌剂402乳油50倍液、10%农用链霉素500倍液、5%硫酸亚铁液、5波美度的石硫合剂或波尔多液或用二甲苯酚和苯基乙酸酯混成的乳剂，涂抹伤口保护。

重病株防治 枝干部分刮除病瘤后涂上述药剂防治；挖根检查，发现病灶先彻底刮除病瘤，再用上述药剂灌根消毒，连续防治可以使病害得到控制。刮下的病瘤及病部周围土壤带出园外集中处理。

25 石榴枯萎病（图1-25-1至1-25-3）

症状诊断 在石榴园中有明显的中心病株，多侵染进入结果盛期、管理不善、长势较弱的单株。①地上部分。发病初期树干基部出现细微纵向开裂，木质部已变色，横截面呈放射状暗红色、紫褐色，直至深褐色或黑色病斑。染病侧枝条上叶片黄化或萎蔫；发病中期，树干不同部位可见梭状开裂斑，呈逆时针螺旋上升蔓延，病树叶片开始发黄、萎蔫，树梢部位先枯黄、枯死；发病后期，叶片先枯黄、枯死、全部凋落，枝条枯萎直至全树枯死。②地下根系。主根或侧根受害部位呈现黑色梭状病斑，病斑横截面呈现黑褐色发散状异常，表面可见黑褐色霉层，黑色毛状物明显可见，重则根部腐烂坏死。

病原 为子囊菌门甘薯长喙壳菌。病原菌不同的环境条件可产生两种形态不同的分生孢子和一种厚垣孢子。子囊壳：深褐色至黑色，基部球形，具细长的喙，子囊孢子通过喙口溢出。子囊壳基部直径90.8～120.3（149.8）微米，喙长254.4～394.1（533.8）微米，喙直径14.2～18.2（22.6）微米。子囊孢子：帽形、无色，大小3.7～5.1（6.5）微米×3.7～4.4（5.7）微米，潮湿时孢子从子囊壳顶端孔溢出。厚垣孢子：近圆形、单生、淡褐色，大小8.7～13.5

(18.1)微米×8.2~9.4(10.7)微米。分生孢子：圆柱形分生孢子无色、单孢，大小9.2~19.4(29.6)微米×3.1~4.9(6.8)微米；筒形内生分生孢子无色，单孢，单生或链生，大小7.3~8.4(9.4)微米×11.6~12.4(13.2)微米。

发病规律 病原菌以厚垣孢子、菌丝体等在病根、茎、枝及大田和苗床土壤、粪肥中越冬，成为翌年发病的主要侵染来源。病原菌通过枝条、嫁接、农事操作、昆虫、雨水和灌溉水等方式传播，从根部各种伤口或自然孔口侵染危害。日平均温度超过20℃，降雨过多发病重；土壤偏酸性，氮肥施用过多加重病害发生。石榴枯萎病先侵染根部，云南和四川石榴产区每年4~5月和7~8月地上部出现叶片萎蔫黄化两个高峰期，尤其是7~8月发病重，出现落叶、石榴树根部腐烂坏死，全株萎蔫，最后枯死。石榴果实和种子不带菌。

近年来此病在我国石榴产区发展较快，果园一旦发病，因其传播途径多，病菌分布广、传染能力强、蔓延迅速、单株死亡率较高且难以治愈。

防治方法

农业防治 ①科学肥水管理，合理修剪，少施化学肥料，多施农家肥，及时疏花疏果，合理负载，培养壮树，提高树体自身抗病能力。②果园免耕和种植绿肥。③各种农事操作，要尽量不损伤根系，减少根系伤口，劳动工具病健区操作时注意消毒。④病树处理。发现病树及时挖除，不留残根；对病树穴内土壤进行消毒处理。

防虫治病 防治钻蛀性害虫和地下害虫，减少伤口。

化学防治 对发病症状较轻病树可灌根处理，用30%噻菌灵可湿性粉剂300倍液、25%丙环唑可湿性粉剂200倍液、30%戊唑·多菌灵悬浮剂300倍液等药剂灌根；或树冠喷洒70%代森锌可湿性粉剂600倍液、12.5%烯唑醇可湿性粉剂800倍液等。

26 石榴叶霉病（图1-26-1，图1-26-2）

症状诊断 由叶尖或叶缘开始发病，逐渐向全叶扩展，病部褐色坏死，空气湿度大时，形成褐色或黑褐色病斑，略显油渍状，病健交界处不明显，后期在叶背密生橄榄色霉层，即病菌的菌丝、分生孢子梗和分生孢子。

病原 为半知菌类，极细枝孢菌。分生孢子梗簇生，屈膝状，褐色，表面平滑。分生孢子链生，呈卵圆形或椭圆形、近圆形、柱形，黄褐色，双层壁，有隔膜1~2个或无隔膜，大小3.88~12.3(25.9)微米×2.88~3.92(4.8)微米。

发病规律 以菌丝体在病部或腐烂的病残体上或落入土壤中的菌核越冬。翌年春条件适宜时产生孢子，通过气流和雨水溅射进行传播。温度15~20℃，持续高湿、阳光不足、果园通风不良易发病；果园郁闭、湿气滞留时间长发病重。

叶霉病主要发生在石榴年生长的中后期,发生严重时造成大量落叶。

防治方法

农业防治　加强管理,增强树势,提高果树抗病力;合理修剪使石榴树枝组分布合理,保持果园通风透光良好;雨后及时排水,避免果园湿气滞留。

化学防治　在雨季到来之前或发病初期喷洒65%甲硫·乙霉威可湿性粉剂或70%百·福可湿性粉剂、50%异菌脲可湿性粉剂1000倍液、50%腐霉利可湿性粉剂1500倍液、50%乙霉灵可湿性粉剂800倍液、28%乙烯菌核利可湿性粉剂600倍液,10天左右1次,连防1~2次。

27 地衣寄生(图1-27-1)

症状诊断　石榴树干及大枝上的地衣形态主要有以下3种:①壳状地衣。病部地衣扁平成壳状,紧附树皮。底面和树皮紧密相连,难以分离。②叶状地衣。病部地衣成薄片状的扁平体,形似叶片,仅由下表面成束的菌丝附着在树皮上,可以剥离。③枝状地衣。病部地衣直立,通常细长而分枝,成丛生状,基部附着树枝上,也称悬垂地衣。

病原　地衣是由两种真菌和一种光合生物藻类,形成的稳定而又互利的共生联合体,是一类专化性的特殊真菌。其中这两种真菌多为子囊菌门和担子菌门,极少数属于半知菌类。石榴树上的地衣已知有两种:子囊菌门大叶梅属;子囊菌门粉斑星点梅属。地衣体叶状,具上下皮层,有明显的假根,子囊果盘状,无柄,具发育良好的边缘,子囊孢子单胞、无色,具分生孢子壳。

通常地衣真菌从孢子萌发开始,与相应的光合共生生物相遇后,就进入共生阶段,直到新孢子形成。

地衣最常见的是营养繁殖。如地衣体的断裂,每个裂片都可发育为新个体。有的地衣表面由几根菌丝缠绕少量的光合生物体,就可进行繁殖。

有性生殖是参与共生的真菌独立进行的,在担子衣中为子实层体,包括担子和担孢子;在子囊衣中为子囊果,包括子囊腔、子囊壳和子囊盘。

发病规律　果园通风透光不良、老弱树,易被地衣寄生,地衣紧贴枝干寄生,导致枝干树皮粗糙、树势衰弱。地衣通过病原孢子和地衣营养碎片,借风雨或气流传播,从剪锯口、虫伤、冻伤等伤口或皮孔侵入危害。尤其以长期不能愈合的剪锯口及冻伤为主。

防治方法

避免及保护伤口　注意蛀干害虫的防治,避免造成虫伤。剪口、锯口等机械伤口、冻伤口等及时涂药保护,防止病菌侵染。常用伤口保护剂如1%硫酸铜消毒液、波尔多液浆、腐植酸·铜等。

加强栽培管理　以有机肥为主,增施磷、钾肥,合理调整结果量,培育壮树，提高树体抗病能力。

及时刮除地衣病部 刮除病部清除园外深埋或烧毁，病部再涂1%硫酸铜液、石硫合剂、波尔多液、多菌灵等杀菌剂消毒。

28 石榴太阳果病（图1-28-1至1-28-7）

症状诊断 黄淮石榴产区，7月中旬幼果开始膨大期即可染病，多发生在树冠上部、东南方向、没有枝叶遮挡的果实向阳面，初期为水渍状突起的小斑点，后扩展成红褐色或黄褐色略突出于表皮的病斑，多个病斑可连成覆盖大半个果面的黄褐色至红褐色大斑，严重的后期病斑产生裂纹，果面外观差，且易感染其他果实病害。

病原 为半知菌类，细链格孢菌。分生孢子梗单生或簇生，黄褐色，颜色比菌丝略深，少分枝；壁光滑，孢痕明显，分生孢子孔出，单生或10个以上串生，表面光滑，褐色，卵形或椭圆形，一般具2~4个纵隔，1~2个斜隔或无，隔膜处有缢缩，大小12~24.4（40）微米×8~10.7（15）微米。具短喙，少数无喙，喙部颜色稍淡，每喙0~1个隔膜，大小4~7.1（13）微米×3~4.6（7.0）微米。

发病规律 病原菌以菌丝体或孢子在病残体上越冬，病原体上的病原菌是当年的主要初侵染源。果实发育期，条件适宜时产生分生孢子，借风雨、气流传播，通过伤口和自然孔口进行初侵染。"太阳果"病与生理果实日灼病为复合性病害，两种病互相促进，若果面被灼伤，造成伤口，为"太阳果"病原菌侵染危害果实创造了条件，可加重"太阳果"病的发生发展；同样，果实被"太阳果"病原菌侵染后，又加重了日灼病的发生发展。高温高湿有利于"太阳果"病的发生；天气晴好、温度过高时日灼病发病重。"太阳果"病和生理性果实日灼病都使果面外观质量变差，严重影响商品价值。高海拔地区、修剪不当、高温高湿时该病流行速度快，病原菌潜育期短，易流行成灾造成大的损失。

防治方法

农业防治 ①选用抗病性强的品种；及时清园，病果病叶残体清出园外销毁或深埋。②合理修剪、建立良好树体结构，使叶片分布合理，夏日利用叶片遮盖果实，防止烈日曝晒。③注意灌水和中耕，促根系活动，保持树体水分供应均衡。

物理防治 果实套袋，同时可以有效防治日灼病的发生。

化学防治 在有效防止生理性日灼病发生的同时，在果实膨大期叶面喷洒0.2~0.3%磷酸二氢钾溶液或清水、75%百菌清可湿性粉剂800倍液、70%代森锌可湿性粉剂500倍液、50%异菌脲可湿性粉剂800倍液等，10天左右1次，连续喷洒2~3次。

29 石榴果实贮藏期褐变（图1-29-1至1-29-5）

症状诊断 采后不同方法贮藏、存放一段时间的石榴果实，出现果实品质降低的不可逆变化：一是果皮原有颜色消退褐变、失水皱缩；二是果皮完好而果实籽粒鲜度丧失、颜色加深或褐化、籽粒风味酸败不堪食用。商品价值、食用价值大大降低。

病原 果实贮藏、存放期发生的生理性病害。主要因贮藏场所不适宜的温度、湿度、气体浓度、环境及果实净度引起的果实表皮及籽粒发生外观和品质变化，也是一种果实成熟老化现象。

发病规律

采前因素 包括采前果实接受的温度、光照、湿度、土壤管理、病虫害影响程度、栽培修剪、花果管理等，均影响石榴采收时果皮保护组织、干物质的含量、生理代谢强度及带菌量等，也直接影响果品的贮藏性能。

采收时间与技术 采收过早，呼吸强度高，而采收过晚，果皮易发生开裂现象，因此，采收时果实的成熟度直接决定着果实的生理特性；采收时，有无因采收方法不当造成果实内外损伤，也直接影响果实的存放效果。

贮藏温度 不同品种要求的适宜贮藏温度不同，一般情况下，产于寒温带地区的石榴果实耐受较低的温度，而产于热带、亚热带的石榴果实对低温较敏感。如山东省枣庄峄城区大多数石榴品种适宜的贮藏温度为0~2℃，最高不能超过3℃。冷害温度为1~0.5℃，温度波动幅度小于0.5℃。陕西省临潼产区的净皮甜、天红蛋等石榴品种的适宜贮藏温度为3~5℃，如果超过8℃，果实在贮藏中即出现大量的果皮褐变现象，而贮藏温度在0℃左右时，虽然在贮藏时没有出现果皮褐变现象，但当果实处于货架期15℃温度时，仅1~3天果实即出现大量的褐变现象。石榴果实贮藏的最佳温度应该是能使石榴果实生理活动降低至最低限度而不会导致生理失调的温度，并考虑出库后尽量延长货架期。

贮藏湿度 石榴果实贮藏的适宜相对湿度为90%~95%，湿度过低或通风过于频繁，则易促进果皮失水干缩、褐变。

贮藏气体浓度 控制环境在一定的温湿度前提条件下，可通过调节贮藏环境的气体成分达到比单纯降温调湿更好的贮藏效果，环境中的氧气浓度过高会加速呼吸作用，加快石榴养分消耗，而降低环境中氧气浓度，呼吸作用就会受到抑制。调节贮藏环境的气体浓度能有效抑制呼吸作用，减少贮藏病害的发生，降低贮藏病害的扩散速度。适宜低温条件下，石榴贮藏的适宜气体指标，氧气浓度为2%~4%，二氧化碳气体浓度为1.5%~6.0%。

贮藏净度 包括贮藏环境净度和石榴果实自身的净度，贮前贮藏环境要认真、彻底消毒，减少菌群基数；果实采收后贮藏前要对果面进行杀菌消毒处理。

这将直接影响石榴果实的贮藏效果和效益。

防治方法

选择耐贮品种　品种不同，耐贮性不同，用于贮藏的品种，必须品质优良、适于长期存放。

适期采收　石榴由于花期不集中，导致果实成熟期不一致。用于贮藏的果实，一定要采收成熟且未裂果的果实，未成熟的果实由于果皮含水率高采后后熟作用影响等，不利于贮藏。

场所器具准备　在果实采收前，根据生产量的多少，决定贮藏量和贮藏方法，对贮藏场所和器具提前做好物质准备和消毒处理。常用消毒杀菌剂有多菌灵、代森锌、甲基硫菌灵等。

果实处理　将采下欲藏的果实，经过严格挑选，剔除病、虫果和损伤果，堆置于避光通风的空地2~3天，经发汗、降温、果皮水分稍散后，用药剂做防腐处理。常用药剂品种有25%多菌灵可湿性粉剂500倍液、40%甲基硫菌灵可湿性粉剂600倍液、60%代森锌可湿性粉剂500倍液，再加入适宜的水果防腐保鲜剂，浸果1分钟后捞出阴干，然后根据计划存放。根据贮藏方法，进行有针对性的技术管理。及时上市销售，贮藏期不可以无限期延长。

30　石榴农药药害（图1-30-1至1-30-16）

症状诊断　①斑点或焦叶尖。主要发生于植物的叶部，有时茎秆或果实表面也有发生。常见的斑点有黄斑、褐斑、网斑、枯斑等，此类斑点常在施药后发生，药斑在植株上的分布缺乏规律性，在田间分布有轻有重，斑点的大小、形状变化较大；用药量大时容易在叶尖和叶缘存积药液，造成干叶尖和干叶缘。②黄化。药害引起的黄化一般发生快，常发展成枯死，发生情况与施药区域、地段及浓度等有关。而缺素引起的生理性黄化与土壤肥力有关，植株常表现为细弱，症状在全田表现基本一致；病毒等病原生物引起的黄化常呈碎绿状花斑，多表现为系统性症状，病株在田间分布较为随机。③畸形。药害引起的畸形症状在田间分布因用药情况而有规律性，植株上常表现为局部性症状；而病毒等引起的畸形症状在田间零星分布，常表现为系统性症状。④生长停滞。由药害引起的生长停滞常伴有花斑或其他药害症状；而缺素引起的植株僵化伴有叶色发黄或暗绿等症状；元素中毒引起的植株僵化常伴有根系发育差的现象；病毒引起的生长停滞常伴有花叶或皱缩，多表现为系统性症状。⑤枯萎。药害引起的枯萎在田间没有发病中心，多数发生过程较快，植株通常表现为先黄化后枯死，且根茎输导组织不变褐；而病害引起枯萎症状通常有一定的发病中心，植株先萎蔫，然后再失绿枯死，根茎部输导组织变褐坏死；虫害引起的枯萎可查到虫道、虫粪等。⑥脱落。表现为落花、落果、落叶等症状。药害引起的脱落常伴有其他药害症状，如不脱落的果实可伴有体积变小、果面异常、品质差劣等，缺肥、大风、暴雨、高温、低温等引发的脱落，常伴有明显的气候变化。⑦劣果。主要发生在果实上，症状表现为果实变小、畸形、果面异常、品质变劣、食用性变差等。如含有三唑类杀菌剂，如使用不当易造成石榴畸形果。药害引起的症状通常只有病状，没有病症，常伴有其他药害症状；而病害引起的劣果症状多数表现为既有病状，又有病症，一些没有病症的病毒性或缺素性病害，往往又表现为系统性症状，而不表现其他药害症状。

总之，药害的症状表现较为复杂，在诊断时应综合、全面地进行分析，既要观察植株本身的症状特点，又要观察整个田间的症状分布情况；既要观察植株的外部症状，又要观察其内部症状；既要考虑到药害情况，又要考虑病害情况；既要分析近期的用药、天气和环境情况，又要分析过去较远时期的相关情况等。只有这样，才能较准确地做出诊断。

病因 ①因用药不当引起。包括使用的杀虫剂、杀菌剂品种、使用浓度、时间和方法等。按症状表现的时间快慢可分为两类：一类是急性药害，指的是施药后10天内即表现出症状，症状多呈现斑点、失绿、落叶、落果等。另一类是慢性药害，指的是在施药数10天后才表现出症状，症状多如黄化、畸形、小果等。②不同果树对药剂敏感。如桃、杏、李等核果类果树在生长季对波尔多液敏感，无论用何种比例配制极易发生药害；使用45%代森铵，当药液稀释倍数在1000倍以下时，梨、苹果极易发生药害；桃园、杏园、石榴园、樱桃园使用40%阿特拉津除草剂，易出现药害，轻者叶片黄化、叶小皱缩，重者大量落叶。

防治方法

严格要求使用杀虫剂、杀菌剂 严格按照农药使用说明书要求，不宜在本果树上使用的农药或未经研究证明可以使用的农药，不要使用。

尽量不重复用药、超量用药 农药使用有其利，亦必有其弊。因此切记不宜过分依赖而重复用药、超量用药；对某种农药过敏的果树，不用此种农药；必要使用农药时注意不能重喷，不要随意加大农药使用浓度。

农药药害后的补救措施 ①增施肥料。对因一些杀虫剂、杀菌剂引起的局部药斑、叶缘焦枯、植株黄化等症状的药害，可通过施用速效性化学肥料或多元微肥的方法，促进树体迅速恢复生长，减轻药害。②灌水冲洗。对因土壤处理的杀虫剂、杀菌剂产生的药害，可采用翻耕土壤，灌水泡田，反复冲洗的办法，尽可能减少土壤中残留的药剂。③喷施激素。对因一些生长调节剂如乙烯利等引起的药害，可喷施赤霉素以缓减药害程度。④喷药中和。如果造成叶片白化时，可用粒状的50%腐植酸·钠3000倍液进行叶面喷洒，或用50%腐植酸·钠5000倍液进行灌溉，3~5天后叶片会逐渐转绿；如因波尔多液中的硫酸铜离子产生的药害，可喷洒0.5%~1.0%石灰水溶液消除药害；如因石硫合剂产生药害，在清水

水洗的基础上，再喷洒400倍的米醋溶液，可减轻药害；若错用或过量使用有机磷、菊酯类、氨基甲酯类等农药造成药害，可喷洒0.5%~1.0%石灰水、洗衣粉液、肥皂水、洗洁净水等，尤以喷洒碳酸氢铵碱性化肥溶液为佳，不仅有解毒作用，而且可以起到根外追肥促进生长发育效果。⑤中耕松土。果树受药害后，要及时对园地进行中耕松土，适当增施磷肥、钾肥，以改善土壤的通透性，促进根系发育，增强果树自身的恢复能力。

㉛ 石榴多效唑药害（图1-31-1至1-31-4）

症状诊断 因使用多效唑方法不当，导致的石榴植株矮小，致叶片小而不展、畸形、扭曲、皱缩，花蕾增多但明显变小，坐果后果实不能正常膨大、出现畸形果等。如果使用浓度过高，造成过分抑制，则植株生长停滞、萎缩，有些2、3年后危害症状不能消失，甚至枯死，损失严重。

病因 使用多效唑方法不当引起。多效唑是一种高效、低毒的植物长延缓剂，能增加植株体内叶绿素、蛋白质和核酸的含量，降低赤霉素和吲哚乙酸的含量，增加乙烯的释放量，增强抗倒、抗旱、抗寒及抗病等抗逆性，具有控制新梢加长及加粗生长、缩短节间长度、促进花芽分化、提高结果率和产量的效果。

发病规律 对石榴树进行土施或叶面喷施多效唑，因使用不当，如浓度过高、喷洒不均匀、喷洒时间不合理、短期内多次重复使用等，造成过分抑制，而出现的对石榴树伤害。如果土壤施用多效唑，由于树体根系吸收传导较慢，往往树冠枝叶表现症状较慢；如果叶面喷施多效唑，方法不当时，喷药后几天症状即可显现。多效唑在石榴树上使用，一般要求于休眠期，根据石榴树生长的旺盛程度，适当用量的土壤施用。如在石榴树年生长期内叶面喷施，且在夏季中午前后高温时段使用，极易造成药害。一旦造成药害，土壤残留和树体内的残留，需2、3年甚至更长时间才能缓解。

防治方法

规范用药 严格按照使用说明用药，在没有严格实验情况下，不能私自加大使用浓度；建议土壤施用，尽量避免或少用叶面喷施，以免造成药害。

若用量过多，对石榴树生长产生过度抑制现象、出现药害时，可采取以下方法缓解：①中耕松土。果树受药害后，要及时对园地进行中耕松土，适当增施磷肥、钾肥，以改善土壤的通透性，促进根系发育；及时适量多次喷洒叶面肥，增强果树自身的恢复能力。②灌水冲洗。若是土壤使用多效唑产生的药害，可采用翻耕土壤、灌水泡田、反复冲洗的办法，尽可能减少土壤中残留的药剂。③叶面喷洒25~250毫克/升赤霉素液进行解救，或叶面喷洒碧护或芸苔素类，也具有解除药害的作用。

32 石榴除草剂药害（图1-32-1至1-32-12）

症状诊断 除草剂危害后症状主要为：①叶片变色、黄化。除草剂药害较轻时，表现为心叶黄化、茎叶黄化和全株黄化等，除草剂药害引起的黄化一般发生快；药害稍重时，叶片变褐色或成焦枯状。发生情况与施药区域、地段及浓度等有关。②畸形。常见的有卷叶、丛生、根肿、畸果、劣果等。除草剂药害引起的畸形症状在田间分布因用药情况而有规律性，植株上常表现为局部性症状。③生长停滞。植株正常生长受到抑制，生长缓慢，分枝减少，发育受阻，产量下降，一般除草剂均可引起此症状。④枯萎。植株表现为失水状态，多为整株症状，轻则嫩叶黄化，重则叶片枯焦、植株枯萎死亡等，这种植株枯萎死亡，与使用除草剂明显相关，发展速度快，症状明显。

病因 因使用除草剂不当造成。可分为显性药害、隐性药害、残留药害等。

误用 选用除草剂品种不当，错用不对口的除草剂喷洒造成药害。

使用时期、方法不当 芽后除草剂当芽前、使用剂量超大、混用施药不均匀或重喷等。

土壤残留 一些内吸性除草剂在土壤中有残留，被果树吸收，造成药害，这种药害多导致果树生长不良，叶皱缩、花少、果小。

雾滴飘移 喷施除草剂时，喷头抬的比较高或有风吹，导致雾滴飘移到非靶标作物上而产生药害。

防治方法

清洗好器具 除草剂药械和普通农药药械分开使用。如混合使用，若再用喷洒过除草剂的药械，特别是喷洒芽前封闭除草剂的喷雾器，要用洗涤剂等有机溶剂彻底清洗，确保器具不带不安全化学成分。

严格按要求使用除草剂 果园尽量不使用灭生性除草剂，对有些宿根性恶性杂草必须使用时，一定要对果树进行必要的保护，防止除草剂飘移到果树上，果园果品安全要求禁用的除草剂不准使用。在果品安全生产许可范围内可以有选择性地使用一些选择性除草剂。

尽量不重复用药、超量用药 除草剂有其利，亦有其弊，除草剂使用不当就可能伤到果树。因此切记不宜过分依赖而重复用药、超量用药；必要施药时注意不能重喷、严格按要求用药。

除草剂药害后补救措施 应在查明应用的除草剂种类及药害原因，如用药种类适当、使用方法不当、浓度过大等的基础上，及时采取针对性补救措施。①激素类除草剂引起的药害。可撒施生石灰、草木灰、活性炭等进行缓解。②触杀类除草剂引起的药害。因使用浓度过大或叶面吸收过多而引起的药害，可连续喷水冲洗，减少植株上的药物浓度；及时摘除受害叶；喷洒赤霉素、芸薹素内酯，撒施或叶面喷施速效肥料、生石灰或草木灰等减轻药害。③土壤处理剂引起的药害。如氟乐灵等残毒药害，可深翻土、多翻土，促使其挥发，用更多的泥土稀释残药；并浇水冲洗土壤，稀释排毒，以减少除草剂在土壤中的残留。④对于磺酰脲类除草剂药害。可及时喷洒萘二酸酐、芸薹素内酯，再增施酸性肥料硫酸铵、过磷酸钙，进行酸洗。⑤加强果园管理。土壤增施腐熟有机肥、复合肥等速效肥；喷施叶面肥或植物营养液，促进植株吸收，提升植株抗性，促使植株健壮生长，增强抗药害的能力，促使根系发育和新叶再生，逐渐减轻药害影响，恢复树势。

33 石榴裂果（图1-33-1至1-33-9）

症状诊断 在果实发育的各个阶段都有可能发生裂果，但主要发生在近成熟果实上，果实纵向开裂为主，伴以横向开裂。

病因 系生理性病害。主要是水分供应不均衡或天气干湿变化引起，与品种特性、病虫危害也有关系。

发病规律 石榴裂果与品种自身内在原因和外部环境影响有关。内因：品种不同，裂果发生差异明显。果皮厚，成熟期晚的果实裂果轻。果皮薄，成熟期早的果实裂果重。导致裂果的外部因素：主要是环境水分的变化，在环境水分相对稳定条件下，如有灌溉条件的果园，结合降水，土壤供应树体及果实水分的变幅不大，果实膨大速度相对稳定，即使到后期果实成熟采收，裂果现象较轻。持久干旱又缺乏灌溉果园，突然降水或灌溉，根系迅速吸水输导至植株的根、茎、叶、果实各个器官，众多种子（籽粒）的生长速度明显高于处于老化且基本停止生长的外果皮，当外果皮承受能力达到极限时导致果皮开裂。由这种原因引起的裂果，集中、量大，损失重。树冠的外围较内膛、朝阳较背阴裂果重；果实以阳面裂口多，机械损伤部位易裂果；树冠修剪合理枝条分布均匀裂果轻；太阳果病、日灼果病、干腐病等果实病害发病重，也易裂果。

防治方法

农业防治 ①选择抗裂品种。②选用自然纺锤形、改良纺锤形树形，合理修剪，使枝组疏密有度，通风透光良好。③尽量保持园地土壤含水量处于相对稳定状态。采取有效措施降低因土壤水分变幅过大造成的裂果，可采用树盘地膜覆盖、园地覆草增施肥料、改良土壤等技术，提高旱薄地土壤肥力，增强土壤持水能力。掌握科学灌水技术，不因灌水不当造成不应有裂果损失。④适时分批采收果实。早坐果早采，晚坐果晚采，成熟期久旱遇雨，雨后果实表面水分散失后要及时采收。

物理防治 石榴果实套袋。于生理落果后，采用白色木浆纸袋或白色无纺布袋套袋，既防病防虫，又减少了机械创伤和降水直淋，且减少因防病治虫使用

农药造成的污染,并可有效地减少裂果。

化学防治　在中后期喷施25毫克/升的赤霉素（GA_3）,可使裂果减少30%以上。

34　石榴日灼（图1-34-1至1-34-8）

症状诊断　石榴果实、叶片被灼伤,又称作"日灼病"或叫"日烧病"。常发生在果肩至果腰向阳部位。发病初期,果皮失去光泽、隐现油渍状浅褐色斑,后变为褐色、赤褐色至黑褐色大块斑,病健组织分界不明显。后期,病部稍凹陷,脱水而坚硬,病斑中部常出现米粒状大小灰色瘤状突起,俗称"疤脸"。剥开坏死果皮观察,内果皮变褐坏死,内部籽粒不发育或发育不全,红籽粒品种籽粒为白色不变色,或者籽粒部分凹陷上有褐色斑点,汁少味劣,果实畸形;重致果实部分或者整体腐烂。叶片被灼伤后,叶面出现斑点、块状不规则坏死。

病因　系逆境生理伤害。夏季强光直接照射果面,致局部蒸腾作用加快,温度升高至40℃以上或持续时间长,导致果实组织灼伤。

发病规律　7～8月,天气晴朗无云、无风、空气和土壤湿度小的午后13:00～15:00,因太阳辐射强度大或强日光直接照射果面,当果面温度达到40℃以上并持续一定时间时,易发生日灼。

红色果皮品种发生日灼病轻于白色和青色果皮品种；湿润平坦和背阴的丘陵坡地不易发生,而干旱向阳的丘陵坡地易于发生；壤土和黏壤土质、肥力高的果园不易发生,而砂土和砂壤土质、肥力差的果园易于发生；纺锤形和分层形的树形不易发生日灼,而开心形日灼病易于发生；修剪量大、修剪重的日灼病重,而修剪量适中的日灼病轻。

树冠南部和偏西南部日灼发生率较高,而其他方位较低；果实萼筒向下的"下垂果"发生率偏低；长果枝果实因枝长果实下垂其上有叶子遮阴而日灼发病率低,而短果枝果实因其上遮阴的叶子少则发生率高；主枝角度大的果日灼重,主枝角度合适的日灼轻；树体长势强壮、叶片繁密发生日灼轻,而树势衰弱、叶片稀小发生日灼重。从果面上看,日灼病发生的部位,一般在果实的中上部、南方或偏南方向,与其向阳面的角度和当时太阳高度角有关。

石榴日灼果果容易被病原菌侵染而诱发其他病害,并影响外观,降低食用价值,最终影响产量和经济效益。

防治方法

选用抗病品种　表皮组织粗糙的石榴品种抗日灼性较强,而表皮质地细嫩的品种抗日灼性较差。生产上应选择适宜当地条件的抗日灼性强的品种。

选择合适的树形　选择自然纺锤形、改良纺锤形进行整形,少用开心形整形,因开心形无中干,光照直射内膛,易使暴露在叶外的果实受灼伤。

合理修剪，注意分枝角度　修剪量要适度，修剪过轻则易造成前期冠内郁蔽，果实着色不良，后期枝条衰弱，结果率下降；修剪过重，则易造成冠内出现大"窟窿"，使下部果实造成灼伤，特别是疏除或回疏树南部和偏南方向的多年生辅养枝时应注意。因石榴树枝条比较柔软，在整形拉枝和载果量大时撑顶绑缚结果枝时，应注意其处理角度，一般应掌握在拉枝时不大于70度，撑顶时不大于80度。

合理选定果　在选定果时，应多留下垂果、叶下果，少留出叶的"朝天果"，疏去过晚的7月果和细长枝梢的顶端果。

果实套袋　果实套袋是预防日灼和病虫害、保持果面干净、提高果实商品质量的有效措施。宜选用白色木浆纸袋、白色无纺布袋。

降低温度，增加湿度　在干旱时，可采取园地浇水或高温时段叶面喷水等措施，适当增加土壤湿度，降低果面温度；有条件果园可采用生草栽培法，保持果园温度相对稳定，减轻日灼发生。

35　石榴霜害（图1-35-1至1-35-5）

症状诊断　对石榴树影响较大的是发生在春季的晚霜冻。萌芽初期受霜冻，轻则嫩芽或嫩枝受影响，生长不良，重则嫩芽、嫩枝变成褐色；花蕾期和花期受霜冻，轻则蕾花受影响，花朵照常开放，稍重的可将蕾花冻死；严重霜冻时，影响开花结果及当年产量。

病因　霜冻是一种逆境生理伤害，是一种较为常见的农业气象灾害。即在果树生长季因急剧降温，夜晚地面辐射冷却，空气温度突然下降，地表温度骤降到0℃以下，使植物受到损伤，幼嫩部分受冻，甚至死亡，称为霜冻。北方石榴产区秋、冬、春三季都可出现，但以春季出现的晚霜冻对果树影响最大。

发病规律　每年入秋后第一次出现的霜冻，称为初霜冻；每年春季最后一次出现的霜冻，称为终霜冻。当近地面空气中的水汽含量较多，气温低于0℃，水汽直接在地面或地面的物体上凝华，形成一层白色的冰晶现象，称为"白霜"；有的时候地面温度降到0℃以下，但由于近地面空气中水汽含量少，地面没有结霜的现象，称为"黑霜"。发生在春季的晚霜冻，果树已发芽并逐渐进入开花阶段，此时发生霜冻对果树影响很大。春季晚霜冻发生的愈晚，果树受害也就愈严重。而发生在秋季的霜冻，因早秋天气还未寒冷，是果树尚未停止生长时发生的霜冻，会导致果树停止生长，产量下降，品质变坏。秋季晚霜冻发生愈早，其危害性愈大。

防治方法

慎选园址　霜冻发生时，由于冷空气密度大，容易向低洼的地方沉积，温度比平地低4~5℃，故低洼地易受霜害，而丘陵坡地较轻；就坡向而言，南坡霜害轻，北坡霜害重。在有湖、河水域面积大的地方，因水的热容量大，降温慢，冻害发生轻。所以应选择有天然屏障的山前台地和向阳的南坡坡地或水域附近建园。

营造防护林　抵御寒流，减轻危害。

园地灌水　灌水后土壤的热物理性状得以改善，温度比干旱地可提高2℃左右，可有效地提高石榴树抗御霜冻能力。根据天气预报在霜冻前1~2天灌水，效果较好。

树冠喷水　根据天气预报于霜冻来前一天树冠喷水，以增加枝条的含水量避免干冻，同时，水在冻害发生时还会释放出一定的热量减轻霜冻危害。

地面覆盖　地面覆盖秸秆或地膜，可以减少地面有效辐射，提高地温1~2℃从而降低霜冻危害程度。

熏烟或生火　霜冻发生前，在石榴园内及周围按照一定的密度，均匀堆积杂草、树叶、作隆重推出秸秆，有条件可加入无毒的发烟剂如红磷、硫黄等，在温度下降至近0℃时点燃，让其只冒烟，不起明火，使近地面笼罩一层烟幕，防止地面热量的散失。同时，在制烟过程中，也会产生大量热量，这样，烟雾覆盖与点火增温可使近地面气温升高1~2℃。近年，我国冬春季雾霾现象较重，为减轻空气污染，国家明令禁止焚烧柴草。可在霜冻来临前，根据温度降低程度，在果园内不同点均匀点燃煤球炉，生火增温防霜冻，一般温度降低至近0℃时，每亩点燃15个左右煤球炉；温度降低至近-2℃时，每亩点燃30个左右煤球炉。

36　石榴冻害（图1-36-1至1-36-13）

症状诊断　受冻害较轻时受冻部位树皮表皮为灰褐色，第二年生长季节表皮块状开裂并逐渐脱落，裸露出内层青色树皮；严重的为黑色块状或黑色块状绕枝、干周形成黑环，在冬春季，树皮即开裂，深达木质部，甚至木质部开裂，黑环以上部分逐渐失水后造成抽条而干枯。从受冻部位的横纵切面来看，因受害程度不同而形成层受冻为浅褐色、褐色或深褐色。植株受冻后，因冻害轻重及受冻部位不同，不一定表现出冻伤症状，受冻害严重时，春天根本不能发芽；受冻害轻时，特别是非正常降温引起的轻度冻害，春季也能萌芽，后逐渐死亡；树体受冻后，受冻部位形成伤疤，极易感病，有些树当年不死，以后也会因生长弱、慢慢死亡。

病因　逆境生理伤害。主因冬季低温或入冬时不正常降温、春季温度回升后又突然大幅降温所致。

发病规律　主要是低温影响所致，在冬季正常降温条件下，旬最低温度平均值低于-7℃、极端最低温度低于-13℃出现冻害，旬最低温度平均值低于-9℃、极端最低温度低于-15℃出现毁灭性冻害。但在寒潮来临过早（沿黄地区

11月中下旬），即非正常降温条件下，旬最低温度平均值低于-1℃、极端最低温度-9℃时，也导致石榴冻害。

另与果园土壤水分量、苗木来源、树龄树势等有关。因土壤水分缺乏，导致土壤冻层加厚，石榴树易发生冻害；实生苗冻害最轻，根蘖苗次之，扦插苗最重；用抗寒强的大树高接换头，可以达到一定的抗寒栽培目的；树龄大小对冻害的抵抗能力不同，7年生左右树抗寒性最强；低于4年生的幼树，树龄越小，抗寒性越弱；15年生以上的成龄树，因长势逐渐衰弱又易受冻害。树势生长健壮无病虫危害冻害轻，反之冻害重。

防治方法

保持健壮的树势　采取综合管理措施使石榴树保持壮而不旺，健而不衰的健壮树势，提高对低温的抵抗能力。

控制后期生长，促使正常落叶　果园水肥管理坚持"前促后控"原则；对旺长的石榴树，在正常落叶前30～40天，喷施40%的乙烯利水剂2000～3000倍液，促其落叶，使之正常进入休眠期。

早冬剪喷药保护　在落叶后至严冬来临之前及时冬剪，修剪后及时喷洒石硫合剂等药液保护。

根茎培土，树干保护　定植1～2年生的幼树尽量埋干防冻；大树不能埋干的，先用涂白剂涂白或涂防冻剂，然后高培土，培成上尖下大的馒头形，高度50～80厘米；或者树干缠塑料布条、捆草把、防水材料缠包等，这些缠包材料使用时，要注意避免冬季雨雪天气结冰造成二次伤害。

早施基肥适时冬灌　冬施基肥结合浇越冬水适时进行，掌握在夜冻日消、日平均气温稳定在2℃左右时冬灌。

选用抗寒品种　如河南省新育成的蜜露软籽、蜜宝软籽、豫石榴1号、豫石榴2号等。

利用小气候防护　营造防护林，设立风障等。

37　石榴冻旱害（图1-37-1至1-37-3）

症状诊断　过冬后的石榴树枝条自上而下干枯，严重的植株地上部分全部枯死，比较轻的则一年生枝条枯死或多半死。树体主侧树、树干及根系一般不死，仍可萌发出新枝。

病因　逆境生理伤害。树体枝干缺失水分和低温叠加影响所致。

发病规律　主要是因为冬天和早春，土壤干旱且土壤冻结，石榴树的根系较浅，大都处于冻土层，不能吸收水分或很少吸收水分，而早春气温回升很快，同时风大空气干燥，枝条水分散失，造成明显的水分失调，入不敷出，引起枝条生理干旱，从而使枝条由上而下抽干而死。

防治方法

秋季控制树体生长，防好病虫害 秋季应适度控水控肥，并加强病虫害的防护，生长后期不施氮肥，多施磷钾肥，以利枝条的加粗，及早停长，增强幼树的越冬能力。当初秋枝条依然生长较旺时，还可通过掐尖、喷施生长抑制剂等来使枝条停长，控旺促壮。

捆绑草把 在冬季落叶后，及时用稻草、谷草等作物秸秆捆绑幼树，抑制水分蒸发，注意要捆绑结实，以免冬季风大将草把刮散开。到春季芽萌动时，及时将草把解开。

涂抹保护剂 落叶后，在枝条上涂抹动物油脂、甲基纤维素、凡士林以及其他复配的防抽油等防护剂。涂抹时间以12月份气温较低时进行，要求涂抹均匀而薄，要求在芽上不能堆积防护剂。

基部培土防风 冬季在幼树基部堆高40~50厘米下大上小的馒头形土堆，可挡北风，减少风害，减轻抽条的发生。该方法和捆草把相结合，对幼树抽条具有良好的效果。

及时浇灌封冻水，覆盖地膜 秋冬施肥灌水后，在幼树的两边各铺一条宽约1米的塑料地膜，可以保持土壤水分，提高地温，达到防冻旱抽条的目的。

38 石榴雪害（图1-38-1至1-38-4）

症状诊断 因雪压折石榴树枝干、及干枝受冻害。

病因 逆境生理伤害。水在空气中凝结成大量白色不透明的冰晶（雪晶）和其聚合物（雪团），再落下到地表面或地上附属物体上的自然现象，雪是水在固态的一种形式。

发病规律 我国石榴产区，冬季中雪量级的降雪，加之持续一周以上的低温就有可能对石榴树造成冻害。

重力压折 大雪因重力作用致石榴树枝干压折受害。

融雪受冻 雪在融化时从周围、包括从树干内吸收热量，导致局域空气温度降低，使树体受冻；雪后转晴，白天温度回升时雪融化一部分，晚上温度降低雪水成冰，枝干上形成冰层，使枝、干弹性降低，刮风时容易折断或枝干皮层受机械创伤；另外，枝、干结冰后渗透压高于枝、干组织细胞内的渗透压，迫使水分外渗，造成组织伤害。

主干皮层受冻 当地表被雪覆盖时，相当于原来地面的雪层表面温度较低，且变幅较大，特别是在雪后晴天和辐射降温的夜间，雪层表面以上气温比裸露地面气温低3~7℃，极易对雪层表面的主干皮造成冻害。

根系窒息受害 大雪使地面覆盖了一层厚厚的积雪，积雪时间越长，积雪层越厚，沉降的作用越强，积雪的密度就越大，导致积雪层下土壤氧气减少，易

使石榴根系呼吸作用受到影响，直至窒息死亡。

防治方法 ①雪住后，晃动枝干，抖落枝条上的积雪；或用木棍、竹竿等敲打树枝，震落积雪，注意木棍前端一定要缠裹布条等柔软物，避免击伤树皮。既可避免树干上积雪对枝干的压折，还可以防止融雪时雪水在枝条上结冰冻伤枝条。同时要及时铲除树冠下的积雪，至少距树干60厘米范围内的积雪要铲除，减轻因融冰降温而冻伤石榴树。②积雪层较薄时，可用草木灰、炭黑或水等撒在雪层表面，促其融化，以减轻冻害的发生。③我国北方石榴产区，冬前全面做好防冻措施。

39 石榴雨凇害（图1-39-1，图1-39-2）

症状诊断 冬春季在植物体表面形成的、玻璃状的透明或无光泽的表面粗糙的冰覆盖层，使全树布满粗细不一的冰棒，成为一株银装素裹的玉树。

病因 逆境生理伤害。超冷却的降水碰到温度等于或低于0℃零摄氏度的物体表面时所形成，叫做"雨凇"。俗称"树挂"，也叫冰凌、树凝，形成雨凇的雨称为冻雨。

发病规律 雨凇在我国各石榴产区、特别是高海拔地区的云南、贵州等地区，从深秋至翌年初春都可能发生，开始期多为12月，早则11月，结束期多在3月份，以1～3月多见。在黄淮地区雨凇发生的频率约1.5年1次。

对石榴树的伤害。①重力压折。雨凇的密度较大，为0.8～0.9克/立方厘米，雨凇使全树枝干布满冰棒，所增加的重量，可达植株自重的5～20倍以上，可使石榴遭受到枝干压折、倒干等危害。②枝干覆冰窒息受害。③枝干皮层机械损伤。枝干覆冰后，弹性降低，风吹摆动易使枝干皮层机械扭伤。④融冰降温受冻。1克0℃的冰，融化成0℃的水需吸收334.994焦耳的热量，雨凇融化时需吸收大量热量，致使降温受冻。⑤组织细胞外结冰，水分外渗，生理失水受害。

防治方法

避免在迎风处建园 雨凇在山脊迎风处危害重，黄淮地区雨凇时常伴有北风或偏北风。故宜选择南坡建园或在果园北面营建防护林，以减轻雨凇的危害。

人工防治 用木棍、竹竿等于中午前后、温度升高时敲打树枝，震落凇冰，注意木棍前端一定要缠裹布条等软物，避免击伤树皮。减轻压折、倒伏及冻害。对压折的枝干，在折断处绑缚加固，争取枝干恢复生长，对损伤严重枝干，预以截除，伤口大的涂保护剂保护。

40 石榴旱害（图1-40-1至1-40-4）

症状诊断 春季萌芽不整齐，新梢短，叶子少而小，开花不整齐；落蕾、落花、落果、裂果；夏季高温，易造成叶枯、落叶；果实成熟的中后期裂果严重；秋季落叶提前；干旱持续的时间长，易引起树体本身的抗性降低，导致病虫害加重；大树易引起营养不良，树势减弱，并导致果实品质降低；冬季及早春干旱易引起枝条抽条（抽干）现象。

病因 逆境生理伤害。石榴树生长的不同时期，由于土壤含水量低，使植物体得不到及时的水分补充，导致生理生化发生反常现象，而出现的生理性伤害。

发病规律 一年不同季节都可能发生，山区丘陵、砂土地易发生干旱；降水少，没有浇灌条件的果园易发生干旱。

防治方法

植树造林，改善生态环境 这是从根本上解决干旱问题的关键。

改善灌溉条件 可用井灌、漫灌、喷灌、滴灌、渗灌等方式改善和提高果园灌溉条件，彻底解除干旱对果园的威胁。

整修梯田，防止水土流失 山地、丘陵、坡地，按等高线修梯田建园，坡度太大时挖半圆形鱼鳞坑栽树。质量高的梯田，可拦蓄70%~80%的降水量，其效果较鱼鳞坑好，同时，石榴树的发育和产量也较好。

改良土壤 深翻改土，提高土壤的持水能力。

园地覆盖 可以选择覆盖黑白色塑料薄膜、可降解的黑白色无纺布膜、作物秸秆、经处理过的树叶等。从降温、保温、增加土壤有机质、改善土壤结构等综合因素考虑，提倡秸秆覆盖。有条件的可以采用生草栽培，提高果园抗旱能力和夏季降低果园温度。

使用抗旱抑制剂 可以使用抗旱抑制剂抗旱剂1号、土壤保水剂等，提高土壤含水量，增强石榴树抗旱能力；叶面喷洒0.05%~0.1%的阿斯匹林水溶液喷洒，可减少因干旱引起的落花落果，增加产量。

㊶ 石榴涝害（图1-41-1至1-41-3）

症状诊断 较长时间降雨或短时间的强降雨，在果园低洼地方由于排水不畅形成积水，淹没土地或石榴树，发生田间渍害；丘陵山区易形成局部地面泾流，冲走地表土壤，重则将石榴树连根拔起，对石榴树造成不可逆伤害。石榴园地面积水10天以上，二年生石榴树淹死率16.7%左右，三年生石榴树淹死率5.5%左右，根部、根茎部发生病变株率30%左右，三年生石榴树裂果率7.3%~28.6%。

病因 逆境生理伤害。果园田间渍害，土壤缺失氧气，导致根系无氧呼吸，造成伤害。

发病规律 我国石榴分布范围较广，跨越不同气候带，各地年降水量差别较大。黄淮产区一般以夏涝为主；淮河以南地区多出现春涝和秋涝；就强度而言，以夏涝为重，秋涝次之，春涝较轻；平原低洼地带、盆地、河滩地、土壤黏重地点易发生积水形成渍害。丘陵山区易发生洪水灾害。涝灾发生的频率，不同地区、不同立地条件差别较大，黄淮石榴产区平均2~4年一遇。

田间渍害对石榴的危害：①根系受害。积水后的土壤缺少供根系活动足够的氧气，致使根系生长受限，重则根系因缺氧而腐烂坏死，失去生理活性，不能从土壤里正常吸收水分和各种植物体所需的养分，导致地上部生长不良，轻则叶片发黄、脱落、抗病性差、结果性差；重则地上部逐渐枯死。②丘陵山区洪水冲垮堤岸，将树连根冲起，造成不可逆伤害。③病虫害加重。长时间积水，植株生长衰弱，植物本身抵抗不良环境的能力降低，地上地下各种病害加重。同时也加重了虫害的发生危害。

防治方法

适地建园　根据当地历年水文资料，避开低洼易涝地，选择排灌方便的高燥处建园。

及时排水清淤　出现水涝后，及时挖沟排水，并将树干基部周围的淤泥清出树盘。如幼树被淹，应设法清洗叶片上的淤泥，恢复叶片光合功能。

加强树干管理　对被洪水冲倒的树，如能扶起的要及时扶正，扶正后用木杆或竹竿支撑，并加强根部及地上树冠管护。

深翻松土，晾墒换气　在清淤的同时，深刨或深耕园地，深度在20厘米以上。

施肥　对水淹过的石榴树及时施肥，可在水退去以后，园地无法挖沟施肥前先行叶面施肥，可用0.3%的尿素溶液或0.3%的磷酸二氢钾溶液，也可用尿素和磷酸二氢钾制成混合液，进行叶面喷雾，及时补充养分，恢复树势。能够土壤施肥时，挖沟进行土壤施肥。

防治根部病害　用40%的五氯硝基苯粉剂，每株树100~200克，掺净土40~50份，施于根部，防治根部病害。发现坏根时，先将坏根剪掉，然后用1%~2%的硫酸铜溶液、70%的甲基硫菌灵可湿性粉剂500倍液、50%的多菌灵可湿性粉剂500倍液、50%的代森铵灵可湿性粉剂400倍液、2.5%的硫酸亚铁溶液等药剂灌根。并及时防治其他病虫害。

㊷ 石榴雹害（图1-42-1至1-42-4）

症状诊断　因冰雹对石榴造成的重力创伤，轻则叶子残破不全，果实受伤，斑痕累累；重则枝条皮层受伤，枝条折断，叶果脱落，颗粒无收。

病因　逆境生理伤害。受冰雹袭击后，果实因伤失去食用和商品价值，叶、干枝上伤口极易遭受病菌侵染，引发病害，组织坏死，导致树势早衰。

发病规律 冰雹，也叫冷子。是从发展强盛的积雨云，也叫冰雹云中降落的大小不等的冰块或冰球，是一种灾害性天气现象。

在黄淮地区山地多于平原，北部多于南部，相对多发于山地和平原的交界地区；不同气候区均以春末和夏季的6~9月出现机会最多。

降雹时间一天中多集中于13：00~18：00；降雹持续时间一般在30分钟之内，冰雹直径一般在0.5~3厘米，大的直径超过25厘米；重量多为0.5~5克，最大的冰雹重量超过1750克。

防治方法

植树造林　大面积树木可以改变小区气候，使之不易产生强烈的上升气流，这是防雹的根本办法。

科学选择园地　"雹过一条线，年年旧路串"，这说明冰雹的活动路线有一定的规律性。在建园时，要了解掌握冰雹在本地的活动规律，将石榴园建在冰雹移动路径以外的地方。

人工防雹　利用高炮或火箭在降雹前，轰击冰雹云，减少降雹机会。

雹后补救　雹后及时喷洒杀虫杀菌剂防止病虫害的发生；剪去伤残枝条，加强水肥管理，使树势尽快复壮。

㊸ 石榴沤根（图1-43-1，图1-43-2）

症状诊断　沤根又称烂根。主要危害根部和根颈部，发生沤根时，根皮腐烂，根部不易生发新根，致地上部萎蔫、叶缘枯焦。严重时，叶片变黄，影响开花结实。沤根持续时间长，常诱发根腐病。

病因　为生理性病害。病因有二，一是果园积水时间长或土壤较长时间处于水饱和状态而发生沤根，致地上部叶尖干枯，叶片变黄，植株生长缓慢；二是冬季苗木假植时，覆土过厚，灌水较多，温度高时造成沤根，定植后不能正常生根发芽。

防治方法

农业防治　冬季苗木假植时注意技术要点，覆土厚度适中，灌水适量，防止发热沤根。果园雨后及时排水，避免积水。

化学防治　必要时浇灌50%福美双可湿性粉剂800倍液等。

㊹ 石榴缺氮症（图1-44-1，图1-44-2）

症状诊断　新梢上的叶片由下而上全部变黄，枝条细弱；因氮素可以从老熟组织转移到迅速生长的幼嫩组织中，故缺氮症多在较老的枝条上表现得比较显著，幼嫩枝条表现较晚且轻。当枝条生长受到抑制或枝条顶端幼叶变黄时，老叶缺氮症已很严重。此时在枝条顶端的黄绿色叶片和基部变成红黄色的叶片上，都发生红棕色斑点或坏死斑；叶小而弱，秋季落叶早。枝条停止生长，花芽显著减少；果小味淡而色暗，果面不够丰满；根系不发达植株矮小，树体衰弱；抗寒力降低。

病因 为生理性缺素症。土壤瘠薄、管理粗放、有机质缺乏、管理不善的果园易表生缺氮症。在砂质土上的幼树，生长迅速时遇大雨，几天内即表现出缺氮症。

防治方法 基肥增加土杂粪、人畜粪、饼肥等有机肥的施用量，并在基肥中混以氮、磷、钾复合肥，基肥有机肥施用量以生产1000千克果实，施入2000千克优质腐熟农家肥、100千克氮、磷、钾三元复合肥为标准。分别在4月下旬、5月下旬、6月下旬、8月上旬树冠喷施0.2%~0.3%尿素液或土壤追施尿素，依据树体大小每株0.25~1千克。

45 石榴缺磷症（图1-45-1至1-45-3）

症状诊断 早春或夏季生长较快的枝叶，几乎都呈紫红色，新梢末端的枝叶特别明显。这种症状是缺磷的重要特征。叶稀少、暗绿转青铜色或发展为紫色；老叶窄小，近缘处向外卷曲，重时叶片出现坏死斑，早期落叶。

严重缺磷时，老叶上先形成黄绿色和深绿色相间的花叶，很快脱落。枝条细弱，花芽分化不良，显著减少。果实含糖量降低，产量、品质下降；树体易受冻害。

病因 为生理性缺素症。果园土壤含磷量低，速效磷在10ppm以下；土壤碱性，含石灰质多或酸度较高；土壤中磷素被固定，不能被果树吸收，磷肥的利用率降低；偏施氮肥，磷肥施用量过少。在贫瘠的砂土地，常有缺磷现象。

防治方法 增施有机肥，对有缺乏磷肥症状的土壤增施无机磷肥或含磷复合肥。生长期追施磷肥：叶面喷施0.2%~0.3%的磷酸二氢钾溶液或1%~2%过磷酸钙水澄清溶液、0.5%~1%磷酸铵水溶液；土壤追施过磷酸钙、磷酸二铵等，每株0.25~0.5千克。

46 石榴缺铁症（图1-46-1，图1-46-2）

症状诊断 又叫黄叶病，常发生在盐碱地或石灰质过高的地方以及园地较长时间渍害。以苗木和幼树受害最重。叶面呈网状失绿，轻则叶肉呈黄绿色而叶脉仍为绿色，重则叶小而薄，叶肉呈黄白色至乳白色，直至叶脉变成黄色，叶缘枯焦，脱落，新梢顶端枯死，多从幼嫩叶开始。

病因 为生理性缺素症。当土壤过碱和含有多量碳酸钙时以及土壤湿度过大时，使可溶性铁变为不溶性状态，植株无法吸收，导致树体缺铁。

防治方法 增施农家肥，使土壤中铁元素变为可溶性，有利于植株吸收。将浓度为3%的硫酸亚铁与饼肥或牛粪混合施用。方法是：将0.5千克硫酸亚铁溶于水中，与5千克饼肥或50千克牛粪混合后施入根部，有效期约半年。发病初期叶面喷洒0.4%硫酸亚铁溶液，7~10天1次，连喷2~3次。

47 石榴缺钾症

症状诊断 典型症状是叶片的叶缘失绿呈黄色，常向上卷曲；缺钾枯焦边缘与绿色部分分界较清晰，未枯焦部分仍能正常生长。注意有症状的叶位，如果有此症状的是中部叶和下部叶可能是缺钾。如果是同样症状出现在上部叶，可能是缺钙。缺钾较重时，叶缘失绿部分变褐枯焦，严重时整叶枯焦，挂在枝上，不易脱落。果实小而着色差，味酸易裂果。新根生长纤细。

病因 为生理性缺素症。贫瘠的砂土、酸性土、有机质缺乏的土壤一般缺乏植物可吸收利用的钾；阴雨连绵、日照不足、土壤过湿可能导致树体缺钾。

防治方法 基肥施足够的腐熟有机肥料，每株再土施氯化钾0.5~1千克，幼果膨大期开始，每亩追施硫酸钾20~25千克或氯化钾15~20千克。或叶面喷洒0.2%~0.3%磷酸二氢钾水溶液、1%~2%硫酸钾或氯化钾水溶液、1%~2%的草木灰水溶液。

48 石榴缺钙症

症状诊断 地上部症状：在新梢长出数厘米至数十厘米长时，顶芽停止生长，顶端嫩叶出现褪绿斑，叶片变小，梢顶部幼叶的叶尖、叶缘或沿中脉干枯，重则梢顶枯死、叶落、花朵萎缩。根部症状：初期当地上部还无明显症状时，根部生长已受到影响，新根生长不良，短粗且弯曲，出现少量线状根后，根尖变褐至枯死。典型症状是在死根附近长出短粗且多分枝的新根根群。

病因 为生理性缺素症。由于树体缺钙引起。诊断指标：叶片钙含量低于0.5%~0.75%时表现缺钙症状。

发病规律 由多种原因引起，一是土壤中缺少可吸收钙引起；二是氮、磷、钾、镁较多时，阻碍了对钙的吸收；三是土壤干旱，土壤溶液浓度大，阻碍根系对钙的吸收；四是酸性土壤中，钙易流失，造成土壤缺钙。

防治方法 改良土壤，保持土壤适宜的酸碱度；增施有机肥，增加土壤中可吸收钙；保持适度的水分供应；生长期叶面喷洒0.3%~0.5%氯化钙水浸液或0.5%~1.5%硝酸钙水浸液，生长期内喷洒3次。

49　石榴缺镁症

症状诊断　缺镁时首先新梢中下部叶片失绿变黄、渐变黄白，后逐渐扩大至全叶，逐渐形成坏死焦枯斑，但叶脉仍然保持绿色。缺镁严重时，大量叶片黄化脱落，仅留下部、淡绿色、呈莲座状的叶丛。果实不能正常成熟。

病因　为生理性缺素症。土壤中镁元素不足或氮元素使用过多，抑制了根系对镁元素的吸收，导致树体中镁元素缺少，致使叶绿素含量减少，叶片褪绿，光合作用受到影响，果树不能正常生长。

防治方法　冬施基肥和生长季节追肥时增施硫酸镁，每亩施用5~10千克。撒施保得土壤生物菌接种剂，改善土壤结构，提高土壤透气性能，释放被固定的肥料元素，增加土壤中速效养分的含量。叶面喷施0.3%硫酸镁水溶液，15天1次，连续喷洒3~4次；土施钙镁磷肥。

50　石榴缺硼症

症状诊断　缺硼时表现为枝梢顶端停止生长，从早春开始显现症状，到夏末新梢叶片失绿呈棕色，出现畸形叶，叶片扭曲，叶柄、叶脉紫色而易折断，顶梢叶脉出现黄化，叶尖和边缘出现坏死斑，继而生长点死亡并由顶端向下枯死，形成枯梢。花器发育不健全，落花落果严重，表现"花而不实"；果实畸形，以幼果最重。地下根系生长不良，生长慢，根、茎生长点枯萎，植株明显弱于健树。

病因　为生理性缺素症。一是因土壤中含硼量不足，当土壤有效硼含量低于0.5毫克/千克时，不能满足果树生长和发育的需求，容易出现缺硼症状；二是土壤有机质含量少、有效硼含量低的土壤，如遇干旱（特别是花期），极易发生缺硼症；果园湿度大，发生田间渍害的果园也易发生缺硼症。三是施肥不均衡，如长期单一施用化学肥料，而有机肥料施用少的果园容易发生缺硼症；过多施用氮、磷肥，会影响各元素的均衡吸收，包括对硼的吸收；疏花、疏果不够，挂果量过多，会因硼的供应量不足而引发缺硼症。

防治方法

改进施肥方法　有机肥和复合肥或复混肥配合施用，避免偏施、重施氮肥和磷肥；增施硼肥，成龄树结合施基肥每株施硼砂或硼酸0.01~0.02千克。

改良土壤　撒保得土壤生物菌接种剂，改善土壤结构，提高土壤透气性能，释放被固定的肥料元素，增加土壤中速效养分的含量。

加强果园管理　在干旱季节，果园要及时覆盖或灌水防旱；夏、秋多雨季节应注意开沟排除积水，浇灌后或雨后及时中耕松土；注意防治其他病虫草害。在

开花前、开花期和开花后各喷洒1次0.25%~0.5%硼砂或硼酸溶液,效果很好。施用硼砂时一定要用开水溶化后兑制,均匀喷洒,避免局部硼浓度过大而引起中毒,以多次喷雾效果好。

51 石榴缺锌症

症状诊断 又叫小叶病,树体缺锌时,新梢节间缩短,植株矮小;顶端叶片狭小、簇生,从枝梢最基部的叶片向上发展,叶片变窄,并发生不同程度皱叶,叶脉与叶脉附近淡绿色,失绿部位呈黄绿色乃至淡黄色,叶片薄似透明,质地脆,部分叶缘向上卷。在这些褪绿部位有时出现红色或紫色污斑。缺锌严重时近枝梢顶部节间呈莲座状叶,从下而上会出现落叶。花芽减少,不易坐果,即便坐果,果实小,发育不良。在一棵树上,叶和果实症状会只出现在1个大枝或数个大枝上,而树的其余部分看起来似乎是健康的。

病因 为生理性缺素症。土壤呈碱性反应时,有效锌含量低且容易流失;土壤施用氮肥量过多,抑制根系对锌元素的吸收;土壤施用磷肥过量,磷酸根离子易与锌离子结合,生成难溶性的磷酸锌。以上因素都会诱发果树锌缺症。

防治方法

增施锌肥 结合施基肥,每株结果树施用硫酸锌0.02~0.05千克。

改良土壤结构 穴施保得土壤生物菌接种剂,改善土壤结构,提高土壤透气性能,释放被固定的肥料元素,增加土壤中速效养分的含量。

化学防治 初花期开始叶面喷洒0.2%硫酸锌水溶液,15天1次,连续喷3~4次。不但预防小叶病效果好,并可显著增强果树对低温、抗干旱、抗病性能,提高坐果率、增加产量,改善果实品质。盛花后3周,用0.2%硫酸锌+20毫升/升赤霉素液喷洒叶面,10~15天1次,连喷2~3次,防病效果显著。部分枝条发病时,于5月上旬,用4~5%硫酸锌液涂抹枝条。

注意事项 硫酸锌不可与磷肥混合施用。

52 石榴缺铜症

症状诊断 又称顶枯病,主要表现为幼叶失绿萎蔫,新梢顶枯。发病初期,茎尖停止生长,细而短;幼叶叶尖和叶缘出现失绿,并产生不规则褐色坏死斑,这些症状逐渐向叶片内部发展,造成萎蔫状。发病后期,幼叶大量脱落,顶芽和顶梢枯死,病情逐渐向新梢中下部蔓延,并在当年或第2年,从枯死部位以下发出许多丛状新枝,但这些新枝也会因缺铜而产生枯顶。连年铜素缺乏后,致树体矮化、衰弱,树皮粗糙。

病因 为生理性缺素症。碱性土壤以及土壤中含氮、磷、钙、铁、锌、锰过多时，易造成果树缺铜。

防治方法 碱性土壤要多施用生理酸性肥料，降低土壤pH；合理平衡施肥，防止偏施氮肥、磷、镁、锌和锰肥。结合秋施基肥，混施硫酸铜，每株用量0.5~2.0千克。在休眠期，喷布硫酸铜500~1000倍液。生长期喷施0.1%硫酸铜溶液。

53 石榴缺锰症

症状诊断 中部叶先出现缺素症状，向上下两个方向发展，叶脉之间和叶缘褪绿成浅绿色，出现畸形叶，叶脉弯曲，严重时全叶发黄，提早落叶；花芽分化不良，易落花落果，且着色差，易裂果；根系生长不良，根、茎生长点枯萎，植株生长受阻矮化。

病因 为生理性缺素症。果园土壤锰元素缺乏或土壤偏碱时，锰呈不溶性状态，易发生缺锰失绿症；春季土壤干旱，影响根系对营养元素的吸收，果树也易出现缺锰症状。

防治方法 加强管理，科学修剪，增施有机肥、合理灌排水，保持树体旺盛生长，提高树体均衡吸收养分的能力。对碱性土壤上产生的缺锰症，在增施有机肥料的同时，掺施硫黄粉，以提高土壤酸度，改善土壤的pH。基施硫酸锰，一般每亩施1~2千克；生长期叶面喷施0.2%~0.5%硫酸锰溶液，每隔7~10天喷洒1次，连续2~3次。

54 石榴缺钼症

症状诊断 又称黄斑痢。春季在老枝下部或中部叶片的叶脉间出现水渍状斑点，逐渐扩大形成圆形和长圆形块状黄斑，叶背面斑点呈棕褐色，病叶向叶面弯曲形成杯状。严重缺钼时病叶变薄，斑点变黄褐色坏死，常破裂呈穿孔，叶缘焦枯。果实膨大期发病，从叶尖开始变黄，叶向正面卷成筒状，严重缺钼则犹如缺氮，叶片大量黄化脱落和裂果。

病因 为生理性缺素症。多发生于土壤酸性较强果园。酸性土壤中钼与铁、铝结合成钼酸铁和钼酸铝而被固定，不能被吸收，土壤中磷不足或硫酸过多、钼不易被吸收；均易发生缺钼症。

防治方法

改良土壤 增施有机肥；撒施生石灰每亩150千克，逐步改良土壤至中性，提高钼的有效性和果树对其利用率。

补施含钼肥料 土壤施用，每株20~30克钼酸铵与过磷酸钙混合施于果树根部。果树生长期叶面喷施0.01%~0.025%钼酸铵或0.01%~0.015%的钼酸钠液，连续喷施2~3次即可取得良好效果，但应避免在发芽后不久的新叶期喷施，以免发生药害。

55 石榴缺硫症

症状诊断 缺硫症状首先表现为新叶失绿，极易与缺氮症状混淆，与缺氮不同的是，缺硫是从新叶开始，幼叶表现比成叶重。新梢叶全叶发黄，随后枝梢也发黄，叶片变小，病叶提前脱落，而老叶仍保持绿色，形成明显的对比。在一般情况下，患病叶主脉较其他部位稍黄，尤以主脉基部和翼叶部位更黄，并易脱落，抽生的新梢纤细，多呈丛生状。

病因 为生理性缺素症。雨水较多的地区，硫酸根离子流失较多，为易缺硫地区；砂质土壤硫易流失，容易发生缺硫现象；有机肥施用少、土壤有机质缺乏，长期偏施高含量氮、磷、钾复合肥，而含硫化肥施用少的果园易发生缺硫现象。

防治方法 增施有机肥，改良土壤，促进土壤中硫元素的释放，有利于果树的吸收利用。当果树缺硫时，土壤增施硫酸铵、过磷酸钙及硫酸钾等，或每亩施用石膏120~150千克；叶片喷施0.3%硫酸锌、硫酸锰或硫酸铜溶液，7~10天1次，连续2~3次。或喷洒稀土400倍水溶液等。

第2章

石榴害虫诊断与防治

01 桃蛀螟（图2-1-1至图2-1-19）

属鳞翅目螟蛾科。又名桃蛀野螟、桃斑螟、桃实螟、桃果蠹、桃蠹螟、桃蠹心虫、桃蛀心虫、桃实虫、桃野螟蛾、桃斑纹野螟蛾、果斑螟蛾、豹纹蛾、豹纹斑螟。

分布与寄主

分布 在我国各产区均有分布，是石榴的第一大害虫。据河南省石榴产区调查，一般发生年份虫果率40%～70%，严重年份达90%或几乎一果不收。群众中流传有"十果九蛀"的说法。

寄主 石榴、桃、梨、李、杏、山楂、板栗、柿、荔枝、无花果、枇杷、向日葵、玉米、高粱等果树和农作物，是一种杂食性害虫。

危害特点 幼虫从花或果的萼筒处钻入或从果与果、果与叶、果与枝的接触处钻入果实危害，一个果实内有1至几条虫。果实内充满虫粪，致果实腐烂并造成落果或干果挂在树上，失去食用价值。

形态诊断 成虫：体长10～12毫米，翅展24～26毫米，全体黄色。胸部、腹部及翅上都具有黑色斑点。前翅有黑斑27～29个，后翅14～20个。触角丝状，长达前翅的一半。复眼发达，黑色，近圆球形；腹部第一和第三至第六节背面有3个黑点，第七节有时只有一个黑点，第二、八节无黑点。雌蛾腹部末节呈圆锥形；雄蛾腹部末端有黑色毛丛。卵：椭圆形，长0.6～0.7毫米；初产时乳白色，2～3天后变为橘红色，孵化前呈红褐色。幼虫：成熟幼虫体长22～25毫米，头部暗黑色；胸部颜色多变，暗红色或淡灰或浅灰蓝，腹面淡绿色。前胸背板深褐色；中、后胸及一至八腹节各有大小毛片8个，排列成2列，即前列6个后列2个。蛹：褐色或淡褐色，体长约13毫米，翅芽发达。第六至七腹节背面前后缘各有深褐色的突起线；上有小齿一列，末端有卷曲的刺6根。

发生规律 桃蛀螟在黄淮地区1年发生4代。4月上旬越冬幼虫化蛹，下旬羽化产卵；5月中旬发生第一代；7月上旬发生第二代，8月上旬发生第三代；9月上旬为第四代，而后以老熟幼虫或蛹进入越冬休眠期。越冬场所主要为残留在果园内的僵果中及树皮裂缝、堆果场和其他残枝败叶中。成虫羽化集中在20:00至翌日凌晨2:00。成虫昼伏夜出飞翔取食、交尾、产卵。羽化后1天交尾，2天产卵，卵散产15～62粒。产卵期为2～7天。产卵场所一般是石榴果实萼筒内，其次是两果相并处和枝叶遮盖的果面或梗洼上。成虫对黑光灯趋性强，对糖醋液也有趋性。卵7天左右开始孵化。幼虫世代重叠严重，尤以第一、二代重叠常见。在石榴园内，从6月上旬到9月中旬都有幼虫的发生和危害，时间长达3～4个月，但主要以第二代危害重。

防治方法

消灭越冬幼虫及蛹　在冬春季节结合管理搜集树上、树下虫果僵果及园内枯枝落叶和刮除翘裂的树皮，清除果园周围的玉米、高粱、向日葵、蓖麻等遗株进行深埋或烧毁，消灭越冬幼虫及蛹。

果实套袋　用专用果袋于生理落果后套袋防虫，套袋前结合防治其他病虫害喷药一次，以消灭早期桃蛀螟产的卵。可不拆袋或于成熟前7~10天拆袋。套袋的好果率可达97.2%。

诱杀成虫　成虫发生期在园内点黑光灯、频振式杀虫灯或放置糖醋液诱杀成虫。

种植诱集作物诱杀　根据桃蛀螟对玉米、高粱、向日葵趋性强的特性，在石榴园内或四周种植诱集作物，集中诱杀。一般每亩种植玉米、高粱或向日葵20~30株。

人工捕杀　捡拾落果，摘除虫果，消灭果内幼虫。

果筒塞药棉或药泥　药棉和药泥的配制方法：把废棉揉成直径1~1.5厘米的棉团，在20%氰丙菊酯乳油或90%晶体敌百虫1000倍液中浸一下，即成药棉。用上述药液加适量黏土调至黏稠糊状即成药泥。在石榴生理落果后子房开始膨大时，将挤干的药棉或药泥塞、抹入萼筒即成。其防治率分别达95.6%和83.2%。

掏花丝　于果实坐稳、雄蕊花丝干燥后，将萼筒内花丝掏干净，减少成虫在此产卵后孵化率。

化学防治　掌握在桃蛀螟第一、二代成虫产卵高峰期喷药，沿黄地区时间在6月上旬至7月下旬，关键时期是6月20日至7月30日，施药次数3~5次。可叶面喷洒90%晶体敌百虫800~1000倍液、20%氰丙菊酯乳油乳油1500~2000倍液、2.5%溴氰菊酯乳油2000~3000倍液、50%辛硫磷乳油1000倍液。

02　桃小食心虫（图2-2-1至图2-2-8）

属鳞翅目蛀果蛾科。别名桃蛀果蛾桃小实虫、桃蛀虫、桃小食蛾、桃姬食心虫。简称桃小，俗称"豆沙馅""枣蛆"。

分布与寄主

分布　我国各石榴产区。

寄主　桃、石榴、苹果、枣、花红、海棠、梨、山楂、李、杏、木瓜等。

危害特点　幼虫从果实萼筒或果实胴部蛀入，蛀孔流出泪珠状果胶，不久干涸，蛀孔愈合成一小黑点略凹陷。幼虫入果后在果内乱窜，排粪于其中，俗称"豆沙馅"，遇雨极易造成烂果，使果实失去食用价值。

形态诊断 成虫：体灰褐或灰白色。雌虫体长7~8毫米，翅展16~18毫米。雄虫体长5~6毫米，翅展13~15毫米。前翅近前缘中部处有一近三角形的黑色大斑，缘毛灰褐色。后翅灰色，缘毛长，浅灰色。雌雄很易区别，雄虫触角每节腹面两侧有纤毛，雌虫则无；雄虫下唇须短，向上翘，雌虫则长而直。卵：深红色，竖椭圆形或筒形，以底部黏附在果实上。卵壳上具有不规则略呈椭圆形刻纹，端部1/4处环生2~3圈"Y"形生长物。幼虫：老熟幼虫体长13~16毫米，全体桃红色；幼龄幼虫体色淡，黄白或白色。无臀栉。蛹：离蛹，体长6.5~8.6毫米，淡黄白色至黄褐色。茧：有两种，一为扁圆的越冬茧，由幼虫吐丝缀合土粒而成，十分紧密；另一种为纺锤形的"蛹化茧"，亦称"夏茧"，亦由幼虫吐丝缀合细土粒而成，质地疏松，一端留有准备成虫羽化的孔。

发生规律 桃小食心虫在黄淮产区1年发生1代，部分个体发生2代；以老熟幼虫在土内作扁圆形"冬茧"越冬。翌年5月上中旬越冬幼虫开始出土。幼虫出土后，在地面黏结土粒作茧化蛹，蛹期14天左右。6~7月出现越冬成虫，7月上中旬为羽化盛期。成虫无趋光性和趋化性，白天静附于树叶上，夜间交尾，主产卵于萼筒内，其次是果实的其他部位。每头雌虫产卵数十粒至百粒，卵期8天左右。初孵幼虫蛀入果内危害，第一代幼虫危害期为6月下旬至8月，其盛期在7月中下旬。7月下旬至8月上旬，幼虫老熟后，咬一个圆孔，爬出孔口直接落地，结茧化蛹继续发生第二代或入土结茧越冬，也有一部分未老熟幼虫在果内越冬。桃小食心虫幼虫具有背光的习性，在平地果园，如树盘内土壤细而平整，无杂草及间作物，脱果幼虫多集中于树冠下，距树干0.3~1米范围的土层内结成冬茧越冬，而以树干基部背阴面虫数最多。如树冠下土块、石块多，杂草多或间作其他作物，脱果幼虫即就地入土结茧越冬，冬茧多分散在树冠外围土里。山地果园地形复杂，冬茧在土层内分布的深度，一般为3~12厘米，其中以3厘米左右深的土层虫数最多，约占80%。

防治方法

物理防治 应用桃小性信息素橡胶芯载体，制成水碗式诱捕器悬挂在石榴园内，诱杀雄蛾。一个诱捕器，夜诱捕雄蛾量可达100头以上。

农业防治 在越冬幼虫出土前，可选用以下方法防治。①培土。利用幼虫在树下土层中越冬和第一代脱果幼虫在根茎周围土壤内作茧的习性，于5月前在树干周围1米范围内培以30厘米厚的土并踩实，将越冬幼虫和羽化成虫闷死于土内，雨季及时扒去培土，以防烂根。②覆盖农膜。在树干周围1米范围内覆盖农膜，用土将周围压紧，将越冬幼虫闷死于膜下。③绑缚草绳。用草绳在树干基部缠绕数圈，诱集出土幼虫入内化蛹，定期检查捕杀。④筛茧。在树干周围1米范围内，挖取5厘米厚的表土，筛茧烧毁。另外，在幼虫蛀果期间，特别是第一代幼虫前期蛀果阶段，及时摘除虫果深埋，每隔10天进行一次。

化学防治 ①地面药剂防治。于幼虫出土期和盛期,在距树干1米范围内施药防治出土幼虫。每亩用50%辛硫磷颗粒剂5~7.5千克或50%辛硫磷乳剂0.5千克与50千克细沙土混合均匀撒入树冠下,或50%辛硫磷乳剂800倍液对树冠下土壤喷雾。施用后,需将地面用齿耙或锄来回耧耙几次,深5~10厘米,使药土混合,提高防治效果。山地、丘陵果园还应对石块、土堰等隐蔽场所喷洒(撒施)药剂。②树上药剂防治。在卵临近孵化时,喷施2.5%溴氰菊酯乳油3000倍液、25%灭幼脲悬浮剂1500倍液、10%氯氰菊酯乳油2000倍液、20%啶虫脒可湿性粉剂2000倍液等。

03 苹果蠹蛾(图2-3-1至图2-3-5)

属鳞翅目小卷叶蛾科。俗称食心虫。毁灭性的果树害虫之一。是我国对内、对外重要检疫对象。

分布与寄主

分布 该虫仅分布在新疆和甘肃敦煌,几遍新疆全境。

寄主 苹果、石榴、梨、桃、杏等多种仁果类、核果类害虫。

危害特点 幼虫不卷叶,只蛀食果实。幼虫多从果实萼筒、胴部蛀入,深达果心食害种子,也蛀食果肉。随虫龄增长,蛀孔不断扩大,虫粪排至果外,有时成串挂在果上,造成大量落果。

形态诊断 成虫:体长约8毫米,翅展19~20毫米,全体灰褐色,略带紫色金属光泽。前翅颜色可分3区:臀角大斑深褐色,具3条青铜色条纹;翅基部褐色,其外缘突出,略成三角形,这一区杂有颜色较深的波状斜行纹;翅中部色浅,呈淡褐色,杂有褐色斜纹。雌雄前翅反面区别明显:雄蛾中室后缘具一黑褐色斑,翅缰1根;雌蛾具翅缰4根。卵:椭圆形,极扁平,直径1.15毫米左右。幼虫:体长14~18毫米,淡红色或红色,前胸气门毛3毛,腹部末端无臀栉。腹足趾钩单序缺环,19~23根,臀足趾钩14~18根。大龄幼虫即可分辨雌雄,雄者第五腹节背面内侧具1对紫红色的睾丸。蛹:长7~10毫米,腹末具6根钩状毛。

发生规律 新疆1年发生1~3代,以老熟幼虫在树皮下和树皮缝隙及其他缝隙中结茧越冬。翌春化蛹羽化,成虫昼伏夜出,有趋光性。产卵于叶和果上,尤以上层果实及叶片上落卵居多。卵散产,每雌产卵40多粒,卵期5~25天。初孵幼虫先在果面上爬行,寻找适当位置蛀入果内:石榴多从萼筒处蛀入,香梨从萼洼处,杏多从梗洼处蛀入。幼虫期30天左右,幼虫可转果危害。

防治方法

农业防治 ①严格执行植物检疫条例,对新疆出境的石榴、苹果、梨等果实及包装物,进行严格检疫,严防该虫。②采用期距法预报苹果蠹蛾越冬代成虫羽化高峰期、产卵高峰期和幼虫危害期。一般发蛾始期距发蛾高峰期14天，雌虫卵前期3~6天，平均4.5天，卵期平均7天。用此法预报哈密地区越冬代发蛾始期为4月26日后，发蛾高峰在5月4日左右，产卵高峰在5月8日，5月7日卵开始孵化，幼虫开始蛀果，5月15日进入卵孵化高峰期，5月8日至15日是防治最佳时期。③结合冬剪刮刷老树皮，消灭越冬幼虫。

化学防治　在卵临近孵化时，喷施2.5%溴氰菊酯乳油3000倍液、20%氟丙菊酯乳油乳油3000倍液、10%氯氰菊酯乳油2000倍液、20%氟氯氰菊酯乳油2000倍液等。

04 泥黄露尾甲（图2-4-1）

属鞘翅目露尾甲科。又名落果虫、泥蛀虫、黄壳虫。

分布与寄主

分布　贵州等地。

寄主　猕猴桃、石榴、梨、桃、柑橘类。

危害特点　以成虫和幼虫蛀食落地果和下垂至近地面的鲜果，成虫危害后将粪屑排出蛀孔外，幼虫危害导致果实腐烂脱落。

形态诊断　成虫：体长7.4~7.8毫米，宽3.8~4.0毫米，体扁平，初羽化时色浅，后转呈泥黄褐色。上颚基部赤褐色，齿部黑色。额面与颅部几乎处于同一平面，疏布刻点，具向前倒伏的黄绒毛。唇基至额面中部隆起，两侧各具一个大凹穴。复眼黑色，向两侧高度隆起，圆形。触角共11节，生于复眼内侧前方，短棒锤状；基节特别膨大，长圆柱形；锤状部由3节组成，两侧扁圆，长卵形，疏生刚毛。前胸背板长约为宽的一半，四周具饰边，密布大而浅的刻点，疏生向后倒伏的黄色绒毛和长刚毛；背板前侧角强度隆突，向前缘中区形成深而宽的内凹。侧缘均匀横隆呈弧形，后缘呈较平直的波浪状。小盾片大，心脏形。腹面胸、腹板和足上被短刚毛。胸足跗节3节，各具爪1对。鞘翅侧缘具饰边，向尾部均匀缢缩，到翅缝末端呈"W"形；翅背部隆起，在尾端形成坡面；翅面具10条刻点行，刻点沟不内陷，每一刻点中生一根向后倒伏的长刚毛。沟间部上生细绒毛。卵：乳黄色，橄榄形，数粒至数十粒堆产，大小约1毫米×1.5毫米。幼虫：老熟幼虫长11~12毫米，宽3.6~4.0毫米，稍平扁。头部褐色，上颚赤褐色，下唇须3节，粗而明显。触角3节，第二节最粗大。前胸背侧沿和后沿区乳黄白色，其余黑褐色，背中线区无色。无腹足，具胸足3对，每足共3节，端节生1枚爪，后足最大，前足最小。中胸和后胸节亚背线上具一块黑斑，斑缘后侧生1枚刺突；气门上线处也具1块黑斑。腹部一至八节各气门下线处生1黑褐色柱突，气门上线处也具1个大黑褐斑，此斑后侧长1枚强柱突，柱突上各具3根短刺；末腹节背面生有2对高度突起的肉角，呈四方形着生，以后面1对最粗大。

蛹：扁平，腹部稍曲，乳白至乳黄色，长7.8~8.3毫米，宽4.0~4.5毫米。与成虫形态相似，腹面观触角呈"八"字形贴生在前胸腹板侧突处，前2对胸足向中部曲抢，全露出翅面，后足从翅下伸出，可见其跗节。

发生规律 世代不详，以成虫在土中越冬。果实着色至成熟期，成虫将卵聚产在落地果或下垂近地的鲜果上，产前先咬一伤口，卵产其中。幼虫孵化后，蛀入果内纵横蛀食，老熟后脱果入土化蛹。成虫有假死性，可直接咬孔在果肉中啃食危害。幼虫耐高湿，可以在果浆中完成发育。成虫不飞翔，靠爬行危害鲜果。

防治方法

农业防治 随时捡拾落地果，集中处理果中成虫和幼虫。冬季剪除近地面的下垂枝；生长期发现下垂近地果枝，即用枝秆顶高，防成虫趋味爬行产卵或蛀食。

化学防治 幼虫危害期喷洒40%辛硫磷乳油1000倍液或45%马拉硫磷乳油1200倍液、48%毒死蜱乳油1500~1600倍液。

05 石榴巾夜蛾（图2-5-1至图2-5-5）

属鳞翅目夜蛾科。

分布与寄主

分布 除新疆、西藏、甘肃未见报道外，其他各产区均有分布。

寄主 石榴、苹果、梨、桃、葡萄、麻柳、番石榴等。

危害特点 初龄幼虫啃食嫩叶和新芽，随虫龄增大，蚕食叶片，仅残留主脉，虫口密度大时，整株石榴叶片几乎被吃光。成虫9月上旬危害葡萄严重，为葡萄的重要吸果害虫。

形态诊断 成虫：体长18~20毫米，翅展43~48毫米。头、胸、腹部褐色或黄褐色。触角丝状。前翅褐色，内线至中线有一灰白色带，上面有棕色细点，亚端线清晰，有一锯齿状纹，亚端线至端线间灰褐色，内侧色较深，顶角有2个黑褐色斑；后翅棕赭色，从前缘中部至后缘中部有一条灰白色直带，外缘附近呈灰褐色。卵：馒头形，直径0.65~0.70毫米，高0.46~0.58毫米。灰色至灰绿色。卵壳表面从顶部到底部有规则的纵棱与较细的横道，形成不规则的方格状花纹。幼虫：初龄幼虫体长1.6~6.5毫米，黑色，体表有棕色成分。老熟幼虫体长43~60毫米，第一、第二腹节常弯曲成桥状。头部灰褐色。体背面茶褐色，满布黑褐色不规则斑点；第八腹节背面有2个毛突隆起，黑色。胸足3对，紫红色。腹足4对，第一对腹足较小，第二对发达，第三、四对较小，腹足有发达的吸盘；臀足向后突出发达；胸足中间以及腹足中间至尾足中间的体腹面淡赭色。腹外侧茶褐色，有黑斑点。蛹：长15~24毫米，宽5~6毫米，黑褐色，表面常有一层白粉状物，臀棘8枚。茧：粗糙，灰褐色。

发生规律 北京及黄淮地区1年发生4~5代；西安1年发生2~3代。均以蛹在土中越冬。发生4~5代地区，翌年4月石榴发芽时越冬蛹羽化为成虫，羽化盛期为5月上中旬，幼虫在5月中下旬发生。第二代幼虫发生在6月下旬至7月中旬。第三代幼虫发生在8月上旬至8月下旬。第四代幼虫发生在8月下旬至9月中旬，部分幼虫化蛹越冬。第五代幼虫发生在9月上旬，持续危害至10月底老熟化蛹。成虫昼伏夜出尤其夜间20~22时活动最盛；有趋光性；成虫寿命7~18天。卵多散产在嫩枝叶腋间、皮缝中或叶片背面，单雌产卵90粒左右。卵期4~8天，孵化率90%以上。初孵幼虫稍停片刻，即向枝梢处爬行，取食枝梢的嫩叶和嫩枝的皮。幼虫体色与石榴树皮近似，白天虫体伸直紧伏在枝条背阴处不易发现，夜间活动取食。幼虫行动姿势相似于尺蛾幼虫，若遇振动能吐丝下垂。非越冬幼虫老熟化蛹于枝干交叉或大的树皮裂缝等处。蛹期4~6天。9月末10月底老熟幼虫下树，在树干附近土中化蛹越冬。该夜蛾的天敌有麻雀、大山雀、黄眉柳莺、中华抚蛛、迷宫漏斗蛛、两点广腹螳螂、薄翅螳螂、小刀螳螂等。

防治方法
农业防治　落叶至萌芽前的11月至翌年3月间，在树干周围挖捡越冬虫蛹。幼虫发生期人工捕捉幼虫喂食家禽。

物理防治　成虫发生期在石榴园内点黑光灯、频振式杀虫灯或放置糖醋液诱杀成虫。

化学防治　在幼虫发生期叶面喷洒90%晶体敌百虫800~1000倍液或50%辛硫磷乳油1500~2000倍液或2.5%溴氰菊酯乳油2000倍液。

06 玫瑰巾夜蛾（图2-6-1至图2-6-3）

属鳞翅目夜蛾科。又名月季造桥虫、蓖麻褐夜蛾。
分布与寄主
分布　山东、河南、河北、江苏、上海、浙江、安徽、江西、陕西、湖南、四川、贵州等地。

寄主　石榴、柑橘、马铃薯、葡萄、蓖麻、玫瑰、月季、大丽花、迎春、大叶黄杨等。

危害特点　幼虫食叶成缺刻或孔洞，也危害花蕾及花瓣。成虫9月上旬危害葡萄严重。

形态诊断　成虫：体长18~20毫米，翅展43~46毫米，体褐色。前翅赭褐色，翅中间具白色中带，中带两端具赭褐色点；顶角处有从前缘向外斜伸的白线1条，外斜至第1中脉。后翅褐色，有白色中带。幼虫：体长40~49毫米，青褐色，体背有赭褐色不规则斑纹，腹部第一节背面具黄白色小眼斑1对，第八节背面有黑色小斑1对，第1对腹足小，臀足发达。卵：球形，直径0.7毫米，黄白色。蛹：长20毫米，红褐色，被有紫灰色蜡粉。尾节有多条隆起线。

发生规律 华东地区1年发生3代，以蛹在土内越冬。翌年4月下旬至5月上旬羽化，多在夜间交配，把卵产在叶背，1叶1粒，幼虫期30天左右，蛹期10天左右。6月上旬第一代成虫羽化，幼虫白天多聚集在枝条上或叶背面，体色似小枝，不易被发现，晚上取食叶片和嫩芽。老熟幼虫入土结茧化蛹。

防治方法

农业防治　幼虫发生期人工捕捉幼虫喂食家禽；冬春季耕翻树盘，利用低温冻死或鸟食越冬虫蛹。

物理防治　成虫发生期在石榴园内点黑光灯、频振式杀虫灯或放置糖醋液诱杀成虫。

化学防治　叶面喷洒80%丙硫磷乳油1000倍液或2.5%溴氰菊酯乳油2000倍液、20%氰戊菊酯乳油3000倍液。

07　大袋蛾（图2-7-1至图2-7-5）

属鳞翅目袋蛾科。又名蓑衣蛾、大蓑蛾、避债蛾、布袋蛾、大背袋虫、大窠蓑蛾。

分布与寄主

分布　全国除新疆未见报道外，其他各产区均有发生。

寄主　石榴、梨、苹果、桃、李、杏、梅、葡萄、柑橘、枇杷、龙眼、茶、无花果等65种以上果木。

危害特点　幼虫食叶。幼虫吐丝缀叶成囊，隐藏其中，头伸出囊外取食叶片及嫩芽，啃食叶肉留下表皮，重者成孔洞、缺刻，直至将叶片吃光。

形态诊断　成虫：雌蛾无翅，体长12～16毫米，蛆状，头甚小，褐色，胸腹部黄白色；胸部弯曲，各节背部有背板，腹部大，在第四至七腹节周围有黄色绒毛。雄蛾有翅，体长11～15毫米，翅展22～30毫米，体和翅深褐色，胸部和腹部密被鳞毛；触角羽状；前翅翅脉两侧色深，在近翅尖处沿外缘有近方形透明斑一个，外缘近中央处又有长方形透明斑一个。卵：椭圆形，长约0.8毫米，豆黄色。幼虫：老熟幼虫体长16～26毫米。头黄褐色，具黑褐色斑纹，胸腹部肉黄色，背面中央色较深，略带紫褐色。胸部背面有褐色纵纹2条，每节纵纹两侧各有褐斑1个。腹部各节背面有黑色突起4个，排列成"八"字形。蛹：雌蛹体长14～18毫米，纺锤形，褐色；雄蛹体长约13毫米，褐色，腹末稍弯曲。护囊：枯枝色，橄榄形，成长幼虫的护囊，雌虫的长约30毫米，雄的长约25毫米，囊系以丝缀结叶片、枝皮碎片及长短不一的枝梗而成，枝梗不整齐地纵列于囊的最外层。

发生规律 黄淮产区1年发生1代，以幼虫在护囊内悬挂于枝上越冬。4月20日至5月25日为越冬幼虫化蛹高峰，5月30日至6月3日为成虫羽化盛期，从成虫羽化到产卵需2~3天，卵历期15~18天，卵孵化盛期在6月20~25日。幼虫孵化后从旧囊内爬出再结新囊，爬行时护囊挂在腹部末端，头胸露在外取食叶片，直至越冬。

防治方法

生物防治　应用大袋蛾多角体病毒（NPV）和苏云金杆菌（Bt）喷洒防治，30天内累计死亡率分别达77.6%~96.7%及82.7%~91%。保护利用天敌大腿小蜂、脊腿姬蜂和寄生蝇等。

农业防治　在幼虫越冬期摘除虫袋，碾压或烧毁。

化学防治　在7月5~20日前后，幼虫2~3龄期，虫囊长1厘米左右，采用90%晶体敌百虫或50%丙硫磷乳油1000倍液喷雾，防治效果达95%以上。

08 茶蓑蛾（图2-8-1至图2-8-9）

属鳞翅目蓑蛾科。又名小窠蓑蛾、小蓑蛾、小袋蛾、茶袋蛾、避债蛾、茶背袋虫。

分布与寄主

分布　陕西、山西、北京、河北、河南、山东、安徽、江苏、上海、浙江、江西、福建、台湾、广东、广西、湖南、湖北、贵州、四川、云南等地。

寄主　柑橘、石榴、梨、苹果、桃、李、杏、樱桃、梅、柿、银杏、荔枝、枣、葡萄、板栗、枇杷、花椒、茶、山茶等31种100多种植物。

危害特点 幼虫在护囊中咬食叶片、嫩梢或剥食枝干、果实皮层，造成局部光秃。该虫喜集中危害。

形态诊断 成虫：雌蛾体长12~16毫米，足退化，无翅，蛆状，体乳白色；头小褐色；腹部肥大，体壁薄，能看见腹内卵粒。雄蛾体长11~15毫米，翅展22~30毫米，体翅暗褐色；触角双栉状；胸部、腹部具鳞毛；前翅翅脉两侧色略深，外缘中前方具近正方形透明斑2个。卵：椭圆形，0.8毫米×0.6毫米，浅黄色。幼虫：体长16~28毫米，头黄褐色，胸部背板灰黄白色，背侧具褐色纵纹2条，胸节背面两侧各具浅褐色斑1个；腹部棕黄色，各节背面均有"八"字形黑色小突起4个。蛹：雌蛹纺锤形，长14~18毫米，深褐色；雄蛹深褐色，长13毫米；护囊：纺锤形，枯枝色，成长幼虫的护囊，雌的长约30毫米，雄的约25毫米。囊系以丝缀结叶片、枝条碎片及长短不一的枝梗而成，枝梗整齐地纵裂于囊的最外层。

发生规律 贵州1年发生1代，安徽、浙江、江苏、湖南等地1年发生1~2代，江西2代，台湾2~3代。多以3~4龄幼虫，个别以老熟幼虫在枝叶上的护囊内越冬。安徽、浙江一带2~3月间，气温10℃左右，越冬幼虫开始活动和取食。由于此时虫龄高，食量大，成为灌木早春的主要害虫之一。5月中下旬后幼虫陆续化蛹，6月上旬至7月中旬成虫羽化并产卵，当年第一代幼虫于6~8月发生，7~8月危害最重。第二代的越冬幼虫在9月间出现，冬前危害较轻，雌蛾寿命12~15天，雄蛾2~5天，卵期12~17天，幼虫50~60天，越冬代幼虫240多天，雌蛹期10~22天，雄蛹期8~14天。成虫喜在下午羽化，雄蛾喜在傍晚或清晨活动，靠性引诱物质寻找雌蛾，雌蛾羽化翌日即可交尾，交尾后1~2天产卵，每雌平均产676粒，个别高达3000粒，雌虫产卵后干缩死亡。幼虫多在孵化1~2天后的下午先取食卵壳，后爬上枝叶或飘至附近枝叶上，吐丝黏缀碎叶营造护囊并开始取食。幼虫老熟后在护囊里倒转虫体化蛹在其中。天敌有蓑蛾疣姬蜂、松毛虫疣姬蜂、桑蟥疣姬蜂、大腿蜂、小蜂等。

防治方法

农业防治　发现虫囊及时摘除，集中烧毁。

生物防治　注意保护利用寄生蜂等天敌昆虫；提倡喷洒每克含1亿活孢子的杀螟杆菌或青虫菌6号悬浮剂进行生物防治。

化学防治　掌握在幼虫低龄盛期喷洒90%晶体敌百虫800~1000倍液或80%丙硫磷乳油1200倍液、50%二嗪磷乳油1000倍液、2.5%溴氰菊酯乳油2000倍液、10%氟丙菊酯乳油1500倍液等。

09　黄刺蛾（图2-9-1至图2-9-14）

属鳞翅目刺蛾科。又名刺蛾、洋辣子、八角虫、八角罐、八角虫、羊蜡罐、白刺毛等。

分布与寄主

分布　全国各产区。

寄主　石榴、苹果、桃、李、杏、樱桃、山楂、葡萄、枣、柿、海棠、枇杷、杧果、柑橘、茶等多种果树。

危害特点　幼虫食叶。低龄幼虫群集叶背面啃食叶肉，稍大把叶食成网状，随虫龄增大则分散取食，将叶片吃成缺刻，仅留叶柄和叶脉，严重时食成光杆。

形态诊断　成虫：体长13~16毫米，翅展30~34毫米。头和胸部黄色，腹背黄褐色。前翅内半部黄色，外半部为褐色，有两条暗褐色斜线，在翅尖上汇合于一点，呈倒"V"字形，内面一条伸到中室下角，为黄色与褐色的分界线。卵：扁平，椭圆形，黄绿色。幼虫：老熟幼虫体长16~25毫米。头小，胸腹部肥大，呈长方形，似幼儿的娃娃鞋。黄绿色。体背有一两端粗中间细的哑铃形紫褐色大斑，和许多突起枝刺。以腹部第一节的最大，依次为腹部第七节，胸部第三节，腹部第八节。腹部第二至六节的突起枝刺小。蛹：椭圆形，体长12毫米，黄褐色。茧：灰白色，质地坚硬，表面光滑，茧壳上有几道褐色长短不一的纵纹，形似雀蛋。

发生规律 在黄淮地区，1年发生2代。以老熟幼虫在小枝杈处，主侧枝以及树干的粗皮上结茧越冬。翌年5月上旬开始化蛹，5月中下旬至6月上旬羽化，产卵于叶背面，数十粒连成一片，也有单粒散产的。成虫趋光性强。6月中下旬幼虫孵化，初孵幼虫喜群集危害，数头幼虫白天头向内形成环状静伏于叶背。6月下旬至7月上中旬幼虫老熟后，固贴在枝条上，体硬化形成茧，在其中化蛹。7月下旬开始出现第二代幼虫。这代幼虫危害至9月初结茧越冬。

防治方法

农业防治 冬春季剪除冬茧集中烧毁，消灭越冬幼虫。

生物防治 摘除冬茧时，识别青蜂（冬茧上端有一被寄生蜂产卵时留下的小孔）选出保存，来年放入果园天然繁殖寄杀虫茧。黄刺蛾的天敌主要有上海青蜂和黑小蜂，上海青蜂的寄生率很高，防治效果显著。低龄幼虫期每亩用每克含孢子100亿的白僵菌粉0.5~1千克，在雨湿条件下喷雾防治效果好。

化学防治 卵孵化盛期至幼虫危害初期喷洒90%晶体敌百虫或40%马拉硫磷乳油1200倍液、25%灭幼脲悬浮剂1500倍液、20%除虫脲悬浮剂3000~4000倍液、1.8%阿维菌素2000~3000倍液、20%抑食肼可湿性粉剂800~1000倍液、20%虫酰肼悬浮剂1000~1500倍液、2.5%溴氰菊酯乳油3000~4000倍液、10%乙氰菊酯乳油2000倍液等。

10 白眉刺蛾（图2-10-1至图2-10-6）

属鳞翅目刺蛾科。又名杨梅刺蛾。

分布与寄主

分布 河北、河南、陕西、东北、华北、华南等地。

寄主 杨梅、石榴、核桃、枣、柿、杏、桃、苹果、梨、樱桃、板栗、栎等。

危害特点 幼虫危害叶片，低龄幼虫啃食叶肉，稍大把叶片食成缺刻或孔洞，重者仅留主脉。

形态诊断 成虫：体长8毫米，翅展16毫米左右，前翅乳白色，端部具浅褐色浓淡不均的云状斑。幼虫：体长7毫米左右，扁椭圆形，绿色，体背部隆起呈龟甲状，头褐色，很小，缩于胸前，体上无明显刺毛，体背生2条黄绿色纵带纹，纹上具小红点。蛹：长4.5毫米，近椭圆形。茧：长5毫米，圆筒形，灰褐色。

发生规律 1年发生2~3代，以老熟幼虫在树杈或叶背结茧越冬。翌年4~5月化蛹，5~6月成虫羽化，7~8月进入幼虫危害期，成虫昼伏夜出，有趋光性。卵块产于叶背，每块有卵8粒左右，卵期7天，低龄幼虫在叶背取食，留下半透明的上表皮，随虫龄增大，把叶食成缺刻或孔洞，重者食完全叶。8月下旬幼虫老熟，结茧越冬。

防治方法 参照黄刺蛾的防治方法。

11 丽绿刺蛾（图2-11-1至图2-11-7）

属鳞翅目刺蛾科。又名绿刺蛾。

分布与寄主

分布　东北、中南、华东、华北及四川、云南、陕西等地。

寄主　石榴、苹果、梨、柑橘、桃、李、杏、樱桃、海棠、梅、枣、山楂、枇杷、核桃、柿、板栗、桑、榆、柳、白杨、槐、枫、法国梧桐等多种果树、林木。

危害特点 以幼虫蚕食叶片，低龄幼虫群集叶背食叶成网状，重者食净叶肉，仅剩叶柄。

形态诊断 成虫：体长10~17毫米，翅展35~40毫米，触角雄蛾双栉齿状、雌蛾基部丝状；头顶、胸背绿色，腹部灰黄色；前翅绿色，肩角处有1块深褐色尖刀形基斑，外缘具深棕色宽带；后翅浅黄色，外缘带黄色。卵：扁平椭圆形，长径约1.5毫米，浅黄绿色。幼虫：体长25~27毫米，初龄时黄色，稍大转为粉绿色；从中胸至第八腹节各有4个瘤状突起，上生有黄色刺毛丛，第一腹节背面的毛瘤各有3~6根红色刺毛；腹部末端有4丛球状黑色刺毛；背中央具暗绿色带3条；两侧有浓蓝色点线。蛹：椭圆形，长约13毫米，黄褐色。茧：椭圆形，长约15毫米，暗褐色坚硬。

发生规律 1年发生2代，以老熟幼虫在树干上结茧越冬。翌年4月下旬至5月上旬化蛹，第一代成虫于5月末至6月上旬羽化，第一代幼虫于6月至7月发生；第二代成虫8月中下旬羽化，第二代幼虫于8月下旬至9月发生，至10月上旬在树干上结茧越冬。成虫有强趋光性，卵产于叶背，数十粒成块。初孵幼虫常7~8头群集取食，稍大后分散危害。幼虫体上的刺毛丛含有毒腺，人体皮肤接触后，常因毒液进入皮下而肿胀奇痛，故有"洋辣子"之称。天敌有爪哇刺蛾寄蝇等。

防治方法

农业防治　冬春季清洁果园消灭树枝上的越冬茧。及时摘除初孵幼虫群集危害的叶片消灭之，注意勿使虫体接触皮肤。

化学防治　卵孵化盛期至幼虫危害初期叶面喷洒90%晶体敌百虫或40%马拉硫磷乳油1200倍液、25%灭幼脲悬浮剂1500倍液、20%除虫脲悬浮剂3000~4000倍液、1.8%阿维菌素2000~3000倍液、20%抑食肼可湿性粉剂800~1000倍液、20%虫酰肼悬浮剂1000~1500倍液、2.5%溴氰菊酯乳油3000~4000倍液、10%乙氰菊酯乳油2000倍液等。

12 青刺蛾（图2-12-1至图2-12-5）

属鳞翅目刺蛾科。又名褐边绿刺蛾、褐缘绿刺蛾、四点刺蛾、曲纹绿刺蛾，幼虫俗称洋辣子。

分布与寄主

分布 黑龙江、辽宁、内蒙古、山西、陕西、北京、河北、河南、山东、安徽、江苏、上海、浙江、江西、广东、广西、湖南、湖北、贵州、重庆、四川、云南等地。

寄主 苹果、石榴、梨、桃、李、杏、樱桃、枣、山楂、核桃、柿、柑橘、枇杷、海棠、梅、榆等50多种植物。

危害特点
低龄幼虫取食叶的下表皮和叶肉，留下上表皮，致叶片呈不规则黄色斑块，大龄幼虫食叶成孔洞和缺刻，重者吃光全叶，仅留主脉。

形态诊断
成虫：体长16毫米，翅展38~40毫米。触角棕色，雄蛾栉齿状，雌蛾丝状。头、胸、背皆绿色，胸背中央有一棕色纵线，腹部灰黄色。前翅绿色，基部有暗褐色大斑，外缘为灰黄色宽带，带上散有暗褐色小点和细横线，带内缘内侧有暗褐色波状细线。后翅灰黄色。卵：扁椭圆形，长1.5毫米，黄白色。幼虫：体长25~28毫米，头小，体短粗，初龄黄色。稍大黄绿至绿色，前胸盾上有一对黑斑，中胸至第八腹节各有4个瘤状突起，上生黄色刺毛束，第一腹节背面的毛瘤各有3~6根红色刺毛；腹末有4个毛瘤丛生蓝黑刺毛，呈球状；背线绿色，两侧有深蓝色点。蛹：长13毫米，椭圆形，黄褐色。茧：长16毫米，椭圆形，暗褐色酷似树皮。

发生规律
北方1年发生1代，河南和长江下游2代，江西3代，均以前蛹于茧内越冬，结茧场所于树干基部浅土层或枝干上。1代区5月下旬开始化蛹，6月上中旬至7月中旬为成虫发生期，幼虫发生期6月下旬至9月，8月危害最重，8月下旬至9月下旬陆续老熟且多入土结茧越冬。2代区4月下旬开始化蛹，越冬代成虫5月中旬始见，第一代幼虫6~7月发生，第一代成虫8月中下旬出现；第二代幼虫8月下旬至10月中旬发生。10月上旬陆续老熟于枝干上或入土结茧越冬。成虫昼伏夜出，有趋光性。卵数十粒呈块作鱼鳞状排列，多产于叶背主脉附近，每雌产卵150余粒，卵期7天左右。幼虫8~9龄，1~3龄群集，4龄后渐分散。天敌有紫姬蜂和寄生蝇。

防治方法

生物防治 秋冬季摘虫茧，放入细纱笼内，保护和引放寄生蜂。低龄幼虫期每亩用每克含孢子100亿的白僵菌粉0.5~1千克，在雨湿条件下喷雾防治效果好。

农业防治 幼虫群集危害期人工捕杀，注意手不要碰到幼虫毒毛。

物理防治　利用黑光灯诱杀成虫。

化学防治　幼虫发生期及时喷洒90%晶体敌百虫或50%马拉硫磷乳油、50%杀螟硫磷乳油等1000倍液，或50%辛硫磷乳油1500倍液、10%联苯菊酯乳油3000倍液、2.5%鱼藤酮300~400倍液等。

⑬ 扁刺蛾（图2-13-1至图2-13-8）

属鳞翅目刺蛾科。又名黑点刺蛾、黑刺蛾。

分布与寄主

分布　全国各产区。

寄主　石榴、苹果、梨、山楂、杏、桃、枣、柿、柑橘等果树及多种林木和花卉。

危害特点　初孵幼虫群集叶背啃食叶肉，使叶片仅留透明的上表皮。随虫龄增大，食叶成空洞和缺刻，重者食光叶片。

形态诊断　成虫：体长13~18毫米，翅展28~35毫米；体暗灰褐色，腹面及足色较深；触角雌丝状，雄羽状；前翅灰褐稍带紫色，中室外侧有1条明显的暗斜纹，自前缘近顶角处向后缘斜伸；雄蛾中室上角有1个黑点；后翅暗灰褐色。卵：扁平椭圆形，长1.1毫米，淡黄绿至灰褐色。幼虫：体长21~26毫米，宽16毫米，体扁，椭圆形，背部稍隆起，形似龟背；全体绿色、黄绿色或淡黄色，背线白色；体边缘有10个瘤状突起，其上生有长刺毛，第四节背面两侧各有1个红点。蛹：长10~15毫米，近椭圆形，乳白至黄褐色。茧：椭圆形，长12~16毫米，紫褐色。

发生规律　华北地区1年多发生1代，长江下游地区1年发生2代，少数3代。均以老熟幼虫在树下3~6厘米土层内结茧以前蛹越冬。1代区5月中旬化蛹，6月上旬开始羽化、产卵，发生期不整齐，6月中旬至9月上中旬为幼虫危害期，8月下旬开始陆续老熟入土结茧越冬。2~3代区4月中旬开始化蛹，5月中旬~6月上旬羽化；第一代幼虫发生期为5月下旬至7月中旬；第二代幼虫发生期为7月下旬至9月中旬；第三代幼虫发生期为9月上旬至10月，以末代老熟幼虫入土结茧越冬。成虫多集中在18：00~20：00羽化，成虫羽化后，即行交尾产卵，卵多散产于叶面上。卵期7天左右。初孵化的幼虫停息在卵壳附近，并不取食，脱过第一次皮后，先取食卵壳，再啃食叶肉，留下一层表皮。幼虫昼夜取食。自6龄起，取食全叶，虫量多时，常从枝的下部叶片吃至上部，每枝仅存顶端几片嫩叶。幼虫期共8龄，老熟后即下树入土结茧，下树时间多在20：00至翌晨6：00止，而以凌晨2：00~4：00下树的数量最多。黏土地结茧位置浅而距树干远，也比较分散，而腐殖质多的土壤及砂壤地结茧位置较深，距树干近，且比较密集。

防治方法

农业防治　冬春季耕翻树盘，利用低温和鸟食消灭土中越冬的虫茧。

生物防治　喷洒青虫菌6号悬浮剂1000倍液，杀虫保叶。

化学防治　卵孵化盛期和低龄幼虫期喷洒30%杀虫双水剂1500~2000倍液或80%杀螟丹可溶性粉剂2000倍液、50%辛硫磷乳油或45%马拉硫磷乳油1000倍液、5%顺式氰戊菊酯乳油2000倍液、5%乙氰菊酯乳油2000倍液等。

14　樗蚕蛾（图2-14-1至图2-14-6）

属鳞翅目大蚕蛾科。又名樗蚕、柏蚕、乌桕樗蚕蛾。

分布与寄主

分布　辽宁、北京、河北、山东、河南、安徽、江苏、上海、浙江、福建、台湾、广东、海南、广西、湖南、湖北、贵州、云南等地。

寄主　石榴、臭椿、乌桕、梨、桃、槐、柳、柑橘、核桃、银杏、马褂木、花椒、蓖麻等。

危害特点　幼虫食叶和嫩芽，轻者食叶成缺刻或孔洞，严重时把叶片吃光。

形态诊断　成虫：体长25~30毫米，翅展110~130毫米。体青褐色。头部四周、颈板前端、前胸后缘、腹部背面、侧线及末端都为白色。腹部背面各节有白色斑纹6对，其中间有断续的白纵线。前翅褐色，前翅顶角外缘呈钝钩状，顶角圆而突出，粉紫色，具有黑色眼状斑，斑的上边为白色弧形。前后翅中央各有一个较大的新月形斑，新月形斑上缘深褐色，中间半透明，下缘土黄色；外侧具一条纵贯全翅的宽带，宽带中间粉红色。外侧白色、内侧深褐色，基角褐色，其边缘有一条白色曲纹。卵：灰白或淡黄白色，上布暗斑点，扁椭圆形，长约1.5毫米。幼虫：幼龄幼虫淡黄色，有黑色斑点，中龄后全体被白粉，青绿色。老熟幼虫体长55~75毫米。体粗大，头部、前胸、中胸对称蓝绿色棘状突起，此突起略向后倾斜。亚背线上的比其他两排更大，突起之间有黑色小点。气门筛淡黄色，围气门片黑色。胸足黄色，腹足青绿色，端部黄色。茧：呈口袋状或橄榄形，长约50毫米，上端开口，用丝缀叶而成，土黄色或灰白色。茧柄长40~130毫米，常以一张寄主的叶包着半边茧。蛹：棕褐色，椭圆形，长26~30毫米，宽14毫米，体上多横皱纹。

发生规律　北方1年发生1~2代，南方1年发生2~3代，以蛹越冬。在四川越冬蛹于4月下旬开始羽化为成虫，成虫有趋光性，并有远距离飞行能力，飞行可达3000米以上。成虫羽化后即进行交配。雌蛾性引诱力甚强。成虫寿命5~10天。卵产在寄主的叶背和叶面上，聚集成堆或块状，每雌产卵300粒左右，卵历期10~15天。初孵幼虫有群集习性，3~4龄后逐渐分散危害。在枝叶上由下而上，昼夜取食，并可迁移。第一代幼虫在5月份危害，幼虫历期30天左右。幼虫脱皮后常将所脱之皮食尽或仅留少许。幼虫老熟后即在树上缀叶结茧,树上无叶时,则下树在地被物上结褐色粗茧化蛹。第二代茧期50多天。7月底8月初是第一代成虫羽化产卵时间。9~11月为第二代幼虫危害期,以后陆续作茧化蛹越冬,第二代越冬茧,长达5~6个月,蛹藏于厚茧中。

防治方法

农业防治　成虫产卵或幼虫结茧后,人力摘除或直接捕杀,摘下的茧可用于巢丝和榨油。

物理防治　掌握好各代成虫的羽化期,用黑光灯进行诱杀。

生物防治　樗蚕幼虫的天敌有绒茧蜂和喜马拉雅姬蜂、稻苞虫黑瘤姬蜂、樗蚕黑点瘤姬蜂等,注意保护和利用。

化学防治　幼虫危害初期,喷布50%辛硫磷乳油600倍液、5%氯氰菊酯乳剂2000倍液、80%丙硫磷乳油1000倍液、2.5%溴氰菊酯乳油2000倍液、20%甲氰菊酯乳油2000倍液、甲氰菊酯加辛硫磷各半1000倍液,施药后24小时,其防治效果均为100%。也可用20%丙硫磷熏烟剂,每亩0.5~0.7千克,防治幼龄幼虫效果很好。还可用氯菊酯或鱼藤酮等进行防治。

15 茶长卷叶蛾(图2-15-1至图2-15-4)

属鳞翅目卷蛾科。又名茶卷叶蛾、后黄卷叶蛾、褐带长卷蛾、茶淡黄卷叶蛾、柑橘长卷蛾。

分布与寄主

分布　安徽、江苏、上海、江西、湖南、贵州、重庆、四川、云南等地。

寄主　石榴、柿、板栗、核桃、柑橘、杨梅、咖啡、荔枝、龙眼、银杏、山楂、梅、梨、苹果、桃、李、猕猴桃、草莓等。

危害特点　初孵幼虫缀结叶尖,潜居其中取食上表皮和叶肉,残留下表皮,致卷叶呈枯黄薄膜斑,大龄幼虫食叶成缺刻或孔洞。是南方发生数量最多的一种重要食叶害虫。

形态诊断　成虫:雌体长10毫米,翅展23~30毫米,体浅棕色。触角丝状,前翅近长方形,浅棕色,翅尖深褐色,翅面散生很多深褐色细纹,有的个体中间具一深褐色的斜形横带,近翅基内缘鳞片较厚且伸出翅外。后翅肉黄色,扇形,前缘、外缘色稍深或大部分茶褐色。雄成虫体长8毫米,翅展19~23毫米,前翅黄褐色,基部中央、翅尖浓褐色,前缘中央具一黑褐色圆形斑,前缘基部具一浓褐色近椭圆形突出,部分向后反折,盖在肩角处。后翅浅灰褐色。卵:长0.8~0.85毫米,扁平椭圆形,浅黄色。幼虫:末龄幼虫体长18~26毫米,体黄绿色,头黄褐色,前胸背板近半圆形,褐色,后缘及两侧暗褐色,两侧下方各具2个黑褐色椭圆形小角质点,胸足色暗。蛹:长11~13毫米,深褐色,臀棘长,有8个钩刺。

发生规律 浙江、安徽1年发生4代，台湾6代，以幼虫蛰伏在卷苞里越冬。翌年4月上旬开始化蛹，4月下旬成虫羽化产卵。第一代卵期4月下旬至5月上旬，幼虫期在5月中旬至5月下旬，蛹期5月下旬至6月上旬，成虫期在6月份。二代卵期在6月，幼虫期6月下旬至7月上旬，7月上中旬进入蛹期，成虫期在7月中旬。7月中旬至9月上旬发生第三代。9月上旬至翌年4月发生第四代。均温14℃，卵期17.5天，幼虫期62.5天；均温16℃，蛹期19天，成虫寿命3~18天；均温28℃，完成一个世代38~43天。成虫多于清晨6：00羽化，白天栖息在叶丛中，日落后、日出前1~2小时最活跃，有趋光性、趋化性。成虫羽化当天即可交尾，经3~4小时即开始产卵。卵喜产在老叶正面，每雌产卵330粒。初孵幼虫靠爬行或吐丝下垂进行分散，遇有幼嫩芽叶后即吐丝缀结叶尖潜居其中取食。幼虫6龄，老熟后多离开原虫苞重新缀结2片老叶，化蛹在其中，天敌有松毛虫赤眼蜂、小蜂、茧蜂、寄生蝇等。

防治方法

农业防治 冬季剪除虫枝，清除枯枝落叶和杂草，减少虫源。发生季节及时摘除卵块和虫果及卷叶团，集中消灭。

生物防治 在第一、二代成虫产卵期释放松毛虫赤眼蜂，每代放蜂3~4次，隔5~7天1次，每亩每次放蜂量2.5万头。

化学防治 谢花期喷洒青虫菌，每克含100亿孢子1000倍液，可混入0.3%茶枯或0.2%中性洗衣粉提高防效。此外可喷白僵菌300倍液或90%晶体敌百虫800~900倍液、50%二嗪磷乳油800倍液、2.5%溴氰菊酯乳油2000~3000倍液、50%杀螟硫磷乳油1000倍液、2.5%三氟氯氰菊酯乳油2000~3000倍液、10%氯菊酯乳油1500倍液等。

16 白囊蓑蛾（图2-16-1至图2-16-6）

属鳞翅目蓑蛾科。又名白囊袋蛾、白蓑蛾、白袋蛾、白避债蛾、棉条蓑蛾、橘白蓑蛾。

分布与寄主

分布 河南、江苏、安徽、上海、浙江、江西、福建、台湾、广东、广西、湖南、湖北、贵州、四川、云南等地。

寄主 李、杏、石榴、桃、苹果、梨、柿、枣、板栗、核桃、柑橘、梅、枇杷、油茶、茶等。

危害特点 幼虫在护囊中咬食叶片、嫩梢或剥食枝干、果实皮层，造成寄主植物光秃。

形态诊断 成虫：雌体长9~16毫米，蛆状，足、翅退化，体黄白色至浅黄褐色微带紫色。头部小，暗黄褐色。触角小，突出；复眼黑色。各胸节及第一、二腹节背面具有光泽的硬皮板,其中央具褐色纵线,体腹面至第七腹节各节中央皆具紫色圆点1个,第三腹节后各节有浅褐色丛毛,腹部肥大,尾端瘦小似锥状。雄体长6~11毫米,翅展18~21毫米,浅褐色,密被白长毛,尾端褐色,头浅褐色,复眼黑褐色球形,触角暗褐色羽状;翅白色透明,后翅基部有白色长毛。卵:椭圆形,长0.8毫米,浅黄至鲜黄色。幼虫:体长25~30毫米,黄白色,头部橙黄至褐色,上具暗褐色至黑色云状点纹;胸节背面硬皮板褐色,中、后胸分成2块,上有黑色点纹;第八、九腹节背面具褐色大斑,臀板褐色。有胸足和腹足。蛹:黄褐色,雌体长12~16毫米,雄体长8~11毫米。蓑囊:灰白色,长圆锥形,长27~32毫米,丝质紧密,上具纵隆线9条,表面无枝和叶附着。

发生规律 1年发生1代,以低龄幼虫于蓑囊内在枝干上越冬。翌春寄主发芽展叶期幼虫开始危害,6月老熟化蛹。蛹期15~20天。6月下旬至7月羽化,雌虫仍在蓑囊里,雄虫飞来交配,产卵在蓑囊内,每雌产卵千余粒。卵期12~13天。幼虫孵化后爬出蓑囊,爬行或吐丝下垂分散传播,在枝叶上吐丝结蓑囊,常数头在叶上群居食害叶肉,随幼虫生长,蓑囊渐大,幼虫活动时携囊而行,取食时头胸部伸出囊外,受惊扰时缩回囊内,经一段时间取食便转至枝干上越冬。天敌有寄生蝇、姬蜂、白僵菌等。

防治方法

农业防治 结合园艺管理及时摘除蓑囊,碾压或烧毁。

生物防治 注意保护利用天敌。

化学防治 在7月5~20日前后,幼虫2~3龄期,虫囊长1厘米左右,采用90%晶体敌百虫或50%丙硫磷乳油1000倍液、或10%醚菊酯乳油1500倍液等喷雾,防治效果达95%以上。

17 栗黄枯叶蛾(图2-17-1至图2-17-6)

属鳞翅目枯叶蛾科。又名栎黄枯叶蛾、绿黄枯叶蛾、蓖麻枯叶蛾。

分布与寄主

分布 山西、河北、河南、安徽、江苏、浙江、湖北、湖南、江西、福建、台湾、陕西、甘肃、四川、云南等地。

寄主 板栗、石榴、核桃、海棠、苹果、山楂、柑橘、咖啡等。

危害特点 幼虫食叶成孔洞和缺刻,严重时将叶片吃光,残留叶柄。

形态诊断 成虫:雌体长25~38毫米,翅展60~95毫米,淡黄绿至橙黄色,头黄褐色杂生褐色短毛;复眼黑褐色;触角短、双栉状。胸背黄色。翅黄绿色,外缘波状,缘毛黑褐色,前翅近三角形,内线黑褐色,外线波状暗褐色,亚端线由8~9个暗褐斑纹组成断续波状横线,后缘基部中室后具1个黄褐色大斑。后翅内、外线黄褐色波状。腹末有暗褐色毛丛。雄较小，黄绿至绿色，翅绿色，外缘线与缘毛黄白色，前翅内、外线深绿色，其内侧有白条纹，亚端线波状黑褐色，中室端有1黑褐色点；后翅内线深绿，外线黑褐色波状。腹末有黄白色毛丛。卵：椭圆形，长0.3毫米，灰白色，卵壳表面具网状花纹。幼虫：体长65~84毫米，雌长毛深黄色，雄长毛灰白色，密生。全体黄褐色。头部具不规则深褐色斑纹，沿颅中沟两侧各具1黑褐色纵纹。前胸盾中部具黑褐色"×"形纹；前胸前缘两侧各有1较大的黑色瘤突，上生1束黑色长毛。中胸后各体节亚背线，气门上、下线和基线处各生1较小黑色瘤突，上生1簇刚毛。亚背线、气门上线瘤为黑毛，余者为黄白色毛。第三至九腹节背面前缘各具1条中间断裂的黑褐色横带，其两侧各有1黑斜纹。气门黑褐色。蛹：赤褐色，长28~32毫米。茧：长40~75毫米，灰黄色，略呈马鞍形。

发生规律 山西、陕西、河南1年发生1代，南方2代，以卵越冬，寄主发芽后孵化，幼虫群集叶背取食叶肉，受惊扰吐丝下垂，2龄后分散取食，幼虫期80~90天，共7龄，7月开始老熟，于枝干上结茧化蛹。蛹期9~20天，7月下旬至8月羽化，成虫昼伏夜出，有趋光性，于傍晚交尾。卵产在枝干上，常数十粒排成2行，黏有稀疏黑褐色鳞毛，状如毛虫。单雌产卵200~320粒。2代区，成虫发生于4~5月和6~9月。天敌有蝇敌、多刺孔寄蝇、黑青金小蜂等。

防治方法

农业防治　冬春剪除越冬卵块集中消灭。捕杀群集幼虫。

生物防治　保护利用天敌，控制害虫发生。

化学防治　卵孵化盛期是施药的关键时期，用80%丙硫磷乳油或48%哒嗪硫磷乳油、50%二嗪磷乳油、50%马拉硫磷乳油1000倍液、2.5%溴氰菊酯乳油3000~3500倍液等叶面喷雾。

⑱ 折带黄毒蛾（图2-18-1至图2-18-6）

属鳞翅目毒蛾科。又名黄毒蛾、柿黄毒蛾、杉皮毒蛾。

分布与寄主

分布　黑龙江、辽宁、河南、河北、山东、江苏、安徽、浙江、江西、福建、湖北、湖南、广西、广东、陕西、四川等地。

寄主　柿、石榴、苹果、海棠、梨、山楂、樱桃、桃、李、梅、枇杷、板栗、榛、茶、蔷薇等多种植物。

危害特点 幼虫食芽、叶，将叶吃成缺刻或孔洞，严重的将叶片吃光，并啃食枝条的皮。

形态诊断 成虫：雌体长15~18毫米，翅展35~42毫米；雄略小；体黄色或浅橙黄色。触角栉齿状，雄较雌发达；复眼黑色；下唇须橙黄色。前翅黄色，中部具棕褐色宽横带1条，从前缘外斜至中室后缘，折角内斜止于后缘，形成折带，故称折带黄毒蛾。带两侧为浅黄色线镶边，翅顶区具棕褐色圆点2个，位于近外缘顶角处及中部偏前。后翅无斑纹，基部色浅，外缘色深。缘毛浅黄色。卵：半圆形或扁圆形，直径0.5~0.6毫米，淡黄色，数十粒至数百粒成块，排列为2~4层，卵块长椭圆形，并覆有黄色绒毛。幼虫：体长30~40毫米，头黑褐色，上具细毛。体黄色或橙黄色，胸部和第五至十腹节背面两侧各具黑色纵带1条，其胸部者前宽后窄，前胸下侧与腹线相接，五至十腹节者则前窄后宽，至第八腹节两线相接合于背面。臀板黑色，第八节至腹末背面为黑色。第一、二腹节背面具长椭圆形黑斑，毛瘤长在黑斑上。各体节上毛瘤暗黄色或暗黄褐色，其中一、二、八腹节背面毛瘤大而黑色，毛瘤上有黄褐色或浅黑褐色长毛。腹线为1条黑色纵带。胸足褐色，具光泽，腹足发达，淡黑色，疏生淡褐色毛。背线橙黄色，较细，但在中、后胸节处较宽，中断于体背黑斑上。气门下线淡橙黄色，气门黑褐色近圆形。腹足、臀足趾钩单纵行，趾钩39~40个。蛹：长12~18毫米，黄褐色，臀棘长，末端有钩。茧：长25~30毫米，椭圆形，灰褐色。

发生规律 1年发生2代，以3~4龄幼虫在树洞或树干基部树皮缝隙、杂草、落叶等杂物下结网群集越冬。翌春上树危害芽叶。老熟幼虫5月底结茧化蛹，蛹期约15天。6月中下旬越冬代成虫出现，并交尾产卵，卵期14天左右。第一代幼虫7月初孵化，危害到8月底老熟化蛹，蛹期约10天。第一代成虫9月发生后交尾产卵，9月下旬出现第二代幼虫，危害到秋末。以3~4龄幼虫越冬。幼虫孵化后多群集叶背危害，并吐丝网群居枝上，老龄时多至树干基部、各种缝隙吐丝群集，多于早晨及黄昏取食。成虫昼伏夜出，卵多产在叶背，每雌产卵600~700粒。寄生性天敌有寄生蝇等20多种。

防治方法

农业防治　冬春季清除园内及四周落叶杂草，刮树皮，杀灭越冬幼虫。及时摘除卵块，捕杀群集幼虫。

化学防治　低龄幼虫危害期叶面喷洒80%丙硫磷乳油或48%哒嗪硫磷乳油、50%二嗪磷乳油、50%马拉硫磷乳油1000倍液、2.5%溴氰菊酯乳油3000~3500倍液、10%联苯菊酯乳油4000倍液等。

19 木麻黄毒蛾（图2-19-1至图2-19-4）

属鳞翅目毒蛾科。又名木麻黄舞蛾、黑角舞蛾、木毒蛾、相思树舞毒蛾、相思树毒蛾、相思叶毒蛾、前黑舞蛾等。

分布与寄主

分布　华东、中南、台湾等地。

寄主　木麻黄、石榴、番石榴、板栗、薄壳山核桃、柿、芒果、枇杷、梨、无花果、木波罗、龙眼、荔枝、油茶、泡桐、紫穗槐、相思树、南岭黄檀等21科39种林木和果树。

危害特点 幼虫食叶、嫩枝，严重影响果树生长，重致枯死。

形态诊断 成虫：雌蛾体长22~23毫米，翅展30~40毫米，黄白色。头顶被红色及白色鳞毛，后缘中央有一块三角形黑斑，触角栉齿状，黑色；复眼黑色。胸部背面被白色长鳞毛；翅黄白色，前翅亚基线存在，内横线仅在翅前缘处明显，外横线宽，灰棕色，外缘毛灰棕色与灰白色相间，列成7~8个近方形的灰棕斑。后翅的外缘毛亦列成7~8个近方形斑。足被黑色鳞毛，仅基节端部及侧面被红色鳞毛，中后足胫节各有2距。腹部密被黑灰色鳞毛，仅1~4节背板的后半部及侧面被红色鳞毛。雄蛾体长16~25毫米，翅展24~30毫米，灰白色。触角羽毛状，黑色。前翅前缘近顶角处有3个黑点，中线、外横线明显，内横线明显或部分消失。前、中足胫节密被白色长鳞毛。腹部背面被白色鳞毛。卵：扁圆形，长径1.0~2.0毫米，短径0.8~0.9毫米。灰白色到微黄色。卵块长牡蛎形，灰褐色到黄褐色。幼虫：体长38~62毫米。体黑灰或黄褐色。冠缝两侧有"八"字形黑斑。胸部各节有显著毛瘤3对，亚背线卜毛瘤的颜色：胸部第一、二节蓝黑色，偶有紫红色，第三节黑色，第四至十一节紫红色，第十二节毛瘤长牡蛎形，红褐至黑褐色。腹部黄褐至红褐色，趾钩单序中带。体腹面黑色。蛹：雌蛹长22~36毫米，雄蛹长17~25毫米。棕褐色到深褐色。前胸背面有一大撮黑毛及数小撮黄毛，中胸两侧各有一黑色绒毛状圆斑，腹部各节均有数小撮白毛，腹末延伸。两侧有臀棘12~31个，端部有臀棘19~27个。

发生规律 1年发生1代。以发育完全的幼虫在卵内越冬。翌年3~4月越冬卵孵化，初孵幼虫群集在卵块表面，经一至数天后，开始爬离卵块或吐丝下垂随风扩散到枝条上，初时取食小枝后呈缺刻状，3龄以后，从小枝中下部向上啃食，直至顶端，先吃去小枝的半边，再从顶端向基部啃食另半边。常从中、下部将小枝咬断，咬断的小枝量超过其食量。除中午在烈日下停食外，24小时均可取食。食料缺乏时转移危害。耐饥力很强，4龄幼虫停食6~10天死亡；5~6龄幼虫停7~14天死亡。幼虫一般7龄，历期45~64天。老熟后，于5月中下旬在被害株枝条上，枝干分叉处或树干上，吐少量丝固定虫体，不结茧，经1~3天化蛹，体靠臀棘勾刺勾在丝上使蛹固定。蛹期5~14天。成虫5月底开始羽化，6月上旬为羽化盛期，6月下旬为羽化末期。雌蛾多在12：00~18：00羽化，活动力差，常静伏于枝干或缓慢爬行；雄蛾多在18：00~24：00羽化，傍晚后很活跃，能长时间飞舞寻偶，有强趋光性。成虫羽化后14~33小时开始交尾，多在20：00至凌晨2：00进行，交尾后20分钟至17小时开始产卵，卵多在夜间产，每雌只产一块卵，每块有卵354~1517粒，卵大多产在枝条上，少数产在树干上，成虫寿命2~9天。卵产下后，发育至当年9月份即形成幼虫，但不孵化，留在卵内越冬。天敌有卵跳小蜂、松毛虫黑点瘤姬蜂、红尾追寄蝇、日本追寄蝇、七星瓢虫、澳洲瓢虫以及木麻黄毒蛾核型多角体病毒、芽孢杆菌、白僵菌等。

防治方法

农业防治　该虫卵期长达9个多月，卵块明显，人工采卵块消灭。

物理防治　成虫发生期利用黑光灯、频振式杀虫灯、糖醋液诱杀成虫。

生物防治　在4月上旬和5月上旬各释放白僵菌一次，平均每亩放粉炮一个，每个粉炮装含80~100亿孢子/克的白僵菌125克。将感染核型多角体病毒的病毒加水捣碎过滤，制成每毫升含4×10^7多角体的悬浮液（每头5~7龄幼虫尸体，含多角体$2 \sim 5 \times 10^8$）用喷雾器喷洒，防治3~5龄幼虫，每亩用量1.5千克。病毒来源：可在前一年大量采集虫尸，装在消过毒的瓶内密封，然后冷藏；或将虫尸放在35度温度下烘干，装瓶密封贮存。经上述处理的病毒，其相隔一年的致病率仍为68.2%~84.4%；也可于当年在室内以加温方法促使卵提早孵化，4龄后将病毒悬浮液涂抹在食料上饲养幼虫，扩大培养，以获得大量虫尸。

化学防治　于4月下旬到5月上旬，用80%丙硫磷乳油1500倍液、50%马拉硫磷乳油1000倍液、2.5%溴氰菊酯乳油3000~3500倍液、10%联苯菊酯乳油4000倍液等喷雾。

20　金毛虫（图2-20-1至图2-20-8）

属鳞翅目毒蛾科。又名桑斑褐毒蛾、纹白毒蛾、桑毒蛾、黄尾毒蛾、黄尾白毒蛾等。系盗毒蛾的生态亚种，形态与盗毒蛾极相似。

分布与寄主

分布　河南、河北、山东、安徽、江苏、上海、浙江、江西、福建、广东、广西、湖南、湖北、四川、云南、贵州等地。北方盗毒蛾比较多，南方金毛虫居多。

寄主　苹果、石榴、梨、桃、山楂、杏、李、枣、柿、板栗、海棠、樱桃、柳等。

危害特点　初孵幼虫群集在叶背面取食叶肉，叶面表现为成块透明斑，3龄后分散危害，将叶片吃成大的缺刻，重者仅剩叶脉。

形态诊断　成虫：雌体长14~18毫米，翅展36~40毫米；雄体长12~14毫米，翅展28~32毫米。全体白色。复眼黑色，触角双栉齿状，淡褐色，雄蛾更为发达。雌蛾前翅近臀角处有褐色斑纹，雄蛾前翅除此斑外，在内缘近基角处还有一个褐色斑纹。而盗毒蛾的上述斑纹则为黑褐色。雌蛾腹部末端具较长黄色毛丛，而雄蛾自第三腹节以后即生毛丛，末端毛丛短小。足白色。卵：直径0.6~0.7毫米，灰白色，扁圆形，卵块长条形，上覆黄色体毛。幼虫：体长26~40毫米，头黑褐色，体黄色，而盗毒蛾幼虫体多为黑色。背线红色，亚背线、气门上线和气门线黑褐色，均断续不连；前胸背板具2条黑色纵纹；体背面有一橙黄色带，在第一、二、八腹节中断，带中央贯穿一红褐间断的线；气门下线红黄色；前胸背面两侧各有一向前突出的红色瘤，瘤上生黑色长毛束和白褐色短毛，其余各节背瘤黑色，生黑褐色长毛和白褐色羽状毛，第五、六复节瘤橙红色，生有黑褐色长毛；腹部第一、二背面各有1对愈合的黑色瘤，上生白色羽状毛和黑褐色长毛。前胸的一对大毛瘤和各节气门下线及第九腹节的毛瘤为红色，其余各节背面的毛瘤为黑色绒球状。蛹：长9~11.5毫米。茧：长13~18毫米，椭圆形，淡褐色，附少量黑色长毛。

发生规律 辽宁、山西1年发生2代，华东、华中年发生3~4代，贵州4代，珠江三角洲6代，主要以3龄或4龄幼虫在枯叶、树杈、树干缝隙及落叶中结茧越冬。2代区翌年4月开始活动。危害春芽及叶片。一、二、三代幼虫危害高峰期主要在6月中旬、8月上中旬和9月上中旬，10月上旬前后开始结茧越冬。成虫白天潜伏在中下部叶背，傍晚飞出活动、交尾、产卵，把卵产在叶背，形成长条形卵块。成虫寿命7~17天。每雌产卵149~681粒，卵期4~7天。幼虫5~7龄，历期20~37天，越冬代长达250天。初孵幼虫喜群集在叶背啃食危害，3、4龄后分散危害叶片，有假死性，老熟后多卷叶或在叶背树干缝隙或近地面土缝中结茧化蛹，蛹期7~12天。天敌主要有黑卵蜂、大角啮小蜂、矮饰苔寄蝇、桑毛虫绒茧蜂等。

防治方法

农业防治 ①冬春季结合修剪刮刷老树皮，清除园内及四周枯叶杂草，消灭越冬幼虫。②人工摘除卵块，及时摘除"窝头毛虫"，即在低龄幼虫集中危害一叶时，连续摘除2~3次。可收事半功倍之效。

生物防治 掌握在2龄幼虫高峰期，喷洒多角体病毒，每毫升含15000颗粒的悬浮液，每亩喷20升。

化学防治 幼虫分散危害前，及时喷洒2.5%溴氰菊酯乳油或10%联苯菊酯乳油4000~5000倍液、52.25%蚍·氯乳油2000倍液、90%晶体敌百虫1000倍液、80%丙硫磷乳油1500倍液、50%辛硫磷乳油1000倍液、48%毒死蜱乳油1300倍液或10%吡虫啉可湿性粉剂2500倍液等。

21 茸毒蛾（图2-21-1至图2-21-9）

属鳞翅目毒蛾科。又名苹毒蛾、苹红尾蛾、纵纹毒蛾。

分布与寄主

分布 河南、河北、山西、山东、安徽、黑龙江、吉林、辽宁、陕西等地。

寄主 草莓、石榴、李、杏、桃、山楂、枇杷、泡桐、紫藤、蔷薇、鸡爪槭等。

危害特点 幼虫食叶成缺刻或孔洞，食量大。老熟幼虫将叶卷起结茧。

1987—1988年江苏、浙江、河南、安徽等地大发生，局部地区受害重。

形态诊断 成虫：雄蛾翅展35~45毫米，雌蛾45~60毫米。头、胸部灰褐色。触角干灰白色，栉齿黄棕色；下唇须白色，外侧黑褐色；复眼四周黑色；体下面及足白黄色，胫节、跗节上有黑斑。腹部灰白色。雄蛾前翅灰白色，有黑色及褐色鳞片，内区灰白色明显，中区色较暗，亚基线黑色呈波浪形，内横线具黑色宽带，横脉纹灰褐色有黑边，外横线黑色双线大波浪形，缘线具一列黑褐色点，缘毛灰白色，有黑褐色斑；后翅白色带黑褐色鳞片和毛，横脉纹、外横线黑褐色，缘毛灰白色。卵：扁圆形，浅褐色，中央具1凹陷。幼虫：体长45~52毫米，体绿黄色或黄褐色。第一至五腹节间绒黑色，每节前缘赭色；五至七腹节间微黑色；亚背线在五至八腹节为间断的黑带；体腹面黑灰色，中央生1条绿黄色带，带上有斑点；体背各节生有黄色毛瘤，上面簇生浅黄色长毛；一、四腹节背面各具1簇灰黄色刷状6毛，在第一、二腹节背面的节间有一深黑色大斑；第八腹节背面有1束向后斜的棕黄色至紫红色毛。头、胸、足黄色，跗节上有长毛。胸足3对，腹足4对，尾足1对。腹足黄色，基部黑色，外侧有长毛，气门灰白色。幼虫具假死性。蛹：浅褐色，背生长毛束，腹面光滑，臀棘短圆锥形，末端具多个小钩。

发生规律 东北1年发生1代，个别2代，以幼虫越冬；河南年发生2~3代；长江下游地区年发生3代，以蛹越冬。翌年4月下旬羽化，一代幼虫出现在5~6月上旬，二代幼虫发生在6月下旬至8月上旬，三代发生在8月中旬至11月中旬，越冬代蛹期约6个月。在河南产区二、三代发生重。成虫羽化后当晚即交配产卵，每卵块20~300粒，一、二代卵多产在叶片上，越冬代喜产在树干上。幼虫历期20~50天。天敌主要有毒蛾黑瘤姬蜂、蚂蚁、食虫蝽类等。

防治方法

农业防治　注意消灭越冬虫源。

化学防治　①喷洒昆虫生长调节剂25%灭幼脲3号悬浮剂2000倍液。②卵孵化盛期至低龄幼虫期，虫口数量大时喷洒90%晶体敌百虫800倍液或25%溴氰菊酯乳油2000倍液、10%醚菊酯乳油1500~2000倍液、20%戊菊酯乳油1500~2000倍液等。

22 绿尾大蚕蛾（图2-22-1至图2-22-12）

属鳞翅目大蚕蛾科。又名燕尾水青蛾、水青蛾、长尾月蛾、绿翅天蚕蛾。

分布与寄主

分布　除新疆、西藏、甘肃等地未见报道外，其他各产区均有分布。

寄主　石榴、核桃、枣、苹果、梨、杏、李、柿、桃、葡萄、沙果、海棠、板栗、樱桃以及柳、枫、杨、木槿、乌桕等。

危害特点 幼虫食叶，低龄幼虫食叶成缺刻或空洞，稍大吃光全叶仅留叶柄。由于虫体大，食量大，发生严重时，吃光全树叶片。

形态诊断 成虫：雄成虫体长35~40毫米，翅展100~110毫米；雌成虫体长40~45毫米，翅展120~130毫米。体粗大，体被浓厚白色绒毛呈白色；体腹面色浅近褐色。头部、胸部、肩板基部前缘有暗紫色横切带。触角黄色羽状。复眼大，球形黑色。雌翅粉绿色，雄翅色较浅，泛米黄色，基部有白色绒毛；前翅前缘具白、紫、棕黑三色组成的纵带一条，与胸部紫色横带相接，混杂有白色鳞毛；翅的外缘黄褐色；前后翅中室末端各具椭圆形眼斑1个，斑中部有一透明横带，从斑内侧向透明带依次由黑、白、红、黄四色构成；翅脉较明显，灰黄色。后翅臀角长尾状突出，长40毫米左右。足紫红色。卵：球形稍扁，直径约2毫米。灰白色，上有胶状物将卵黏成堆，近孵化时紫褐色。每堆有卵少者几粒，多者二三十粒。幼虫：1~2龄幼虫黑色，第二、三胸节及第五、六腹节橘黄色。3龄幼虫全体橘黄色。4龄开始渐变嫩绿色。老熟幼虫体长80~110毫米，头部绿褐色，头较小，宽约8毫米；体绿色粗壮，近结茧化蛹时体变为茶褐色。体节近六角形，着生肉状突毛瘤，前胸5个，中、后胸各8个，腹部每节6个，毛瘤上具白色刚毛和褐色短刺；中、后胸及第八腹节背毛瘤大，顶黄基黑，其他处毛瘤端部红色基部棕黑色。气门线以下至腹面浓绿色，腹面黑色。胸足褐色，腹足棕褐色。茧：灰白色，丝质粗糙；长卵圆形，长径50~55毫米，短径25~30毫米，茧外常有寄主叶裹着。蛹：长45~50毫米，紫褐色，额区有1个浅黄色三角斑。

发生规律 在辽宁、河北、河南、山东等北方果产区1年发生2代，在江西南昌可发生3代，在广东、广西、云南发生4代，在树上作茧化蛹越冬。北方果产区越冬蛹4月中旬至5月上旬羽化并产卵，卵历期10~15天。第一代幼虫5月中旬孵化；幼虫共5龄，历期36~44天；老熟幼虫6月上旬开始化蛹，中旬达盛期，蛹历期15~20天。第一代成虫6月下旬至7月初羽化产卵，卵历期8~9天。第二代幼虫7月上旬孵化，至9月底老熟幼虫结茧化蛹，越冬蛹期6个月。成虫昼伏夜出，有趋光性，一般中午前后至傍晚羽化，羽化前分泌棕色液体溶解茧丝，然后从上端钻出，当天20：00~21：00至翌日2：00~3：00交尾，交尾历时2~3小时。翌日夜晚开始产卵，产卵周期6~9天。单雌产卵260粒左右。雄成虫寿命平均6~7天，雌成虫10~12天，虫体大、笨拙，但飞翔力强。1、2龄幼虫有集群性，较活跃；3龄以后逐渐分散，食量增大，行动迟钝。幼虫老熟后贴枝吐丝缀结多片叶在其内结茧化蛹。第一代茧多数在树枝上结茧，少数在树干下部；而越冬茧基本在树干下部分叉处。天敌有赤眼蜂等，主寄生卵。

防治方法

农业防治 冬春季清除果园枯枝落叶和杂草，摘除越冬虫茧销毁；生长季节人工捕杀幼虫。

物理防治 设置黑光灯诱杀成虫。

生物防治 保护利用天敌，赤眼蜂在室内对卵的寄生率达84%~88%。

化学防治 幼虫3龄前喷药防治效果最佳，4龄后由于虫体增大用药效果差。常用杀虫剂有50%二嗪磷乳油1500倍液、50%辛硫磷乳油2000倍液、25%除虫脲胶悬剂1000倍液等。

23 核桃瘤蛾（图2-23-1至图2-23-8）

属鳞翅目瘤蛾科。别名核桃毛虫。

分布与寄主

分布 北京、河南、河北、山东、山西、陕西、甘肃及周边产区。

寄主 核桃、石榴等果树芽和叶。

危害特点 暴食性害虫，以幼虫食害核桃和石榴叶片，7、8月危害最重，几天内可将叶片吃光，致使2次发芽，异致树势衰弱。

形态诊断 成虫：雌虫体长9~11毫米，翅展21~24毫米；雄虫体长8~9毫米，翅展19~23毫米。全体灰褐色，前翅前缘基部及中部有3个隆起的鳞簇，基部的一个色较浅，中部的两个色较深，组成了两块明显的黑斑。从前缘至后缘有3条由黑色鳞片组成的波状纹，后缘中部有一褐色斑纹。卵：直径0.4~0.5毫米，扁圆形，中央顶部略呈凹陷，四周有细刻纹。幼虫：多为7龄，体长12~15毫米。4龄前体色黄褐，体毛短，4龄后体色灰褐色，体毛明显增长。老熟时背面棕黑色，腹面淡黄褐色，体形短粗而扁，气门黑色。蛹：体长8~10毫米，黄褐色，椭圆形，腹部末端半球形，光滑无臀棘。越冬茧长圆形，丝质细密，浅黄色。

发生规律 1年发生2代，以蛹在石堰缝、树皮裂缝及树干周围杂草落叶中越冬，在有石堰的地方，石堰缝中多达97%以上。越冬代成虫羽化时间为5月下旬至7月中旬，盛期在6月上旬末。成虫多在傍晚18：00~20：00羽化，白天不活动，晚22：00最活跃，对黑光灯光趋性强，对一般灯光无趋性。羽化2天后于清晨4：00~6：00交尾，第二天产卵，散产在叶背、叶腋处，每处产卵1粒；第一代雌蛾单雌产卵264粒左右，越冬代70多粒；第一代卵盛期在6月中旬，卵期6~7天，第二代卵盛期为8月上旬末，卵期5~6天；1~2两代卵发生时间几乎相连，共达100多天。幼虫3龄前在叶背及叶腋处取食，食量少；3龄后常转移危害，把网状脉吃掉，夜间取食最烈，外围及上部受害重；幼虫期18~27天。幼虫老熟后顺树干下树作茧化蛹，第一代幼虫于7月下旬老熟下树，有少数不下树在树皮裂缝中及枝杈处结茧化蛹，蛹期9~10天；第二代幼虫老熟盛期在9月上中旬，全部下树化蛹越冬，越冬蛹期9个月左右。

防治方法

物理防治 用黑光灯大面积联防诱杀。

农业防治 利用老熟幼虫顺树干下地化蛹的习性在树干绑草诱杀,麦秸绳效果最好,青草效果差。

化学防治 在幼虫危害期,喷布90%晶体敌百虫或50%杀螟硫磷乳油1000~1500倍液、5.7%氟氯氰菊酯乳油3000倍液杀虫。

24 棉蚜(图2-24-1至图2-24-7)

属同翅目蚜虫科。又名蜜虫、腻虫、雨旱。

分布与寄主

分布 全国各产区。

寄主 石榴、木槿、花椒、桃、杏、李等多种果树、农作物和杂草。天敌有七星瓢虫、食蚜蝇等。

危害特点 群集花蕾、幼芽、嫩叶吸食危害,致嫩芽、叶卷曲,花器官萎缩,并排出大量黏液玷污叶面,易引起煤污病。

形态诊断 无翅胎生雌蚜:体长约2毫米,身体有黄、青、深绿、暗绿等色。触角约为身体一半长。复眼暗红色。腹管黑青色,较短。尾片青色。有翅胎生蚜:体长约2毫米,体黄色、浅绿或深绿。触角比身体短。翅透明,中脉三岔。卵初产时橙黄色,6天后变为漆黑色,有光泽。卵产在越冬寄主的叶芽附近。无翅若蚜:与无翅胎生雌蚜相似,但体较小,腹部较瘦。有翅若蚜:形状同无翅若蚜,2龄出现翅芽,向两侧后方伸展,端半部灰黄色。

发生规律 1年发生20~30代。以卵在石榴、花椒、木槿枝条上越冬。翌年4月开始孵化并危害,5月下旬后迁至花生、棉花上继续繁殖危害;至10月上旬又迁回石榴、花椒等木本植物上,繁殖危害一个时期后产生性蚜,交尾产卵于枝条上越冬。棉蚜在石榴树上危害时间主要在4~5月及10月,6~9月主要危害农作物。

防治方法

生物防治 在蚜虫发生危害期间,七星瓢虫等天敌对蚜虫有一定的控制作用,施药防治要注意保护天敌。当瓢蚜比为1:(100~200)或蝇蚜(食蚜)比为1:(100~150)时可不施药,充分利用天敌的自然控制作用。

农业防治 在秋末冬初刮除翘裂树皮,清除园内枯枝落叶及杂草,消灭越冬蚜虫。

化学防治 发芽前的3月末4月初,以防治越冬有性蚜和卵为主,以降低当年繁殖基数。在果树生长期的防治关键时间为4月中旬至5月下旬;其中4月25日和5月10日两个发生高峰前后施药尤为重要。有效药剂为20%氰戊菊酯乳油或20%氟丙菊酯乳油乳油1500~2000倍液、2.5%溴氰菊酯乳油2500~3000倍液、5.7%氟氯氰菊酯乳油3000倍液。

25 石榴小爪螨（图2-25-1至图2-25-3）

属真螨目（蜱螨目）叶螨科。又名石榴红蜘蛛、石榴叶螨、樟小爪螨。

分布与寄主

分布 浙江、四川、海南、江西、广西等地。

寄主 石榴、葡萄、油梨、石楠、樟树等果树及林木。

危害特点 此螨在叶面栖息危害，严重时叶背也有，主要聚集在主脉两侧；卵壳往往在这些部位呈现一层银白色蜡粉。被害叶上的螨量，由数头至数百头不等。叶片先出现褪绿的斑点，进而扩大成斑块，叶片黄化，质变脆，提早落叶。

形态诊断 成螨：雌成螨卵圆形，长410~430微米，宽290~320微米。紫红色，体侧往往有褐斑。须肢跗节的端感器发达，长宽略等；背感器与端感器近等长，小枝叫。口针鞘前缘中央微凹陷。气门沟细长，无端膝，末端膨大呈小球状。背毛刚毛状，不着生在疣突上；长度超过其列距；共13对；内外腰毛和内外骶毛几乎等长。足1胫节刚毛8根；跗节双刚毛的后方有近侧刚毛4根；爪为条状，各具黏毛1对；爪间突为爪状，其腹刺为4对。雄螨体菱形，长380~410微米，宽220~250微米。红褐色。腹部末端略尖。须肢跗节端感器长略大于宽，顶端较尖；背感器长于端感器。阳茎钩部短而粗壮，几乎成直角向下弯曲；无端锤；末端较尖。

发生规律 石榴小爪螨主营两性生殖，在没有雄性个体的情况下，也能营产雄孤雌生殖，并能与亲代回交，又恢复两性生殖。早春和初冬以雌性为主，其雌性、雄性比约为10~15：1。石榴小爪螨在江西弋阳属兼性滞育，属于长日照型，即在短日照和低温条件下，能产生部分滞育卵；另一部分为非滞育卵，继续生长发育，形成局部世代。卵一旦滞育，就变成紫红色；如立即置于22℃、每天16小时光照条件下，经21天这些滞育卵仍不孵化，必须在较低温度下完成其滞育发展过程后，再给予适宜环境条件，卵色才逐渐变浅，并很快孵化。形成滞育卵和非滞育卵的比例在同一短光照下取决于温度，低温能促进光周期反应，滞育卵比例增高；反之在较高温度下能抑制其光周期反应，滞育卵比例下降。每天12小时光照，6~10℃条件下发育成的雌螨，所产滞育卵占75%~90%；22℃下，滞育卵仅占32%。滞育卵多数产在叶背边缘和主脉两侧。

温度与石榴小爪螨生长发育的关系甚为密切，在15~30℃时呈直线关系。生长发育起始温度为7.9℃，雌性完成1代的有效积温为205.5℃。平均变温温度20.7℃和28℃对其卵的孵化率和产卵前期无影响，而对各种虫态的发育历期、成螨寿命、产卵期和产卵量均有明显差异。天敌有食螨瓢虫和钝绥螨。连续暴雨导致螨量急剧下降。

防治方法

生物防治 食螨瓢虫和捕食螨可以有效抑制害螨的发生。害螨达到每叶平均2头以下的石榴树上，每株释放捕食性的钝绥螨200～400头，放后1个半月可控制其危害。当捕食螨与石榴小爪螨虫口达到1∶25左右时，在无喷药伤害的情况下，有效控制期在半年以上。

化学防治 害螨发生初期叶面喷洒20%啶虫脒可湿性粉剂1000～2000倍液，20%哒螨灵可湿性粉剂2000～3000倍液，73%克螨特乳油2000倍液，5%尼索朗乳油1500～2000倍液，1.2%苦参碱乳油或1.2%烟·参碱乳油800～1000倍液等。冬春季节用石硫合剂0.3～0.5波美度，洗衣粉200～300倍液。

26 榴绒粉蚧（图2-26-1至图2-26-7）

属同翅目粉蚧科。又名紫薇绒蚧、紫薇绒粉蚧、石榴绒蚧、石榴毡蚧、袋蚧。

分布与寄主

分布 全国除新疆、西藏、甘肃未见报道外，其他各地均有发生。

寄主 石榴、紫薇、女贞、含笑等果树和园林植物。

危害特点 以成虫和若虫固定在枝条、茎干上吸食幼芽、干枝和果实、叶片汁液，直接影响花芽、叶芽的萌发，削弱树势；绒蚧分泌的大量蜜露会诱发煤污病，使枝叶变黑、叶片脱落、枯死，降低光合效能，进而影响果实品质和产量。

形态诊断 成虫：成龄雌成虫体外具白色卵圆形伪介壳，由毡绒状蜡毛织成，其背面纵向隆起，介壳下虫体棕红色，卵圆形，体背隆起，体长1.8～2.2毫米。雄成虫紫褐至红色，体长约1.0毫米，前翅半透明，后翅呈小棍棒状，腹末有性刺及2条细长的白色蜡质尾丝。卵：初产淡粉红色，近孵化呈紫红色，椭圆形，长约0.3毫米。若虫：椭圆形，体扁平，长约0.4毫米，初孵淡黄褐色，渐变成淡紫色。蛹：预蛹长椭圆形，长1毫米左右，紫红色，包于白色毡绒状伪介壳中。

发生规律 在黄淮产区每1年发生3代，以第三代1～3龄若虫于11月上旬进入越冬状态。越冬场所为寄主枝干皮缝、翘皮下及枝杈等处。翌年4月上中旬越冬若虫开始雌雄明显分化，5月上旬雌成虫开始产卵，每头雌成虫产卵量为100～150粒，卵产于伪介壳内，卵期10～20天，孵化后从介壳中爬出，寻找适宜地方危害。第一代若虫发生在6月上中旬；第二、三代若虫分别发生在7月中旬、8月下旬，并发生世代重叠。天敌有跳小蜂、姬小蜂、七星瓢虫等。环境条件影响该虫的发生：冬季低温、7~8月份降雨大而急、阴雨天多、天敌数量大都不利其发生。

防治方法

农业防治　冬、春季细刮树皮或用硬毛刷子刷除树皮缝隙中的越冬若虫，集中烧毁或深埋。

生物防治　有条件地区可人工饲养和释放天敌红点唇瓢虫、跳小蜂和姬小蜂等防治。

化学防治　在4月中下旬叶面喷洒25%噻嗪酮可湿性粉剂1500~2000倍液；于各代若虫发生高峰期叶面喷洒0.9%阿维菌素乳油6000倍液、40%杀扑磷乳油2000倍液、5%顺式氰戊菊酯乳油1500倍液、20%甲氰菊酯乳油3000倍液等防效很好。

27　枣龟蜡蚧（图2-27-1至图2-27-7）

属同翅目蜡蚧科。又名日本蜡蚧、日本龟蜡蚧、龟蜡蚧、龟甲蜡蚧。俗称枣虱子。

分布与寄主

分布　全国除新疆、西藏未见报道外，其他各产区均有发生。

寄主　枣、石榴、柿、梨、苹果、杏、桃、李、板栗、无花果、山楂、柑橘、枇杷、桑等。

危害特点　若虫固贴在叶面上吸食汁液，排泄物布满枝叶，7~8月雨季易引起大量煤污菌寄生，使叶、枝条、果实布满黑霉，影响光合作用和果实生长。

形态诊断　雌成虫：虫体椭圆形，紫红色，背覆白蜡质介壳，表面有龟状凹纹。体长约3毫米，宽2~2.5毫米。雄成虫：体长1.3毫米，翅展2.2毫米，体棕褐色，头及前胸背板色深，触角丝状；翅1对白色透明，具2条明显脉纹，基部分离。卵：椭圆形，纵径约0.3毫米，初产时为浅橙黄色，近孵化时为紫红色。若虫：体扁平椭圆形，长0.5毫米，后期虫体周围出现白色蜡壳。蛹：仅雄虫在介壳下化为裸蛹，梭形，棕褐色。

发生规律　1年发生1代，以受精雌虫密集在一至二年生小枝上越冬。在黄淮地区，越冬雌虫4月初开始取食，4月中下旬虫体迅速增大，5月底6月初开始产卵，6月中旬是产卵盛期，7月中旬为产卵末期。每头雌成虫产卵1500~2500粒。6月中下旬开始孵化，6月下旬至7月上旬孵化盛期。雄性若虫8月下旬化蛹，9月上旬为化蛹盛期，8月中旬开始羽化，9月下旬为羽化盛期，雄成虫在叶上危害，8月中下旬开始回枝，9月中旬为回枝盛期，11月中旬进入越冬期。卵及孵化期间，雨水多，空气湿度大，气温正常，卵的孵化率和若虫成活率高达100%，当年危害重；反之，卵和孵化若虫干死在壳下，当年危害轻。

防治方法　防治有利时期是雌虫越冬期和夏季若虫前期，黄淮地区一般在4月中下旬，物候以当地刺槐花开季节。

农业防治　从11月至翌年3月刮刷树皮裂缝中的越冬雌成虫，剪除虫枝，严冬季节如遇雨雪天气，枝条上结有较厚的冰凌时，及时敲打树枝震落冰凌，可将越冬雌虫随冰凌震落。

生物防治　利用天敌长盾金小蜂、姬小蜂、瓢虫等防治。

化学防治　在4月中下旬叶面喷洒25%噻嗪酮可湿性粉剂1500～2000倍液；在6月末7月初，喷洒50%可湿性甲萘威400～500倍液或50%丙硫磷乳油1000倍液等。秋后或早春喷洒5%的柴油乳剂，由于柴油能溶解蜡壳，杀虫效果很好。

28　康氏粉蚧（图2-28-1至图2-28-6）

属同翅目粉蚧科。又名梨粉蚧、李粉蚧、桑粉蚧。

分布与寄主

分布　各产区均有发生。

寄主　梨、石榴、苹果、桃、李、杏、樱桃、山楂、核桃、梅、葡萄、板栗、枣、柿、柑橘、佛手瓜、桑等。

危害特点　成虫、若虫均以刺吸式口器吸食植物的幼芽、嫩枝、叶片、果实和根部的汁液。嫩枝和根部受害常肿胀且易纵裂而枯死。幼果受害多成畸形果。排泄物常引发煤污病的发生，影响光合作用。

形态诊断　成虫：雌成虫体长3～5毫米，扁平，椭圆形，体粉红色，表面被有白色蜡质物，体缘具有17对白色蜡丝，蜡丝基部较粗，尖端略细。在体前端的蜡丝较短，后端稍长，而最末一对特长，几乎与体长相等。触角8节，末节最长，第三节次之，柄节上有几个透明小孔。雄成虫体紫褐色，长约1毫米。翅仅1对，透明翅展约2毫米，后翅退化成平衡棒，具尾毛。卵：椭圆形，长约0.3毫米。浅橙黄色。若虫：初孵化时体扁平，椭圆形，淡黄色。体长约0.4毫米，外形似雌成虫。蛹：仅雄虫有蛹期。浅紫色，触角、翅和足等均外露。

发生规律　在黄淮地区1年发生3代。以卵在被害树干、枝条粗皮缝隙或石缝土块中以及其他隐蔽场所越冬。翌年春季树木发芽时，越冬卵孵化成若虫开始危害幼嫩部分。第一代若虫发生在5月中下旬，第二代若虫发生在7月中下旬，第三代在8月下旬。雌成虫在枝干粗皮裂缝内或果实萼筒柄洼等处产卵，有的将卵产在土内。在产卵时，雌成虫分泌大量似絮状蜡质卵囊，卵即产在卵囊内，数十粒集中成块。单雌产卵200～400粒。天敌有草蛉、瓢虫等。

防治方法

农业防治　在晚秋树干束草或绑扎破麻袋，诱雌成虫产卵，翌年春卵孵化之前将草束等物取下烧毁。冬春季刮树皮或用硬毛刷子刷除越冬卵，集中烧毁或深埋。

生物防治　有条件的地区可人工饲养和释放捕食性草蛉、瓢虫等天敌。

化学防治　早春喷施5%轻柴油乳剂或3～5波美度的石硫合剂；在各代若虫孵化期喷洒5%氟虫脲乳油1200倍液或90%晶体敌百虫1500倍液、50%杀螟硫磷乳油或10%醚菊酯乳油1000倍液。

29　吹绵蚧（图2-29-1至图2-29-8）

属同翅目绵蚧科。又名绵团蚧、白蚰、白蜱、棉花蚰、澳州吹绵蚧、白条介壳虫、棉座介壳虫。

分布与寄主

分布　安徽、江苏、上海、江西、福建、台湾、湖北、湖南、广东、海南、广西、贵州、重庆、四川、云南及北方温室。

寄主　柑橘、石榴、枇杷、枸杞、无花果、柿、葡萄、柠檬、茶、橙、山楂、苹果、梨等280余种植物。

危害特点　若虫和雌成虫群集枝、芽、叶上吸食汁液，排泄蜜露诱致煤污病发生。削弱树势，重者枯死。

形态诊断　成虫：雌椭圆形，体长5～7毫米，暗红或橘红色，背面生黑短毛被白蜡粉向上隆起，发育到产卵期，腹末分泌出白色卵囊，卵囊上具14～16条纵脊，卵囊长4～8毫米。雄体长3毫米，橘红色，胸背具黑斑，触角10节似念珠状，黑色；前翅紫黑色，后翅退化；腹端两突起上各生4根长毛。卵：长椭圆形，长0.7毫米，橙红色。若虫：体椭圆形，眼、触角和足均黑色，体背覆有浅黄色蜡粉。雄蛹：椭圆形，长2.5～4.5毫米，橘红色。茧：长椭圆形，覆有白蜡粉。

发生规律　华东与中南地区1年发生2～3代，四川3～4代，以若虫和雌成虫或南方以少数带卵囊的雌虫越冬。发生期不整齐。第二代卵发生期为7月上旬至8月中旬，7月中旬出现若虫，早的当年可羽化，少数可产卵，多以第二代若虫越冬。福建、广东、台湾第二代发生于7～8月，第三代9～11月，少数第四代盛期出现在11月以后。台湾完成1代夏季约80天，冬季130天。交尾后6～11天开始产卵，产卵期5～45天。初龄若虫在叶片主脉两侧定居，2龄后转移到枝干上群集危害，雌成虫定居后不再移动，成熟后分泌卵囊产卵于内，每雌可产卵数百至2000粒。雄虫少，多营孤雌生殖，但越冬代雄虫较多，常在树皮缝隙、叶背及土中结茧化蛹。越冬代雌、雄成虫交尾后产卵甚多，常在5～6月成灾。天敌有澳洲瓢虫、大红瓢虫、小红瓢虫及寄生菌等。

防治方法

生物防治　保护引放澳洲瓢虫，大、小红瓢虫，红环瓢虫等。在石榴园以10∶1的株上放澳洲瓢虫，即每10株放置1株，每株放100～150头，通常放瓢虫1个月后，便可消灭吹绵蚧，但是当瓢蚧比接近1∶15左右时要转移瓢虫，以免自相残杀。

农业防治　剪除虫枝或刷除虫体。

化学防治　①果树休眠期喷1~3波美度石硫合剂、45%晶体石硫合剂30倍液；北方可在发芽前喷3~5波美度石硫合剂或45%晶体石硫合剂20倍液、含油量5%的矿物油乳剂、或94%机油乳剂50倍液。②初孵若虫分散转移期或幼蚧期喷洒20%氰戊菊酯1500~2000倍液或48%哒嗪硫磷乳油1000倍液。

30　紫堇瘤蚜（图2-30-1至图2-30-6）

属同翅目蚜科。

分布与寄主

分布　全国各产区。

寄主　三色堇、石榴、桃、樱桃、木槿等。

危害特点　以成虫、若虫群集芽、嫩叶、嫩梢及蕾花上刺吸汁液，危害幼叶时，群集叶片正面吸食，致被害叶向背面纵卷皱缩、叶黄、干枯，直致落叶；危害嫩梢时，幼芽叶卷曲，影响延长生长；危害蕾花时，群集幼蕾表面，常导致落蕾落花。

形态诊断　有翅胎生雌蚜长1.8~2.1毫米，头胸部黑色，肥大；腹部颜色变化很大，有绿色、黄绿色、赤褐色等；腹背面有黑斑。无翅胎生雌蚜长1.4~2.0毫米，体肥大，头胸部黑色，复眼红色；腹部体色变异大，有绿色、黄绿色、红褐色、黑色等。若蚜近似无翅胎生雌蚜，但较小。

发生规律　1年发生20~30代。寒冷地区以卵越冬，温暖地区以无翅胎生雌蚜越冬，越冬虫态在石榴、三色堇等寄主的树皮裂缝中越冬；翌年3~4月开始繁殖，11月开始产卵、越冬。天敌有草蛉、瓢虫、食蚜蝇、蚜茧蜂等。

防治方法

农业防治　结合冬季管理，刮刷树皮并用石灰水涂干，既可消灭越冬蚜虫虫态，也可防病防冻。

生物防治　保护利用天敌。

化学防治　早春石榴发芽前喷洒5%柴油乳剂或黏土柴油乳剂杀卵和越冬雌蚜。发生危害期，在卵孵化期和若虫期，及时喷洒1%阿维菌素乳油3000~4000倍液或52.25%蜱·氯乳油2000倍液或48%哒嗪硫磷乳油1500倍液或50%抗蚜威可湿性粉剂2000~2500倍液。

31　麻皮蝽（图2-31-1至图2-31-10）

属半翅目蝽科。又名黄霜蝽、黄斑蝽、麻皮椿象、臭屁虫。

分布与寄主

分布 辽宁、内蒙古、陕西、甘肃、山西、北京、河北、山东、河南、安徽、江苏、浙江、上海、江西、湖北、湖南、福建、贵州、广东、广西、云南、重庆、四川等地。

寄主 梨、石榴、桑、柑橘、海棠、梅、樱桃、柿、苹果、龙眼、杏、李、银杏、葡萄、草莓、枣、无花果、松、柏等。

危害特点 成虫、若虫均刺吸寄主植物的嫩茎、嫩叶和果实汁液。叶片和嫩茎被害后，出现黄褐色斑点，叶脉变黑，叶肉组织颜色变暗，严重者导致叶片提早脱落、嫩茎枯死。

形态诊断 成虫：体长18~24.5毫米，宽8~11.5毫米，体稍宽大，密布黑色点刻，背部棕褐色，由头端至小盾片中部具一条黄白色或黄色细纵脊；前胸背板、小盾片、前翅革质部布有不规则细碎黄色凸起斑纹；前翅膜质部黑色。头部稍狭长，前尖，侧叶和中叶近等长，头两侧有黄白色细脊边。复眼黑色。触角5节，黑色，丝状，第5节基部1/3淡黄白或黄色。喙4节，淡黄，末端黑色，喙缝暗褐色。足基节间褐黑色，跗节端部黑褐色，具1对爪。卵：近鼓状，顶端具盖，周缘有齿，白色，不规则块状，数粒或数十粒黏在一起。若虫：初龄若虫胸、腹背面有许多红、黄、黑相间的横纹。2龄若虫腹背前面有6个红黄色斑点，后面中间有一椭圆形凸起斑。老熟若虫与成虫相似，体红褐或黑褐色，头端至小盾片具一条黄色或微现黄红色细纵线。触角4节，黑色，第四节基部黄白色。前胸背板、小盾片、翅芽暗黑褐色。前胸背板中部具4个横排淡红色斑点，内侧2个稍大，小盾片两侧角各具淡红色稍大斑点1个，与前胸背板内侧的2个排成梯形。足黑色。腹部背面中央具纵裂暗色大斑3个，每个斑上有横排淡红色臭腺孔2个。

发生规律 1年发生1代，以成虫于草丛或树洞、树皮裂缝及枯枝落叶下、墙缝、屋檐下越冬。翌春果树发芽后开始活动，5~7月交配产卵，卵多产于叶背，卵期约10多天，5月中旬可见初孵若虫，7~8月羽化为成虫危害至深秋，10月开始越冬。成虫飞行力强，喜在树体上部活动，有假死性，受惊时分泌臭液。

防治方法

农业防治 秋冬清除园地枯叶杂草，集中烧毁或深埋。成虫、若虫危害期，清晨震落捕杀，要在成虫产卵前进行。

化学防治 在成虫产卵期和若虫期喷洒25%溴氰菊酯乳油2000倍液、10%氯菊酯乳油1000~1500倍液、40%辛硫磷乳油600~1000倍液、30%乙酰甲胺磷600~1000倍液、10%乙氰菊酯800~1000倍液。

32 茶翅蝽（图2-32-1至图2-32-6）

属半翅目蝽科。又名臭木椿象、臭木蝽、茶色蝽。

分布与寄主

分布　除新疆、宁夏、青海未见报道外，其余各地均有分布。

寄主　梨、石榴、苹果、海棠、李、杏、山楂、樱桃、梅、柑橘、柿、无花果、葡萄等。

危害特点　成虫、若虫吸食叶、嫩梢及果实汁液，导致植株生长变弱。

形态诊断　成虫：体长12~16毫米，宽6.5~9.0毫米，扁椭圆形，淡黄褐至茶褐色，略带紫红色，前胸背板、小盾片和前翅革质部有黑褐色刻点，前胸背板前缘横列4个黄褐色小点，小盾片基部横列5个小黄点，两侧斑点明显。腹部侧接缘为黑黄相间。卵：短圆筒形，直径0.7毫米左右，初灰白色，孵化前黑褐色。若虫：初孵体长1.5毫米左右，近圆形。腹部淡橙黄色，各腹节两侧节间各有1长方形黑斑，共8对。腹部第三、五、七节背面中部各有1个较大的长方形黑斑。老熟若虫与成虫相似，无翅。

发生规律　1年发生1代，以成虫在空房、屋角、檐下、树洞、土缝、石缝及草堆等处越冬。北方果区一般5月上旬陆续出蛰活动，6月上旬至8月产卵，多产于叶背，块产，每块20~30粒。卵期10~15天。7月上旬出现若虫。6月中下旬为卵孵化盛期，8月中旬为成虫盛期。9月下旬成虫和若虫受到惊扰或触动时，即分泌臭液，并逃逸。天敌有椿象黑卵蜂、稻蝽小黑卵蜂。

防治方法

生物防治　保护利用天敌。①5~7月为该虫寄生蜂成虫羽化和产卵期，果园应避免使用触杀性杀虫剂。②果园外围栽榆树作为防护林，可保护椿象黑卵蜂到林带内椿象卵上繁殖。③7月中下旬采集被寄生的椿象卵（被寄生的椿象卵带有蓝黑色），待黑卵蜂羽化后饲喂5%红糖水或10%蜂蜜水，并逐步降温到10℃左右，数天后贮藏于0~5℃的室内网罩内，罩底放湿土及落叶，至翌年3~4月份在室内加温，并用苹果、梨等果实饲养，待椿象产卵，即以此卵繁殖椿象黑卵蜂，5~6月释放于果园。

农业防治　越冬期捕杀越冬成虫。随时摘除卵块及捕杀初孵群集若虫。注意在各种受害较重的寄主上同时进行防治，以压低虫口基数。

化学防治　6月上中旬茶翅蝽集中到石榴园，正处在产卵前期，要掌握此关键时期用药防治。于越冬成虫出蛰结束和低龄若虫期喷洒48%哒嗪硫磷乳油2000倍液或20%氰戊菊酯乳油3000倍液。

㉝ 绿盲蝽（图2-33-1至图2-33-8）

属半翅目盲蝽科。又名花叶虫、小臭虫、棉青盲蝽、青色盲蝽、破叶疯、天狗蝇等。

分布与寄主

分布　全国各产区。

寄主　葡萄、石榴、桃、草莓、桑、棉花、麻类、苹果、梨、杏、李、梅、山楂等。

危害特点　成虫、若虫刺吸寄主汁液，受害初期叶面呈现黄白色斑点，渐扩大成片，成黑色枯死斑，造成大量破孔、皱缩不平的"破叶疯"。孔边有一圈黑纹，叶缘残缺破烂，叶卷缩畸形，叶早落。严重时腋芽、生长点受害，造成腋芽丛生。

形态诊断　成虫：体长5毫米，宽2.2毫米，绿色，密被短毛。头部三角形，黄绿色，复眼黑色突出，无单眼，触角4节丝状，较短，约为体长2/3，第二节长等于三、四节之和，向端部颜色渐深，第一节黄绿色，第四节黑褐色。前胸背板黄绿色，布许多小黑点，前缘宽。小盾片三角形微突，黄绿色，中央具1浅纵纹。前翅膜片半透明暗灰色，余绿色。足黄绿色，胫节末端、跗节色较深，后足腿节末端具褐色环斑，雌虫后足腿节较雄虫短，不超腹部末端，跗节3节，末端黑色。卵：长1毫米，黄绿色，长口袋形，卵盖奶黄色，中央凹陷，两端突起，边缘无附属物。若虫：共5龄，与成虫相似。初孵时绿色，复眼桃红色；2龄黄褐色；3龄出现翅芽；4龄翅芽超过第一腹节；5龄后全体鲜绿色，密被黑色细毛，触角淡黄色，端部色渐深。

发生规律　北方1年发生3~5代，山西运城4代，陕西、河南5代，江西6~7代，以卵在树皮裂缝、树洞、枝杈处及近树干土中越冬。翌春3~4月，旬均温高于10℃或连续日均温达11℃，相对湿度高于70%，卵开始孵化。成虫寿命长，产卵期30~40天，发生期不整齐。成虫飞行力强，喜食花蜜，羽化后6、7天开始产卵。非越冬代卵多散产在嫩叶、茎、叶柄、叶脉、嫩蕾等组织内，外露黄色卵盖，卵期7~9天。以春、秋两季受害重。主要天敌有寄生蜂、草蛉、捕食性蜘蛛等。

防治方法

农业防治　冬春清理园中枯枝落叶和杂草，刮刷树皮、树洞，消除寄主上的越冬卵。

化学防治　于3月下旬至4月上旬越冬卵孵化期，4月中下旬若虫盛发期及5月上中旬初花期3个关键期喷洒20%氰戊菊酯乳油2500倍液或48%哒嗪硫磷乳油1500倍液、52.25%蜱·氯乳油2000倍液。

34　斑须蝽（图2-34-1至图2-34-4）

属半翅目蝽科。又名细毛蝽、黄褐蝽、斑角蝽、节须蚁。

分布与寄主

分布　全国各产区。

寄主　枸杞、石榴、苹果、梨、桃、山楂、梅、柑橘、杨梅、草莓等。

危害特点　成虫、若虫刺吸寄主植物的嫩叶、嫩茎、果实汁液，造成落蕾、落花，茎叶被害后出现黄褐色小点及黄斑，严重时叶片卷曲，嫩茎凋萎，影响生长发育。

形态诊断　成虫：体长8~13.5毫米，宽5.5~6.5毫米。椭圆形，黄褐或紫色，密被白色绒毛和黑色小刻点。复眼红褐色。触角5节，黑色，第一节、第二至四节基部及末端及第五节基部黄色，形成黄黑相间。喙端黑色，伸至后足基节处。前胸背板前侧缘稍向上卷，呈浅黄色，后部常带暗红。小盾片三角形，末端钝而光滑，黄白色。前翅革片淡红褐或暗红色，膜片黄褐，透明，超过腹部末端。侧接缘外露，黄黑相间。足黄褐至褐色，腿节、胫节密布黑刻点。卵：筒形，长1~1.1毫米，宽0.75~0.8毫米。初时浅黄，后变赭灰黄色。若虫：共5龄。1龄卵圆形，腹部背面中央和侧缘具黑色斑块。2龄第四、五、六腹节背面各具一对臭腺孔。3龄中胸背板后缘中央和后缘向后稍伸出。4龄腹部淡黄褐色至暗灰褐色，小盾片显露。5龄体椭圆形，黄褐至暗灰色，小盾片三角形。

发生规律　吉林1年发生1代，辽宁、内蒙古、宁夏2代，江西3~4代。以成虫在杂草、枯枝落叶、植物根际、树皮裂缝及屋檐下越冬。内蒙古越冬成虫4月初开始活动，4月中旬交尾产卵，4月末5月初卵孵化。第一代成虫6月初羽化，6月中旬产卵盛期，第二代卵于6月中下旬至7月上旬孵化，8月中旬成虫羽化，10月上旬陆续越冬。江西越冬成虫3月中旬开始活动，3月末4月初交尾产卵，4月初至5月中旬若虫出现，5月下旬至6月下旬第一代成虫出现。第二代若虫期为6月中旬至7月中旬，7月上旬至8月中旬为成虫期。第三代若虫期为7月中下旬至8月上旬，成虫期8月下旬开始。第四代若虫期9月上旬至10月中旬，成虫期10月上旬开始，10月下旬至12月上旬陆续越冬。第一代卵期8~14天；若虫期39~45天；成虫寿命45~63天。第二代卵期3~4天，若虫期18~23天，成虫寿命38~51天，第三代卵期3~4天，若虫期21~27天，成虫寿命52~75天。第四代卵期5~7天，若虫期31~42天，成虫寿命181~237天。成虫一般在羽化后4~11天开始交尾，交尾后5~16天产卵，产卵期25~42天。雌虫产卵于叶背面，20~30粒排成一列。

防治方法

农业防治　清除园内杂草及枯枝落叶并集中烧毁，以消灭越冬成虫。

化学防治　于若虫危害期喷洒50%马拉硫磷乳油或52.25%蚍·氯乳油1500倍液、50%丙硫磷乳油或90%晶体敌百虫800~1000倍液、2.5%溴氰菊酯乳油或20%甲氰菊酯乳油3000倍液。

35 烟蓟马（图2-35-1至图2-35-6）

属缨翅目蓟马科。又名棉蓟马、葱蓟马、瓜蓟马、葡萄蓟马。

分布与寄主

分布 吉林、辽宁、内蒙古、甘肃、新疆、青海、陕西、山西、河北、山东、河南、安徽、江苏、上海、浙江、江西、台湾、湖北、湖南、广东、海南、广西、四川、贵州、云南、西藏等地。另在长江以南地区危害石榴的还有茶黄蓟马（茶黄硬蓟马、茶叶蓟马）。

寄主 葡萄、石榴、苹果、梨、梅、李、柑橘、草莓、杧果、菠萝等350多种植物。

危害特点 成虫、若虫在叶背吸食汁液，使叶面出现灰白色细密斑点或局部枯死，影响生长发育。同时危害花蕾和幼果，常导致蕾、果脱落。果实不脱落的，被害部果皮因被食害掉，果实表面木栓化、皱裂，留下大的伤疤，严重影响商品外观，南方产区称之为"麻皮病"。

形态诊断 成虫：体长1.2~1.4毫米，分黄褐色和暗褐色两种体色。触角第一节色浅；第二节和六至七节灰褐色；三至五节淡黄褐色，但四、五节末端色较深。前翅淡黄色。腹部第二至八背板较暗，前缘线暗褐色。头宽大于长，单眼间鬃较短，位于前单眼之后、单眼三角连线外缘。触角7节，第三、四节上具叉状感觉锥。前胸稍长于头，后角有2对长鬃。中胸腹板内叉骨有刺，后胸腹板内叉骨无刺。前翅基鬃7或8根，端鬃4~6根；后脉鬃15或16根。第八背板后缘梳完整。各背侧板和腹板无附属鬃。卵：初期肾形，乳白色，后期卵圆形，直径0.29毫米左右，黄白色，可见红色眼点。若虫：共4龄，各龄体长为0.3~0.6毫米、0.6~0.8毫米、1.2~1.4毫米、1.2~1.6毫米。体淡黄，触角6节，第四节具3排微毛，胸、腹部各节有微细褐点，点上生粗毛。4龄翅芽明显，不取食，但可活动，称伪蛹。

发生规律 华北地区1年发生3~4代，山东、河南6~10代，华南地区20代以上。在25~28℃下，卵期5~7天，若虫期（1~2龄）6~7天，前蛹期2天，"蛹期"3~5天，成虫寿命8~10天。雌虫可行孤雌生殖，每雌产卵21~178粒，卵产于叶片组织中。2龄若虫后期，常转向地下，在表土中经历"前蛹"及"蛹"期。以成虫越冬为主，也有若虫在葱、蒜叶鞘内侧、土块下、土缝内或枯枝落叶中越冬，还有少数以"蛹"在土中越冬。在华南无越冬现象。成虫极活跃，善飞，怕阳光，早、晚或阴天取食强。初孵若虫集中在叶基部危害，稍大即分散。在25℃和相对湿度60%以下时，利于蓟马发生，高温高湿则不利，暴风雨可降低发生数量。一年中以4~5月危害最重。

防治方法

农业防治 清除园地周围杂草及枯枝落叶，以减少虫源。

化学防治 若虫初期可喷洒50%辛硫磷乳油1000倍液、10%吡虫啉可湿性粉剂2000倍液、5%氟虫脲乳油1500倍液、1.8%阿维菌素乳油3000倍液、15%哒螨灵乳油2000倍液。防治2~3次。

36 柑橘粉虱（图2-36-1，图2-36-2）

属同翅目粉虱科。又名柑橘绿粉虱、茶园橘黄粉虱、通草粉虱、白粉虱。

分布与寄主

分布 北京、河北、山东、安徽、江苏、上海、浙江、湖北、河南、福建、台湾、广东、海南、广西、云南、四川等地。

寄主 柑橘、金橘、石榴、柿、板栗、咖啡、茶、油茶、杨梅等。

危害特点 以幼虫群集于叶背刺吸汁液，粉虱排泄物易诱发煤污病，影响光合作用，致发芽减少，树势衰弱。

形态诊断 成虫：雌虫体长1.2毫米，雄虫1毫米左右，体淡黄色，全体覆有白色蜡粉，复眼红褐色，翅白色。卵：长0.22毫米，椭圆形，淡黄色，具短柄附着于叶背。幼虫：淡黄绿色，椭圆形，扁平，体周围有小突起17对，并有白色蜡丝呈放射状。蛹：长1.3毫米，椭圆形，淡黄绿色。蛹壳广椭圆形，黄绿色，周缘有小突起，背面无刺毛，仅前后端各有一对小刺毛。

发生规律 浙江1年发生3代，以老熟幼虫或蛹在叶背越冬，翌年5月上旬至6月羽化。成虫白天活动，雌虫交尾后在嫩叶背面产卵，每雌产130粒左右。未经交尾亦能产卵繁殖，但后代全是雄虫。幼虫孵化后经数小时即在叶背固定，后渐分泌白色棉絮状蜡丝，虫龄增大蜡丝也长。以树丛中间徒长枝和下部嫩叶背面发生最多。每年7、8月间发生最盛。天敌有寄生蜂、寄生菌、刺粉虱黑蜂、瓢虫和草蛉等。

防治方法

农业防治 合理施肥，及时清除杂草，修剪疏枝，注意修剪近地面枝条，风光通透，保持健壮树势，消灭近地枝条上的粉虱。

生物防治 利用天敌有刺粉虱黑蜂、瓢虫和草蛉等防治；防治石榴病害时，提倡用石硫合剂、多菌灵、甲基硫菌灵、硫悬浮剂等对柑橘粉虱座壳孢菌（该菌是柑橘粉虱和介壳虫等的寄生真菌）杀伤率低的杀菌剂。

化学防治 在各代幼虫孵化盛末期或成虫盛发期及时喷药防治。药剂可选用90%晶体敌百虫、25%噻嗪酮可湿性粉剂、50%二嗪磷乳剂1000倍液或80%丙硫磷乳剂1500倍液、2.5%鱼藤酮400倍液。由于柑橘粉虱多分布在徒长枝的叶背，喷药时务求全面周到。

37 短额负蝗（图2-37-1，图2-37-2）

属直翅目蝗总科尖蝗科。又名中华负蝗、尖头蚱蜢、小尖头蚱蜢。

分布与寄主

分布 甘肃、青海、辽宁、河北、安徽、山西、内蒙古、陕西、山东、江苏、浙江、湖北、湖南、福建、广东、广西、四川、重庆、河南、北京、江西等地。

寄主 草莓、石榴、柿、苹果、柑橘、枸杞、花卉、蔬菜等多种植物。

危害特点 若虫、成虫初时在叶正面剥食叶肉，留下表皮，继而把叶片吃成孔洞或缺刻似破布状。对石榴幼树嫩芽、叶危害重。

形态诊断 成虫：体长20~30毫米，头至翅端长30~48毫米。绿色或或褐色（冬型）。头尖削，绿色型自复眼向下斜有一条粉红纹，与前、中胸背板两侧下缘的粉红纹衔接。体表有浅黄色瘤状突起；后翅基部红色，端部淡绿色；前翅长度超过后足腿节端部约1/3。卵：长2.9~3.8毫米，长椭圆形，中间稍凹陷，一端较粗钝，黄褐至深黄色，卵壳表面呈鱼鳞状花纹。卵粒在卵块内倾斜排列成3~5行，并有胶丝裹成卵囊。若虫：共5龄，1龄若虫草绿稍带黄色，2龄后体色逐渐变绿，出现翅芽，至5龄翅芽增大到盖住腹部第三节或稍超过，形似成虫。

发生规律 华北1年发生1代，江西2代，以卵在沟边土中越冬。5月下旬至6月中旬为孵化盛期，7~8月羽化为若虫。喜栖于植被多、湿度大、双子叶植物茂密的环境，尤在灌渠两侧发生多。

防治方法

农业防治 在春、秋季深中耕园地及周边田埂、地边，把卵块暴露在地面晒干或冻死。

生物防治 保护利用麻雀、青蛙、大寄生蝇等天敌防治。

化学防治 在早春和7月份卵块孵化前或在测报基础上，抓住初孵蝗蝻在田埂、渠堰集中危害双子叶杂草，且扩散能力极弱时，喷洒50%马拉硫磷乳油1000倍液、20%氰戊菊酯乳油2000倍液。

38 同型巴蜗牛（图2-38-1，图2-38-2）

属腹足纲柄眼目巴蜗牛科。又名水牛。

分布与寄主

分布 黄河流域、长江流域及华南各地。

寄主 石榴、核桃、草莓、柑橘、金橘及多种蔬菜、花卉。

危害特点 初孵幼螺只取食叶肉，留下表皮，稍大个体则用齿舌将叶、茎舐磨成小孔或将其吃断。

形态诊断 贝壳中等大小，壳质厚，坚实，呈扁球形。壳高12毫米、宽16毫米，有5~6个螺层，顶部几个螺层略膨胀，螺旋部低矮，体螺层增长迅速、膨大。壳顶钝，缝合线深。壳面呈黄褐色或红褐色，有稠密而细致的生长线。体螺层周缘或缝合线处常有一条暗褐色带（有些个体无）。壳口呈马蹄形，口缘锋利，轴缘外折，遮盖部分脐孔。脐孔小而深，呈洞穴状。个体之间形态变异较大。卵：圆球形，直径2毫米，初产时乳白色有光泽，渐变淡黄色，近孵化时为土黄色。

发生规律 是我国常见的危害果树的陆生软体动物之一，常与灰巴蜗牛混杂发生。生活于潮湿的灌木丛、草丛中、田埂上、乱石堆里、枯枝落叶下、植物根际土块和土缝中以及温室、菜窖、畜圈附近的阴暗潮湿、多腐殖质的环境，适应性极广。1年繁殖1代，多在4~5月间产卵，大多产在根际疏松湿润的土中、缝隙中、枯叶或石块下。每个成体可产卵30~235粒。成螺大多蛰伏在落叶、花盆、土块砖块下、土隙中越冬。

防治方法

农业防治 清晨或阴雨天人工捕捉，集中杀灭。用茶子饼粉撒施于树干基部土壤表面，然后用铁钯耧钯地面，使饼土掺匀，可抑制蜗牛的发生。

化学防治 每亩用8%灭蜗灵颗粒剂1.5~2千克、碾碎后拌细土5~7千克，或10%多聚乙醛颗粒剂500克，于天气温暖、土表干燥的傍晚撒在受害株根部行间；或喷洒80.3%硫酸铜·速灭威可湿性粉剂170倍液，每亩药量200克。

㊴ 李叶甲（图2-39-1）

属鞘翅目肖叶甲科。又名云南松叶甲、云南松金花虫、山跳蚤。

分布与寄主

分布 河北、山西、陕西、山东、江苏、浙江、湖北、江西、湖南、福建、台湾、广东、海南、广西、四川、贵州、云南等产区。

寄主 李、石榴、桃、杏、梨、苹果、梅、板栗、蔷薇、云南松等。

危害特点 以成虫啃食石榴叶表皮和叶肉，将叶片咬成许多断续而又呈网状的孔洞，而叶缘部分又常不被咬断，致叶片卷曲枯黄。

形态诊断 成虫：雌成虫体长3~3.8毫米，雄虫体长2.5~3.0毫米。黑色，有金属光泽。椭圆形，头部隐于前胸背板之下。鞘翅末端钝圆，其上各有10条左右连成线状的刻点纵列。足的基节为黑棕色，其余部分为黄棕色。腿节膨大，呈纺锤形；后足发达。卵：长椭圆形，长0.5毫米，宽0.2毫米，淡黄色。幼虫：老熟幼虫体长4~6毫米，乳白色，体扁，腹部向腹面弯曲，呈新月形。头部黄褐色。上唇黄褐色，上颚棕褐色，下颚及下唇须黄褐色。前胸背板淡黄色；胸足3对，黄褐色；中胸至第八腹节每节上有8个瘤状小突起，生有淡黄色刚毛。蛹：体长3~4毫米，宽2~2.5毫米，乳白色。

发生规律 在四川省凉山地区1年发生1代。以卵在土中越冬，翌年3月开始孵化，4月中下旬为孵化盛期。初孵幼虫在土壤表层活动，取食腐殖质、杂草和果木的须根。5月上中旬开始在2~3厘米的表土内筑土室化蛹。6月上旬成虫开始羽化出土，7月为羽化出土盛期。初孵化出土的成虫，先在杂草上缓慢爬行和取食，而后飞到石榴树等寄主上危害。成虫常群栖危害，单株虫口可达数百头乃至上千头。成虫有较强的趋光性，白天喜群栖在阳光终日强烈照射的散生树和疏林上。石榴受害严重时，全株枯黄，重者枯死。

防治方法

农业防治　加强果园土肥水管理和树体管理，使果园保持合理的密度，及时清除园地周围杂草，造成不利于此虫发生的环境条件，预防和抑制其发生。

生物防治　在成虫盛发期，应用每毫升含1.5亿孢子的苏云金杆菌悬浮液喷雾防治，效果较好。

化学防治　成虫产卵前，于7月上旬到8月中旬，在早上5：00～9：00，成虫不甚活动时，针对该虫集中危害的习性，重点挑治。可喷50%敌百虫可湿性粉剂600～700倍液或90%晶体敌百虫1000～1500倍液、10%氯菊酯乳油2000～2500倍液、50%马拉硫磷乳油800～1000倍液等，每隔15～20天喷药1次，连续进行2～3次。

40　石榴茎窗蛾（图2-40-1至图2-40-10）

属鳞翅目窗蛾科。又名花窗蛾、钻心虫。

分布与寄主

分布　河南、河北、山东、山西、陕西、甘肃、安徽、江苏、浙江、福建、江西、湖北、湖南、广东、广西、云南、四川、贵州、新疆等地。

寄主　石榴。

危害特点　以幼虫蛀害枝条，造成当年生新梢枯死，严重破坏树形结构。重灾果园危害株率达95%以上，危害枝率3%以上。

形态诊断　成虫：雄蛾瘦小，体长15毫米，翅展32毫米。雌蛾体肥大，圆柱形，体长15～18毫米，翅展37～40毫米。翅面黄白色，略有紫色反光。前翅前缘有数条茶褐色短斜线；前翅顶角有一不规则的深茶褐色斑块，下方内陷弯曲呈钩状；臀角有深茶褐色斑块，近后缘有数条短横纹。后翅黄白色，肩角有不规则的深茶褐色斑块，后缘有4条茶褐色横带。腹部黄白色，各节背面有茶褐色横带。卵：长0.6～0.65毫米，宽0.3毫米，初产淡黄色，后变为棕褐色，瓶形，有13条纵直线，数条横纹，顶端有13个突起。幼虫：幼龄虫淡青黄色，老熟幼虫黄褐色，体长32～35毫米，长圆柱形念珠状，头黑褐色。体节11节；胸节3节，前胸背板发达，后缘有一深褐色月牙形斑；胸足3对，黑褐色；腹节8节，前7节两侧各有气孔一个；腹足4对于3～6节上，腹部末节坚硬深褐色，有棕色刚毛20根，背面向下斜截，末端分叉。蛹：长圆形，长15～18毫米，化蛹后由米黄色渐变为褐色。

发生规律 黄淮产区1年发生1代，以幼虫在枝干内越冬。越冬幼虫一般在3月末4月初恢复活动蛀食危害，5月下旬幼虫老熟化蛹，幼虫老熟时，爬至倒数1~2个排粪孔处，加大孔径至4~8毫米，形成长椭圆形羽化孔。头向上在羽化孔下方端末隧道内化蛹。6月中旬开始羽化，7月上中旬为羽化盛期，8月上旬羽化结束。成虫白天隐藏在石榴枝干或叶背处，夜间飞出活动。雌成虫交尾后1~2天开始产卵，连续产卵2~3天，其寿命为3~6天。产卵部位多在嫩梢顶端2~3片叶芽腋处，单粒散产或2~3粒产在一起。卵期13~15天。7月上旬开始孵化，孵化幼虫3~4天后自芽腋处蛀入嫩梢，沿髓心向下蛀纵直隧道；3~5天被害嫩梢和叶片发黄，极易发现。随着虫龄增大，排粪孔径和孔间距离向下逐渐增大；一般排粪孔径变化在0.02~0.2厘米，孔间距离为0.7~3.7厘米不等。一个世代周期掘排粪孔13~15个。一个枝条蛀生1~3头幼虫，一般1头；一个世代蛀食枝干长达50~70厘米。蛀入1~3年生幼树或苗木可达根部，致使植株死亡；成龄树达3~4年生枝，破坏树形，影响产量。当年在茎内蛀食危害至初冬，在茎内休眠越冬。翌年3月下旬恢复活动，继续向下危害，直至化蛹完成一个世代周期。天敌有寄生蝇等。

防治方法

农业防治 春季石榴树萌芽后，剪除未萌芽的枝条（50~80厘米）集中烧毁，以消灭越冬幼虫。自7月初每隔2~3天检查树枝1次，发现枯萎新梢及时剪除烧毁，消灭初蛀入幼虫。

生物防治 保护利用天敌。

化学防治 在卵孵化盛期，喷施90%晶体敌百虫1000倍液或20%氰戊菊酯乳油2000~3000倍液或氯菊酯乳油1500~2000倍液，触杀卵和毒杀初孵幼虫。对蛀入2~3年生枝干内幼虫，用注射器从最下一个排粪孔处注入500倍液的晶体敌百虫或1000倍液的氯菊酯，然后用泥封口毒杀，防治率可达100%。

41 豹纹木蠹蛾（图2-41-1至图2-41-6）

属鳞翅目木蠹蛾科。

分布与寄主

分布 广东、广西、河南、安徽、江苏、浙江等地。

寄主 木麻黄、柚木、南岭黄檀、石榴、核桃、苹果、枣、桃、柿子、山楂、核桃、龙眼、荔枝、柑橘、枇杷、番石榴、杨、柳等多种林果。

危害特点 以幼虫在被害枝基部木质部与韧皮部之间钻蛀1个蛀食环，幼虫沿髓部向上蛀食，枝上有数个排粪孔，有大量的长椭圆形粪便排出，受害枝上部变黄枯萎，遇风自蛀食环处折断，严重影响树冠生长，若是幼树从树干基部钻蛀危害后，致幼树从基部折断。

形态诊断　成虫：雌虫体长27~35毫米，翅展50~60毫米。雄虫体长20~25毫米，翅展44~50毫米。全体被白色鳞片，在翅脉间、翅缘和少数翅脉上有许多比较规则的蓝黑色斑，后翅除外缘有蓝黑色斑外，其他部分斑颜色较浅。头部和前胸鳞片疏松，前胸有排成两行的6个蓝黑斑点。腹部每节均有8个大小不等的蓝黑色斑，成环状排列。雌虫触角丝状，雄虫触角基半部羽毛状，端部丝状。卵：椭圆形，淡黄色，少数为橘红色。幼虫：体长40~60毫米。老熟幼虫黄白色，每体节有黑色毛瘤，瘤上有毛1~2根；前胸背板上有黑斑，中央有一条纵走的黄色细线，后缘有一黑褐色突，上密布小刻点。尾板也较硬化，少数有一大黑斑。蛹：黄褐色。头部顶端有一大齿突。每腹节有两圈横行排列的齿突。

发生规律　1年发生1代，以老熟幼虫在树干内越冬。翌年春季枝条萌发后，再转移到新梢继续蛀食危害。化蛹盛期为4月上中旬。4月下旬至5月上旬羽化。成虫有趋光性，不太活跃，雄虫飞翔力较雌虫强。夜间交尾。产卵期可延续3~5天，每雌产卵300~800粒，卵期15~20天。1龄幼虫黑色，迁移能力较强，有转枝危害习性。幼虫无论在枝条或主干危害，蛀入后先在皮层与木质部间绕干蛀食木质部一周，因此极易从此处引起风折。幼虫再蛀入髓部，沿髓部向上蛀纵直隧道，虫道较长，隔不远处向外开一圆形排粪孔，并经常把粪便排出孔外，往往有多个排粪孔。5~6月，老熟幼虫在隧道内吐丝缀连碎屑，堵塞两端，并向外咬蛀羽化孔，构成蛹室，即行化蛹。化蛹部位多在羽化孔上方，头部向下。蛹期19~23天。成虫羽化后，蛹壳一半露出孔外，长久不掉。成虫产卵于嫩枝、芽腋或叶上，单粒散产或数粒一起。幼虫孵化后，先从嫩梢上部叶腋蛀入危害，被害嫩梢3~5天内即枯萎，这时幼虫钻出再向下移不远处重新蛀入，这样经过多次转移蛀食，当年新生枝梢可全部枯死。幼虫危害至秋末冬初，在被害枝基部隧道内越冬。

防治方法

农业防治　在园地和周围的一些此虫寄主林、果树风折枝中，常有大量幼虫和蛹存在，要及时清除烧毁。

物理防治　成虫发生期，利用黑光灯、频振式杀虫灯、糖醋液诱杀成虫。

化学防治　在成虫产卵和幼虫孵化期喷洒20%氟丙菊酯乳油2000倍液、90%晶体敌百虫1000倍液、50%杀螟硫磷乳油1500倍液，消灭卵和幼虫。

42　咖啡木蠹蛾（图2-42-1至图2-42-6）

属鳞翅目木蠹蛾科。又名咖啡豹蠹蛾、咖啡黑点木蠹蛾。

分布与寄主

分布　广东、江西、福建、台湾、浙江、江苏、上海、陕西、河南、山东、安徽、湖北、湖南、四川、云南等地。

寄主 石榴、核桃、苹果、梨、葡萄、柿、樱桃、番石榴、荔枝、龙眼、柑橘、咖啡、木麻黄、枫杨、悬铃木、黄檀、玉米、棉花等24科32种以上农林果植物。黄淮产区主危害石榴和核桃。

危害特点 幼虫蛀入枝条嫩梢，致蛀孔以上的枝干枯死，遇风折断，幼树主茎受害后，树干短小，易生侧枝。

形态诊断 成虫：雌虫体长12~26毫米，翅展30~50毫米；雄虫较雌虫体小。体灰白色，具青蓝色斑点。雌虫触角丝状，雄虫触角基半部羽状，端半部丝状，触角黑色，上具白色短绒毛。复眼黑色，口器退化。胸部具白色长绒毛，中胸背板两侧有3对由青蓝色鳞片组成的圆斑；翅灰白色，翅脉间密布大小不等的青蓝色短斜斑点，外缘有8个近圆形的青蓝色斑点。胸足被黄褐色与灰白色绒毛，胫节及跗节为青蓝色鳞片覆盖。雄虫前足胫节内侧着生一个比胫节略短的前胫突。腹部被白色细毛。第三至七节背面及侧面有5个青蓝色毛斑组成的横裂。第8腹节背面则几乎为青蓝色鳞片所覆盖。卵：椭圆形，长0.9毫米，杏黄色或淡黄白色，孵化前为紫黑色。卵壳薄，表面无饰纹，成块状紧密黏结于枯枝虫道内。幼虫：初孵幼虫体长1.5~2毫米，紫黑色；老熟幼虫体长30毫米左右；头橘红色，头顶、上颚及单皮区域黑色；较硬，后缘有锯齿状小刺一排，中胸至腹部各节有成横排的黑褐色小颗粒状隆起。蛹：长圆筒形，雌蛹长16~27毫米，雄蛹长14~19毫米，褐色。蛹的头端有一尖的突起，色泽较深；腹部第三至九节的背侧面及腹面，有小刺列，腹部末端有6对臀棘。

发生规律 在长江流域以北地区1年发生1代，长江以南1年发生1~2代。2代地区，第一代成虫期在5月上中旬至6月下旬，第二代在8月初至9月底。以幼虫在被害枝条的虫道内越冬，翌年3月中旬开始取食，4月中下旬至6月中下旬化蛹，5月中旬成虫羽化，7月上旬结束，5月底6月上旬果园可见到初孵幼虫。幼虫越冬后在被害枯枝内继续取食或转枝危害，转枝率达48%。正在生长的枝条若被蛀害，新叶及嫩梢很快枯萎，症状非常明显。老熟幼虫在化蛹前，咬透虫道壁的木质部，在皮层上预筑一近圆形的羽化孔盖，孔盖边缘与树皮略为分离；在孔盖下方8毫米处，幼虫另咬一直径约2毫米的小孔与外界相通；在羽化孔盖与小孔之间，幼虫吐丝缀合木屑将虫道堵塞，并做成一斜向的羽化孔道，在羽化孔上方幼虫用丝和木屑封隔虫道，筑成蛹室，蛹室长20~30毫米。准备化蛹的幼虫，头部朝下经3~5天蜕皮化蛹，蛹期13~37天。羽化前，蛹体借腹部的刺列向羽化孔口蠕动，顶破蛹室丝网及羽化孔盖半露于羽化孔外，羽化后蛹壳留在羽化孔口，长久不落。成虫全天均可羽化，以10：00、15：00及20：00~22：00羽化最多。5月下旬成虫羽化盛期。成虫白天静伏不动，黄昏后开始活动，雄蛾飞翔能力较强，趋光性弱。成虫多数在20：00~23：00交尾。雌虫交尾后1~6小时产卵，产卵历期1~4天。单雌产卵244~1132粒，卵产于树皮缝、旧虫道内或新抽嫩梢上或芽腋处，单粒散产。成虫寿命1~6天。卵期9~15天。幼虫孵化后，吐丝结网覆盖卵块，群集于丝幕下取食卵壳。孵化后2~3天扩散，在果园，幼虫呈片状分布。在石榴等植物上，多自嫩梢顶端几个腋芽处蛀入，虫道向上。蛀入后1~2天，蛀孔以上的叶柄凋萎、干枯，并常在蛀孔处折断。取食4~5天后，幼虫钻出，向下转移至新梢，仍由腋芽处蛀入，此时危害症状逐渐明显，6~7月间当幼虫向下部2年生枝条转移危害时，因气温升高，枝条枯死速度加快，林间枝梢被害状异常明显。幼虫蛀入枝条后在木质部与韧皮部之间绕枝条蛀一环，由于输导组织被破坏，枝条很快枯死，幼虫在枯枝内向上取食筑道，每遇大风，被害枝条常在蛀环处折断。幼虫在10月下旬、11月初停止取食，在蛀道内吐丝缀合虫粪、木屑封闭两端静伏越冬。越冬幼虫天敌有：小茧蜂、蚂蚁、串珠镰刀菌和病毒。

防治方法

农业防治 及时剪除该虫危害的小枝并烧毁。

生物防治 小茧蜂在越冬后的幼虫体上可连续繁殖两代，在剪拾有虫枝条内，常有一定数量寄生蜂，将虫枝分捆立于林地内，让蜂自然扩散，待5月上旬害虫化蛹后，收集虫枝烧毁，消灭虫枝中害虫。

化学防治 在卵孵化盛期，初孵幼虫蛀入枝、干危害前，喷洒3%乙酰甲胺磷或50%二嗪磷乳油1000~1500倍液，能收到良好的杀虫效果。在幼虫初蛀入韧皮部时，用40%毒死蜱柴油液（1∶9）或50%二嗪磷乳油柴油溶液涂虫孔，杀虫率可达100%。

43 荔枝拟木蠹蛾（图2-43-1至图2-43-4）

属鳞翅目拟木蠹蛾科。

分布与寄主

分布 江西、福建、台湾、广西、广东、湖北、云南、海南等地。

寄主 荔枝、石榴、龙眼、柑橘、梨、杧果、橡胶、枫、杨树、相思树、木麻黄及柳属等24科42种果树和林木及其他植物。

危害特点 幼虫蛀害枝干成坑道或食害枝干皮层，削弱树势，幼树受害可致枯死。

形态诊断 成虫：雌体长10~14毫米，翅展20~37毫米，灰白色。胸部、腹部的基部及腹末黑褐色。前翅具很多灰褐色横条纹，中部有1个黑色大斑纹，它的后面有1个稍小黑斑，前、外缘有成列灰棕色斑纹。后翅灰白色，具许多灰色横波纹，外缘有成列灰色斑纹。雄体长11~12.5毫米，色较深暗或黑褐色。卵：扁椭圆形，乳白色，卵块鱼鳞状，覆有黑色胶质物。幼虫：体长26~34毫米，全体黑褐色，有光泽。各体节缘相接处的膜质部分灰白色；体壁大部分骨化。3对胸足的左右足间的距离比例为1∶3∶4。蛹：长14~17毫米，深褐色，头顶有1对分叉的突起。

发生规律 1年发生1代,以老熟幼虫在坑道中越冬。翌年4月上旬至5月上旬幼虫陆续化蛹,蛹期26天,成虫于4月中旬至6月中旬相继出现,雌蛾羽化当晚交尾产卵,卵产在距地面1.5米高的树皮上,5月上旬至6月中旬幼虫孵化,幼虫经2~4小时扩散,寻找分叉、伤口、枝条折断处蛀害,当虫蛀道长13厘米左右时,幼虫调转方向另蛀并吐丝将虫粪和枝干皮屑缀成隧道掩护虫体,坑道是幼虫栖居和化蛹场所。幼虫白天潜伏坑道中,夜晚沿丝质隧道外出啃食树皮。幼虫期343天左右,幼虫老熟后在坑道口封缀成薄丝,后化蛹在其中,蛹期27~48天。天敌有白僵菌等,寄生于幼虫和蛹体。

防治方法

农业防治 用竹签、木签堵塞坑道,使幼虫、蛹窒息。也可用钢丝伸进虫道刺杀幼虫和蛹。

生物防治 于2~5月在幼虫低龄期,于隧道中喷洒白僵菌粉剂300倍液。

化学防治 用50%丙硫磷乳油、90%晶体敌百虫、40%辛硫磷乳油等杀虫剂500~800倍液混泥,堵塞坑道口,也可以用脱脂棉蘸上述药剂塞入坑道中,坑道口再用泥土封严,熏死幼虫。于6~7月用上述杀虫剂喷洒于丝质隧道口附近的树干上,触杀幼虫。

44 小木蠹蛾(图2-44-1至图2-44-5)

属鳞翅目木蠹蛾科。

分布与寄主

分布 黑龙江、吉林、辽宁、内蒙古、宁夏、甘肃、陕西、北京、河北、河南、山东、安徽、江苏、上海、江西、湖南、福建等地。

寄主 苹果、石榴、山楂、银杏、白蜡、构树、丁香、白榆、槐树、银杏、柳树、麻栎、白玉兰、悬铃木、元宝枫、海棠、冬青、柽柳、香椿等,北京地区危害山楂严重。

危害特点 幼虫在根颈、枝干的皮层和木质部内蛀食,初孵幼虫先蛀食韧皮部,然后深入木质部。蛀孔为椭圆形。随虫龄增大,幼虫向木质部深处蛀食,形成不规则隧道,并相互连接,蛀孔外排有虫粪,孔口周围堆满用丝连接的虫粪与木屑,干基也堆积木屑与虫粪。尤以老树,弱树受害更重,削弱树势,重者死亡。

形态诊断 成虫:体长21~27毫米,翅展41~49毫米。触角线状,扁平;头顶毛丛灰黑色,体灰褐色,中胸背板白灰色。前翅灰褐色,中室及缘2/3处为暗黑色,中室末端有1个小白点,亚端线黑色明显,外缘有一些褐纹与缘毛上的褐斑相连。后翅灰褐色。幼虫:扁圆筒形,老熟幼虫体长30~38毫米。头部棕褐色,前胸板有褐色斑纹,中央有一"◇"形白斑,中、后胸半骨化斑纹均为浅褐色。腹背浅红色,每节体节后半部色淡,腹面黄白色。

发生规律 多数地区1年发生1代，也有2~3年1代的。北京2年1代，越冬幼虫翌春芽鳞片绽开时出蛰，幼虫10~12龄，3龄前有群集性，3龄后分散蛀入树干髓部。6月中旬化蛹，6月下旬羽化。幼虫两次越冬，跨经3个年度，发育历期640~723天。成虫初见期为6月上中旬，末期为8月中下旬。成虫羽化以午后和傍晚较多，成虫白天在树洞、根际草丛及枝梢隐蔽处隐藏，夜间活动，以20:00~23:00最为活跃。成虫有趋光性。成虫羽化当天即可交配。成虫产卵于树皮缝隙内，每雌产卵50~420粒，卵期9~21天。成虫寿命2~10天。7月中旬可见初孵幼虫，初孵幼虫有群集性，先取食卵壳，后蛀入皮层、韧皮部危害。3龄后分散钻蛀木质部，隧道很不规则，常数头聚集危害。幼虫耐饥力强，中龄幼虫可达34~55天。幼虫10月下旬开始在树干内越冬。翌年5月上旬开始在蛀道内吐丝与木屑缀成薄茧化蛹。蛹期7~26天。

防治方法

农业防治　幼虫危害初期清除皮下群集幼虫。

物理防治　利用黑光灯和性诱剂诱杀。

生物防治　用芫菁夜蛾线虫水悬浮液注射于蛀孔内，剂量每毫升清水中含1000~2000条线虫。直至枝干下部连通的排粪孔流出线虫水悬液为止，2~5天后树干内的幼虫爬出树外，防效优异，注射时间北京以4月上旬至5月上旬、9月上旬至中旬效果好。

化学防治　成虫产卵期树干上喷洒25%辛硫磷胶囊剂200~300倍液、50%辛硫磷乳油400~500倍液，毒杀卵和初孵幼虫。幼虫危害期可用80%丙硫磷乳油或20%哒嗪硫磷30~50倍液注入虫孔，注至药液外流为止，施药后用湿泥封孔。

45　六星黑点蠹蛾（图2-45-1至图2-45-4）

属鳞翅目木蠹蛾科。又名白背斑蠹蛾、栎干蠹蛾、枣树截干虫、胡麻布蠹蛾、豹纹蠹蛾。

分布与寄主

分布　陕西、河北、山东、河南、江苏、上海、浙江、江西、福建、湖南、湖北、四川、云南等地。

寄主　枣、石榴、苹果、梨、柿、樱桃、核桃、板栗、桃、柳、榆等。

危害特点　幼虫蛀入枝干皮层和髓心部危害，致受害处以上枝条生长衰弱，对树体生长和开花结果影响较大。

形态诊断　成虫：雌成蛾体长18~30毫米，翅展33~46毫米，体被灰白色鳞片。触角丝状，复眼黑褐色。胸背具近圆形黑斑6个。前翅有10个椭圆形黑斑点。后翅前半部也布较小黑斑。翅脉间斑点色淡。腹部赤褐色，每节均生宽的黑横带，腹部各节有3块黑斑。雄蛾体长18~23毫米，触角黑色，基半部双栉齿状，栉齿长，其他特征与雌蛾类似。卵：长0.9~1毫米，长椭圆形，浅黄色。幼虫：末龄幼虫体长35~65毫米，头部黑色，大颚黑色发达，前胸板、臀板黄褐至黑褐色。前胸背板前缘有1横脊状几丁质突起，边缘具齿状黑色刺突。胸部浅黄色，有的背部浅红色，各节具小黑点数个，其上着生1根短毛。蛹：长15~29毫米，浅红褐色，顶端生1颚突，腹背各节有两横排刺突。

发生规律 多数地区1年发生1代，河南2年完成1代，以幼虫在受害枝干内越冬。陕西4月中旬开始化蛹，4月底至5月中旬进入化蛹盛期，5月中旬成虫开始羽化，5月下旬进入羽化盛期并开始产卵。河南翌年5、6月间幼虫在隧道内吐丝做茧化蛹，成虫7月羽化。河北越冬幼虫于4月下旬开始取食，有的还转移至新枝上蛀孔危害，6月中旬化蛹，蛹期17~24天，6月下旬羽化，7月中下旬进入羽化盛期，8月仍可见到成虫。成虫趋光性强，多在下午羽化，成虫寿命2~7天。卵多成堆产在中龄枝干树皮上，每雌产卵596~1772粒，每堆100~300粒，卵期15天左右。初孵幼虫爬行迅速，受惊吐丝下垂。幼虫从幼嫩枝芽腋处蛀入危害，低龄幼虫取食幼嫩枝条的维管束，随虫龄增大，幼虫多转移危害枝条嫩尖的髓心处，从尖端分段下移，并蛀入皮层。大龄幼虫蛀害木质部及髓心部分，蛀孔大。常导致枝干萎枯死，果实脱落。老熟幼虫在受害枝的最后蛀害的隧道里作1蛹室，咬一圆形只留皮层的羽化孔，做茧化蛹。近羽化时，顶破羽化孔，伸出半截蛹体开始羽化，蛹皮留在羽化孔处。

防治方法

农业防治 幼虫化蛹至羽化前，及时剪掉干枯的枝条，2~7月发现园内有枯黄枝叶也应及时剪除，集中烧毁。坚持2年可基本控制其危害。

生物防治 小茧蜂在越冬后的幼虫体上可连续繁殖两代，在剪拾有虫枝条内，常有一定数量寄生蜂，将虫枝分捆立于林地内，让蜂自然扩散，待5月上旬害虫化蛹后，收集虫枝烧毁，消灭虫枝中害虫。

化学防治 在卵孵化盛期，初孵幼虫蛀入枝、干危害前，喷洒3%乙酰甲胺磷或50%二嗪磷乳油1000~1500倍液，能收到良好的杀虫效果。在幼虫初蛀入韧皮部时，用40%毒死蜱柴油液（1∶9）或50%二嗪磷乳油柴油溶液涂虫孔，杀虫率可达100%。

46 黑蝉（图2-46-1至图2-46-12）

属同翅目蝉科。又名蚱蝉。俗名蚂吱嘹、知了、蜘蟟。

分布与寄主

分布 广东、广西、福建、江西、江苏、浙江、安徽、上海、湖北、湖南、山东、河南、河北、北京、内蒙古、陕西、四川、贵州、海南、云南等地。

寄主 石榴、苹果、葡萄、梨、桃、杏、李、樱桃、荔枝、柑橘、龙眼、枇杷、凤凰木、杨、柳、榆等多种果树、林木、花卉。

危害特点 成虫刺吸枝条汁液,并产卵于一年生枝条木质部内,造成枝条枯萎而死。若虫生活在土中,刺吸根部汁液,削弱树势。

形态诊断 成虫:雌体长40~44毫米,翅展122~125毫米;雄体长43~48毫米,翅展120~130毫米。体黑色,有光泽,被金色绒毛。复眼淡赤褐色,头中央及颊的上方有红、黄色斑纹。中胸背板宽大,中间高并具有"×"形隆起。翅透明,基部烟黑色;体腹面黑色;足淡黄褐色,腿节的条纹、胫节的基部及端部黑色;腹部第一、二节有鸣器,腹盖不及腹部的一半。雌虫无鸣器,有听器,腹盖很不发达,腹部刀状产卵器甚明显。雄虫作"吱"声长鸣。卵:长椭圆形,腹面略弯,白色,有光泽,长约2.5毫米,宽约0.5毫米。若虫:初孵若虫乳白色,随虫龄增大,渐至黄褐色。末龄若虫体长30~37毫米,黄褐色。前足开掘式,能爬行。翅芽非常发达。

发生规律 经4~5年完成1代,以卵于树枝内及若虫于土中越冬。越冬卵于第二年春天孵化,卵历期半年以上。若虫孵出后,潜入土中,吸食树木根部汁液,秋凉后则钻入深土中越冬,春暖后又向上迁移至树根附近活动,在土中生活12~13年。若虫老熟后于6~8月出土羽化,羽化盛期为7月。当日平均气温22℃、雨后初晴,土壤潮湿、表土松软时利于若虫出土。每天夜间若虫出土高峰时间为20:00~24:00。若虫出土孔圆形,直径10~15毫米;出土后爬行寻找树干和草茎,上爬高度1~3米处,用爪及前足的刺固着于树皮上,不食不动,2~3小时后蜕皮羽化为成虫。成虫羽化后,栖息于树木枝干上,雄虫自黎明前开始至傍晚后,甚至月光明亮的夜晚,不停的鸣叫,终日"吱吱"之声不绝于耳,气温愈高,吱声愈响。成虫夜间有趋光扑火的习性。每只雌虫产卵500~1000粒。产卵于4~7毫米左右粗的新嫩梢木质部内,产卵带长达30厘米左右,呈不规则螺旋状排列,每枝产卵数粒至上百粒。成虫寿命60~70天。产卵伤口深及木质部,受害枝条干缩翘裂,3~5天后枯萎;卵粒随风雨落入地面,群众称之为"雷震子"。卵孵化为若虫转入土层吸食根液长达十二三年,再出土、羽化、产卵完成一个世代周期。若虫在土层中分布深度为50~80厘米,最深者可达2米。若虫针管状口器刺入根系皮层内吸食根液,多年危害树木。

防治方法

农业防治 在雌虫产卵期,及时剪除产卵萎蔫枝梢,集中烧毁。利用若虫出土附在树干上羽化的习性和若虫可食的特点,发动群众于夜晚捕捉食用。

物理防治 利用成虫趋光扑火习性,在成虫发生期于夜间在园内或园周围或防护林内堆草点火,同时摇动树干诱使成虫扑火自焚。

化学防治 产卵后入土前,喷洒40%辛硫磷乳油1000倍液、2.5%溴氰菊酯乳油2000倍液等防治。

47 草履蚧（图2-47-1至图2-47-12）

属同翅目绵蚧科。又名草履硕介、草鞋介壳虫、柿草履蚧。

分布与寄主

分布 河北、河南、山西、山东、陕西、青海、内蒙古、浙江、江苏、上海、福建、湖北、贵州、云南、四川、西藏等地。

寄主 石榴、柿、无花果、荔枝、柑橘、苹果、梨、山楂、桃、李、杏、樱桃、枣、板栗、核桃等。

危害特点 若虫和雌成虫刺吸嫩枝芽、叶、枝干和根的汁液，削弱树势影响产量和品质，重者枯死。

形态诊断 成虫：雌体长10毫米，扁平椭圆形，背面隆起似草鞋，体上淡灰紫色，周缘淡黄。体被白蜡粉和许多微毛。触角黑色被细毛，丝状，9节较短。胸足3对发达，黑色被细毛。腹部8节，腹部有横皱褶和纵沟。雄体长5~6毫米，翅展9~11毫米，头胸黑色，腹部深紫红色，触角念珠状10节，黑色，略短于体长，鞭节各亚节每节有3个珠，上环生细长毛。前翅紫黑至黑色，前缘略红；后翅特化为平衡棒。足黑色被细毛。腹末具4个较长的突起，性刺褐色筒状较粗微上弯。卵：椭圆形，长1~1.2毫米，淡黄褐色光滑，产于卵囊内。卵囊长椭圆形，白色绵状，每囊有卵数十至百余粒。若虫：体形与雌成虫相似，体小色深。雄蛹：褐色，圆筒形，长5~6毫米，翅芽1对达第2腹节，外被白色绵状物。

发生规律 1年发生1代，以卵和若虫在寄主树干周围土缝和砖石块下或10~12厘米土层中越冬。卵1月底开始孵化，若虫暂栖居卵囊内，寄主萌动开始出土上树，河南许昌为2月至3月上旬；河北昌黎3月间。先集中于根部和地下茎群集吸食汁液，随即陆续上树，初多于嫩枝、幼芽上危害，行动迟缓，喜于皮缝、枝叉等隐蔽处群栖。稍大喜于较粗的枝条阴面群集危害。雄若虫脱2次皮后老熟，于土缝和树皮缝等隐蔽处分泌绵絮状蜡质茧化蛹，蛹期10天左右；雌若虫脱3次皮羽化为成虫。5月中旬至6月上旬为羽化期，交配后雄虫死亡，雌虫继续危害至6月陆续下树入土分泌卵囊，产卵于其中，以卵越夏越冬。雌虫多在中午前后高温时下树，阴雨天、气温低时多潜伏皮缝中不动。天敌有红环瓢虫、暗红瓢虫。

防治方法

农业防治 雌成虫下树产卵时，在树干基部挖坑，内放杂草等诱集产卵，后集中处理。阻止初龄若虫上树。将树干老翘皮刮除10厘米宽1周，上涂胶或废机油，隔10~15天涂1次，共涂2~3次，注意及时清除环下的若虫。树干光滑者可直接涂。

生物防治 保护利用自然天敌。

化学防治 若虫发生期尚未分泌蜡粉时,喷洒48%哒嗪硫磷乳油1500倍液或2.5%溴氰菊酯乳油1000倍液、5%乙氰菊酯乳油2000~4000倍液。隔7~10天1次,连续防治3~4次。

48 角蜡蚧(图2-48-1,图2-48-2)

属同翅目蚧科。又名角蜡虫。

分布与寄主

分布 黑龙江、辽宁、河北、河南、山东、陕西、山西、江苏、安徽、浙江、上海、江西、湖北、湖南、福建、广东、广西、贵州、云南、四川等地。

寄主 梨、石榴、柿子、柑橘、枇杷、柠檬、龙眼、杧果、苹果、桃、李、杏、桑等。

危害特点 以成虫、若虫危害枝干。受此蚧危害后叶片变黄,树干表面凸凹不平,树皮纵裂,致使树势逐渐衰弱,排泄物常诱致煤污病发生,严重者枝干枯死。

形态诊断 成虫:雌短椭圆形,长6~9.5毫米,宽约8.7毫米,高5.5毫米,蜡壳灰白色,死体黄褐色微红。周缘具角状蜡块:前端3块,后端1块圆锥形较大如尾,背中部隆起呈半球形。触角6节,第3节最长。足短粗,体紫红色。雄体长1.3毫米,赤褐色,前翅发达,短宽微黄,后翅特化为平衡棒。卵:椭圆形,长0.3毫米,紫红色。若虫:初龄扁椭圆形,长0.5毫米,红褐色;2龄出现蜡壳,雌蜡壳长椭圆形,乳白微红,前端具蜡突,两侧每边4块,后端2块,背面呈圆锥形稍向前弯曲;雄蜡壳椭圆形,长2~2.5毫米,背面隆起较低,周围有13个蜡突。雄蛹:长1.3毫米,红褐色。

发生规律 1年发生1代,以受精雌虫于枝上越冬。翌春继续危害,6月产卵于体下,卵期约7天。若虫期80~90天,雌脱3次皮羽化为成虫,雄脱2次皮为前蛹,进而化蛹,羽化期与雌同,交尾后雄虫死亡,雌继续危害至越冬。初孵若虫雌多于枝上固着危害,雄多到叶上主脉两侧群集危害。每雌产卵250~3000粒。卵在4月上旬至5月下旬陆续孵化,刚孵化的若虫在母体下停留片刻后,从母体下爬出分散在嫩叶、嫩枝上吸食危害,5~8天脱皮为2龄若虫,同时分泌白色蜡丝,在枝上固定。在成虫产卵和若虫刚孵化阶段,降雨量大小对种群数量影响很大。但干旱对其影响不大。

防治方法 防治有利时期是雌虫越冬期和夏季若虫前期,黄淮地区一般在4月中下旬,物候以当地刺槐花开季节。

农业防治 从11月至翌年3月刮刷树皮裂缝中的越冬雌成虫,剪除虫枝,严冬季节如遇雨雪天气,枝条上结有较厚的冰凌时,及时敲打树枝震落冰凌,可将越冬雌虫随冰凌震落。

生物防治 利用天敌长盾金小蜂、姬小蜂、瓢虫等防治。

化学防治 在4月中下旬叶面喷洒25%噻嗪酮可湿性粉剂1500~2000倍液；在6月末7月初，喷洒50%甲萘威可湿性粉剂400~500倍液或50%丙硫磷乳油1000倍液等。秋后或早春喷洒5%的柴油乳剂，由于柴油能溶解蜡壳，杀虫效果很好。

㊾ 红蜡蚧（图2-49-1至图2-49-3）

属同翅目蜡蚧科。

分布与寄主

分布　除东北、西北部分地区外，几遍全国各地。

寄主　柑橘、石榴、柚、茶、荔枝、龙眼、猕猴桃、枇杷、杨梅、杧果、无花果、柿等60余种植物。

危害特点
若虫在枝条或叶背吸食植物汁液，致使叶萎黄干枯，并易诱发煤污病。

形态诊断
成虫：雌体长2.5毫米，卵形，背面向上隆起。触角6节。口器较小，位于前足基节间。足小，胫节略粗，跗节顶端变细。前胸、后胸气门发达喇叭状。气门刺近半球形，其中一刺大，端尖，散生4~5个较大的刺及一些小的半球形刺。在阴门四周有成群的多孔腺。体背边缘具复孔腺集成的宽带，中部集成环状。肛板近三角形，臀裂后端边缘具长刺毛4~5根。虫体外蜡质覆盖物形似红小豆。成虫的4个气门具白色蜡带4条上卷，介壳中央具一白色脐状点。雄成虫体暗红色，口器黑色，6个单眼，触角10节，浅黄色，翅半透明白色。卵：椭圆形，浅紫红色。若虫：扁平椭圆形，红褐色至紫红色。

发生规律
1年发生1代，以雌成虫在茶树枝上越冬，翌年5月下旬雌成虫开始产卵，每雌平均产卵约200粒，6月初若虫开始出现，若虫孵化期长达21~35天。8月下旬至9月上旬雄成虫羽化。

防治方法

农业防治　及时剪除有虫枝叶，集中烧毁。合理整形修剪，培养健壮树势，改善通风透光条件，可减少发生。

化学防治　6月若虫孵化期连续喷洒50%马拉硫磷乳油1000倍液或5.7%氟氯氰菊酯乳油3000倍液及其他菊酯类杀虫剂，隔10天左右1次，防治3~4次。

㊿ 斑衣蜡蝉（图2-50-1至图2-50-14）

属同翅目蜡蝉科。又名椿皮蜡蝉、斑衣、樗鸡、红娘子等。

分布与寄主

分布　辽宁、甘肃、陕西、山西、北京、河北、河南、山东、安徽、江苏、上海、浙江、江西、湖北、湖南、福建、台湾、广东、广西、四川、云南等地。

寄主 猕猴桃、石榴、核桃、李、海棠、葡萄、山楂、桃、杏、苹果、核桃、梨、无花果等。

危害特点 成虫、若虫刺吸枝、叶汁液，排泄物常诱发煤污病，削弱树势，严重时引起茎皮枯裂，甚至死亡。

形态诊断 成虫：体长15~20毫米，翅展39~56毫米，雄较雌小，基色暗灰泛红，体翅上常覆白蜡粉。头顶向上翘起呈短角状，触角刚毛状3节红色，基部膨大。前翅革质，基部2/3淡灰褐色，散生20余个黑点，端部1/3暗褐色，脉纹纵向整齐，色淡。后翅基部1/3红色，上有6~10个黑褐斑点，中部白色半透明，端部黑色。卵：长椭圆形，长3毫米左右，状似麦粒，背面两侧有凹入线，使中部形成一长条隆起，隆起之前半部有长卵形之盖。卵粒排列成行，数行成块，每块有卵数十粒，上覆灰色土状分泌物。若虫：与成虫相似，体扁平，头尖长，足长。1~3龄体黑色，布许多白色斑点。4龄体背面红色，布黑色斑纹和白点，具明显的翅芽于体侧，末龄体长6.5~7毫米。

发生规律 1年发生1代，以卵块于枝干上越冬。翌年4~5月陆续孵化。若虫喜群集嫩茎和叶背危害，若虫期约60天，蜕皮4次羽化为成虫，羽化期为6月下旬至7月。8月开始交尾产卵，多产在枝杈处的阴面。以卵在枯叶和树皮裂缝中越冬。成虫、若虫均有群集性，较活泼、善于跳跃。受惊扰即跳离，成虫则以跳助飞。多白天活动危害。成虫寿命达4个月，危害至10月下旬陆续死亡。

防治方法

农业防治 发生严重地区，摘除卵块消灭。

化学防治 结合防治其他害虫兼治此虫，可喷洒常用菊酯类、有机磷等及其复配药剂，常用浓度均有较好效果。由于若虫被有蜡粉，所用药液中混用含油量0.3%~0.4%的柴油乳剂或黏土柴油乳剂，可显著提高防效。

51 白蛾蜡蝉（图2-51-1至图2-51-5）

属同翅目蛾蜡蝉科。又名紫络蛾蜡蝉、白翅蜡蝉、白鸡。

分布与寄主

分布 广东、广西、福建、湖北、湖南等地。

寄主 荔枝、龙眼、石榴、洋蒲桃、蒲桃、桃、李、梨、梅、柑橘、杧果、番木瓜等。

危害特点 成虫、若虫吸食枝条和嫩梢、嫩叶汁液，使其生长不良，叶片萎缩而弯曲，重者枝枯果落。排泄物可诱致煤污病发生。

形态诊断 成虫：体长19~21.3毫米，碧绿或黄白色，被白色蜡粉。头尖，触角刚毛状，复眼圆形，黑褐色。中胸背板上具3条纵脊。前翅略呈三角形，粉

第2章 石榴害虫诊断与防治

绿或黄白色，具蜡光，翅脉密布呈网状，翅外缘平直，臀角尖而突出。径脉和臀脉中段黄色，臀脉中段分支处分泌蜡粉较多，集中于翅室前端成一小点。后翅白或淡黄色，半透明。卵：长椭圆形，淡黄白色，表面具细网纹。若虫：体长8毫米，白色，稍扁平，全体布满棉絮状蜡质物，翅芽末端平截，腹末有成束粗长蜡丝。

发生规律 1年发生2代，以成虫在枝叶间越冬。翌年2~3月越冬成虫开始活动，取食交尾，产卵于嫩枝、叶柄组织中，互相连接成长条形卵块，产卵期较长，3月中旬至6月上旬为第一代卵发生期，6月上旬始见第一代成虫，7月上旬至9月下旬为第二代卵发生期，第二代成虫9月中旬始见，危害至11月陆续越冬。初孵若虫群聚嫩梢上危害，随生长渐分散为3~5头小群活动危害。成虫、若虫均善跳跃。4~5月和8~9月为一、二代若虫盛发期。

防治方法

农业防治　剪除有虫枝条，集中烧毁。用捕虫网捕杀成虫。

化学防治　于成虫产卵前、产卵初期或若虫初孵群集未分散期喷洒80%丙硫磷乳油或40%毒死蜱乳油1000倍液、2.5%溴氰菊酯乳油2000~2500倍液、10%氯氰菊酯乳油2000倍液、48%哒嗪硫磷乳油1500倍液等。

52 八点广翅蜡蝉（图2-52-1至图2-52-4）

属同翅目广翅蜡蝉科。又名八点蜡蝉、八点光蝉、八斑蜡蝉、橘八点光蝉、咖啡黑褐蛾蜡蝉、黑羽衣、白雄鸡。

分布与寄主

分布　安徽、山西、陕西、河南、江苏、江西、云南、贵州、四川、湖南、湖北、浙江、福建、广东、广西、海南和台湾等地。

寄主　石榴、桃、李、茶、山楂、苹果、板栗、樱桃、柿、枣、柑橘、梅、咖啡、可可、油桐、苦楝、杨、柳、刺槐、玫瑰、迎春花、桂花等树种。

危害特点　成虫、若虫喜于嫩枝上和芽、叶上刺吸寄主汁液；排泄物易引发病害；雌虫产卵时将产卵器刺入嫩枝茎内，破坏枝条组织，被害嫩枝轻则叶枯黄、长势弱，难以形成叶芽和花芽，重则枯死。

形态诊断　成虫：体长6~7毫米，翅展18~27毫米，头胸部黑褐色，足和腹部褐色，有些个体腹基部及足为黄褐色。复眼黄褐色，单眼2个红棕色。额区中脊明显，侧脊不明显。触角刚毛状，短小。前胸背板具中脊1条，小盾片具纵脊5条，其中央3条在基部汇合。翅革质密布纵横脉呈网状，前翅宽大，略呈三角形，翅面被稀薄白色蜡粉，翅上具灰白色透明斑5~6外，其中前缘斑下2个一大一小，亚顶角处有1斑较小，外缘有2个斑较大，翅斑常有一定变化。后翅半透明，翅脉煤褐色明显，中室端有1白色透明斑，外缘前半部有1列半圆形小的白色透明斑，分布于脉间。卵：长卵圆形，乳白色，长1.2~1.4毫米。若虫：低龄为乳白色，近羽化时一些个体背部出现褐色斑纹。成龄体长5~6毫米，宽3.5~4毫米，体略呈钝菱形，翅芽处最宽，暗黄褐色，体疏被白色蜡粉。腹部末端有4束白色绵毛状蜡丝，呈扇状伸出，中间一对略长。蜡丝覆于体背以保护身体，常可作孔雀开屏状，向上直立或伸向后方。

发生规律　1年发生1代，以卵在当年生枝条里越冬。若虫5月中下旬至6月上中旬孵化，低龄若虫白天群集于嫩枝叶上吸汁危害，常数头在一起排列枝上，4龄后散害于枝梢叶果间；爬行迅速善于跳跃；若虫共5龄，若虫期40~50天。7月上旬成虫羽化，10月果园中仍可看到成虫活动。成虫寿命50~70天，飞行力较强且迅速。初羽化成虫色浅，半日后颜色加深至正常态，8~9天即可交尾产卵。单雌可产卵4~5次，每次间隔6~8天，产卵期30~40天，单雌产卵120~160粒。卵产于当年生枝木质部内，雌虫将产卵器刺破皮层，刺成深达木质部的伤痕穴，产卵其中，以直径4~5毫米粗的枝背面光滑处落卵较多，每一穴点产1粒卵，卵粒常彼此相邻排成10~35毫米长块；产卵孔排成一纵列，孔外带出部分木丝并覆有白色絮状蜡丝，极易发现与识别；卵快孵化时蜡丝脱落，露现卵粒，可见浅灰色卵端的红色眼点。卵期270~330天。成虫有趋聚产卵的习性，虫量大时被害枝上刺满产卵迹痕。

防治方法

农业防治　冬季结合整形修枝，剪除被害产卵枝梢集中烧毁，减少翌年虫源。

化学防治　果园成虫、若虫数量不多时，不必单独防治。如虫量多时，在6月中旬至7月上旬若虫羽化危害期，喷洒48%哒嗪硫磷乳油1000倍液或10%吡虫啉可湿性粉剂3000~5000倍液、5%氟氯氰菊酯乳油2000~2500倍液等。由于该虫虫体被有蜡粉，所用药液中如能加入混合有含油量0.3%~0.4%的柴油乳剂或黏土柴油乳剂，可显著提高防效。

53　铜绿金龟（图2-53-1至图2-53-6）

属鞘翅目丽金龟科。又名淡绿金龟子、铜绿丽金龟、青金龟子。俗称铜克螂、金克螂、瞎碰等。

分布与寄主

分布　河南、河北、山东、山西、陕西、安徽、江苏、江西、上海、浙江、福建、台湾、广西、四川、辽宁、黑龙江、吉林、辽宁、内蒙古、北京、天津等地。

寄主　石榴、核桃、梨、苹果、杏、葡萄、海棠、枇杷、荔枝、龙眼、杨、柳、榆及大豆、向日葵等，成虫食性很杂。

危害特点 成虫主要危害苗木、树木的嫩叶和幼芽及花器，食叶成孔洞或缺刻，顶芽被害后，主茎停止生长。幼虫危害地下组织。

形态诊断 成虫：体长15~18毫米，宽8~10毫米，体铜绿色，有闪光。头部较大，深铜绿色，唇基褐绿色，前缘向上卷，复眼黑色大而圆。触角9节，黄褐色。前胸背板发达，前缘呈弧形内弯，侧缘后缘呈弧形外弯。前角锐，后角钝，背板为闪光绿色，密生点刻，两侧边缘有1毫米宽黄褐边，前缘有膜状缘。鞘翅为黄铜绿色，有光泽，并有不甚明显隆起带，会合处隆起带较明显。胸部腹板黄褐色有细毛。腿节为黄褐色，胫节、跗节为深褐色。前足胫节外侧具2齿，对面生一棘刺。跗节5节，端部生1对不等大的爪。前、中足的爪，一个端部分叉，一个不分叉，后足的爪均不分叉。腹部米黄色，有光泽，臀板三角形，上有一个三角形黑斑。雌虫腹面乳白色，末节为一棕黄色横带，生殖孔前缘中央不向前凹陷，而雄虫生殖孔前缘中央向前凹陷。卵：椭圆形，长2.34毫米，宽2.16毫米，乳白色。幼虫：末龄体长32毫米左右，头宽平均4.8毫米。头部前顶毛每侧各为8根，后顶毛10~14根，下颚叶愈合。前爪大，后爪小。臀节腹面具刺毛列，每列多由13~14根长锥刺组成，两列刺尖相交或相遇，其后端稍向外岔开。钩状毛分布在刺毛列周围，肛门孔横裂状。蛹：体长22~25毫米，宽为11毫米，淡黄色，体稍弯曲。

发生规律 1年发生1代。以幼虫在土内越冬。翌春3月上到表土层，5月老熟幼虫化蛹，蛹期7~11天，5月下旬始见成虫，6月上旬至7月上中旬进入危害盛期，危害期40天左右。6月下旬至7月中旬进入产卵盛期，卵期7~13天，6月中旬至7月下旬幼虫孵化，危害至深秋气温降低时下移至深土层越冬。成虫羽化后3天出土，于傍晚18：00~19：00飞出，进行交尾产卵并食叶危害，飞翔力强，以晚20：00~22：00达高峰。交尾前在树干上爬上爬下活泼异常，大量取食，交尾方式为背负式，时间不足1小时。直至凌晨3：00~4：00飞离果树或苗木，重新到土中潜伏。成虫喜欢栖息在疏松潮湿的土壤里，潜伏深度一般在7厘米左右。成虫有较强的趋光性和假死性。雌成虫交尾后3天开始产卵，卵多散产在4~14厘米土层中，每头产卵20~30粒，卵期10天左右。成虫寿命25~30天。7月间出现新一代低龄幼虫，幼虫在土壤中钻蛀，危害地下根部，10月上中旬，幼虫大部分达3龄期，食量很大，随温度下降，幼虫在土中开始下迁越冬，第二年4月份又继续危害。幼虫老熟后多在5~10厘米土室化蛹，化蛹时蛹皮从体背裂开脱下，且皮不皱缩。

防治方法

农业防治 冬前深耕苗圃地，利用冰冻、日晒、鸟食消灭越冬幼虫。

物理防治 利用成虫的假死性，于傍晚进行人工捕杀；利用成虫趋光性，在苗圃地用黑光灯、频振式杀虫灯诱杀。

化学防治 基肥里全面喷洒50%辛硫磷乳油或20%辛·阿乳油、20%甲氰菊

酯乳油1000~1500倍液等，搅拌混匀，触杀幼虫。成虫发生危害期，叶面喷洒15%辛·阿乳油或90%晶体敌百虫800~1000倍液、10%氯氰菊酯乳油1500~2000倍液、5%顺式氰戊菊酯乳油2000~3000倍液等触杀成虫。

54 杨白片盾蚧（图2-54-1至图2-54-3）

属同翅目盾蚧科。又名梨白片盾蚧、梨长白蚧、日本长白蚧。

分布与寄主

分布　华北、东北、华东、华中、华南等地。

寄主　杨、石榴、梨、苹果、花椒、李、柑橘、核桃、山楂、樱花、黄刺玫、女贞、皂角、榆、槐等果林和花卉。

危害特点　成虫、若虫吸食寄主汁液，严重受害部位树皮颜色粉白色或灰黑色，出现许多纵向裂缝，受害树常布满介壳不见树皮，导致树体生长势弱。

形态诊断　介壳：雌介壳暗棕色，纺锤形，长1.68~1.80毫米，其上有一厚层不透明的白蜡，壳点1个，在头端突出，介壳直或略弯。雄介壳长形、白色，壳点在头端突出，比雌介壳略小。成虫：雌体长纺锤形，长1.2毫米左右。淡紫色。体节明显。腹末黄色。体两侧各有1列圆锥状齿突。臀叶2对，发达，呈尖锥状，臀栉细长刷状，臀板上有8对硬化斑，围阴腺5群。雄体长1毫米左右，翅展2毫米左右。全体紫褐色，触角淡紫色，翅白色透明，性刺黄色。若虫：长椭圆形，略扁平，长0.3毫米左右，宽0.1毫米左右，两端较钝。体淡紫色，足和触角白色。蛹：长形，淡紫棕色。

发生规律　北京1年发生2代，以若虫在石榴（寄主）枝、干上越冬。翌年4月初，雄若虫开始化蛹，4月中旬羽化为成虫，多在树皮上爬动，寻找雌虫交尾。5月上旬雌虫产卵于介壳下，单雌平均产卵30多粒，产卵期较长。5月下旬、6月上旬孵化，初孵若虫在树干或枝条上爬动，选择适宜处固着不动，吸取树体养分，并逐渐形成介壳。严重受害部位，树皮颜色为粉白色或灰黑色，出现许多纵向裂缝。雄若虫于6月下旬化蛹，7月下旬、8月上旬羽化为成虫。雌、雄成虫交尾后，于8~9月产卵，8月底至9月第二代若虫孵化并危害，10月末以若虫于介壳下越冬。因产卵期较长，故第一代卵以后各虫态很不整齐。浙江、湖南1年发生3代，以若虫和预蛹在枝干上越冬，各代若虫始期分别为5月上旬、7月上旬和8月下旬，盛期分别为5月下旬、7月下旬、8月上旬和9月中旬、10月上旬。天敌有寄生蜂和瓢虫。

防治方法

农业防治　加强综合管理，增强树势，提高抗病虫能力。剪除介壳虫危害严重枝，放空地上待天敌飞出后再行烧毁。亦可刷除枝干上密集的蚧虫。

生物防治　保护引放天敌。

化学防治 以若虫分散转移期施药防效最佳,可用50%马拉硫磷乳油600~800倍液、80%丙硫磷乳油800倍液;或矿物油乳剂,夏秋季用含油量0.5%,冬季用3%~5%;或松脂合剂,夏秋季用18~20倍液,冬季8~10倍液,松脂合剂配比为烧碱2:松香3:水10。若化学农药和矿物油乳剂混用效果更好,对已分泌蜡粉、形成蜡壳者亦有防治效果。

55 棉铃虫(图2-55-1至图2-55-7)

属鳞翅目夜蛾科。又名棉桃虫、钻心虫、青虫、棉铃实夜蛾等。

分布与寄主

分布 全国各产区。

寄主 石榴、枣、梨、桃、柑橘等多种果树、林木和农作物的为杂食性害虫。

危害特点 初孵幼虫先危害嫩叶尖并蛀食蕾花、稍大后蛀食果实成孔洞,致枣果脱落;幼虫也取食嫩梢和叶片,造成缺刻和孔洞。

形态诊断 成虫:体长14~18毫米;翅展30~38毫米;头、胸腹部淡灰褐色,前翅灰褐色,肾形纹及环状纹褐色,肾形纹外缘有褐色宽横带,外缘各脉间有小黑点;后翅淡褐色至黄白色,外缘有一褐色宽带,宽带中部有2个淡色斑。卵:半球形,0.44~0.48毫米,乳白至深紫色。幼虫:老熟幼虫体长30~42毫米,体色因食物及环境不同而变化,有淡绿、淡红至红褐或黑紫色等,以绿色和红褐色较为常见。绿色型,体绿色,背线和亚背线深绿色,气门线浅黄色;红褐色型,体红褐或淡红色,背线和亚背线淡褐色,气门线白色;腹部各节背面有许多小毛瘤,上生褐色或灰色小刺毛。蛹:长17~21毫米,黄褐色。

发生规律 北京、内蒙古、新疆等地1年发生3代、华北4代,长江流域及其以南地区5~7代,以蛹在土中越冬。华北翌年4月中下旬至5月中旬羽化。5月上中旬第一代幼虫发生,主要危害麦类等早春作物。7月至9月上中旬第二、三、四代幼虫发生,世代重叠,均对枣树造成危害。成虫昼伏夜出,对黑光灯、萎蔫的杨树枝把有强烈趋性。卵散产于嫩叶或果实上。每雌产卵持续7~13天,单雌产卵100~1000余粒,卵期3~4天。低龄幼虫取食嫩叶,2龄后蛀果,蛀孔较大,外面常留有虫粪。幼虫期15~22天,老熟后入土,于3~9厘米土层内化蛹。天敌有姬蜂、跳小蜂、胡蜂及多种鸟类。

防治方法

农业防治 冬春季及生长季节勤耕翻园地,消灭地下蛹。果园附近避免种植棉花、玉米等棉铃虫易产卵的作物,以减少着卵量。于早晨或阴天,发现有新鲜虫粪时人工捕捉或放养鸡、鸭啄食之。

诱杀成虫 利用黑光灯、杨柳树枝或性诱剂诱杀成虫。利用杨柳树枝诱杀

成虫方法简便易行，方法是于傍晚将杨柳枝把，按亩20束的密度插于枣园内，早晨检查并杀灭于枝上栖息的成虫，每隔5天换一次杨柳枝把，将旧枝烧掉，以消灭产在上面的卵。

生物防治 用Bt乳油、HD-1苏云金杆菌制剂或棉铃虫核型多角体病毒稀释液喷雾，有较好效果。保护利用天敌防治。

化学防治 关键时期是从卵孵化盛期至二龄幼虫蛀果前。可喷洒90%晶体敌百虫或50%辛硫磷乳油、50%杀螟硫磷乳油1000倍液、5%除虫脲乳油1500~2000倍液、5.7%氟氯氰菊酯乳油4000倍液、2.5%氯氰菊酯乳油3000倍液、2.5%联苯菊酯乳油3000倍液等。注意轮换用药，以免棉铃虫产生抗性降低药效。

56 柑橘小食蝇（图2-56-1至图2-56-8）

属双翅目实蝇科。又名橘小实蝇、橘小食蝇、东方果实蝇。俗称针锋、果蛆、黄苍蝇。在我国被列为国内外检疫对象。

分布与寄主

分布 海南、广东、广西、福建、四川、湖北、湖南、江西等产区，近年在河南、山东、安徽、陕西、山西等石榴产区也有发生。

寄主 石榴、柑橘、杧果、番石榴、番荔枝、桃、阳桃、枇杷等250余种水果和蔬菜。

危害特点 幼虫在果内取食危害，常使果实未熟先黄脱落，即使不落，其果肉也必腐烂不堪食用，严重影响产量和质量。

形态诊断 成虫：体长6~8毫米，翅展14~18毫米，翅透明，翅脉黄褐色，有三角形翅痣。全体深黑色和黄色相间。胸部背面大部分黑色，但黄色的"U"字形斑纹十分明显。腹部黄色，第一、二节背面各有一条黑色横带，从第三节开始中央有一条黑色的纵带直抵腹端，构成一个明显的"T"字形斑纹。腹部椭圆形，雄虫为4节，雌虫5节，产卵管发达，长度不足腹部一半，后端狭小部分短于第五腹节。卵：梭形，长约1毫米，宽约0.1毫米，乳白色，一端稍尖，微弯，尾端较圆钝。幼虫：1龄幼虫体长1.2~1.3毫米，2龄幼虫体长2.5~5.8毫米，3龄老熟幼虫长7.0~11.0毫米。1龄幼虫体半透明，2、3龄幼虫微乳白色，3龄以后的老熟幼虫口钩和头咽骨黑色，蛆形，前端小而尖，体黄白色。蛹：椭圆形，长3~5毫米，宽1.5~2.5毫米。化蛹时颜色逐渐由白色转为淡黄色，最后变为棕黄色。前端有气门残留的突起，后端气门处稍收缩。

发生规律 华南地区每年发生9~12代，无明显的越冬现象；在有明显冬季的地区以蛹越冬。在各产区均有世代重叠现象。成虫羽化后需成长一段时间，以补充营养，喜取食蚧、蚜、粉虱等害虫的排泄物以补充蛋白质，促进性发育成熟后交配产卵。成虫期夏季约10~20天，秋季25~30天，冬季3~4个月。成虫产卵于将近成熟的果皮内，每处5~10粒不等。每头雌虫产卵400~1000粒。卵期夏秋季1~2天，冬季3~6天。幼虫孵化后即在果内取食果肉为害，并在其中发育成长。幼虫期在夏秋季为7~12日，冬季13~20日。幼虫老熟后便从果实中钻出，弹跳落地入土化蛹，入土深度3~7厘米。蛹期夏秋季8~14日；冬季15~20日。被害果实多变黄早落，即使不落，其果肉也必腐烂不堪食用，对果实产量和质量为害极大。

冬季比较温暖的广州地区，柑橘小实蝇可终年发生。广州地区1~3月平均温度为15~20℃，柑橘小实蝇可以以卵、幼虫和成虫在果园及其他自然场所存在。气温降至14℃以下，柑橘小实蝇成虫停止活动；气温高于14℃，成虫可飞翔寻食；气温达20℃以上，柑橘小实蝇寄主食物增多，即可满足其生存和繁殖条件的需要。在广州地区柑橘小实蝇第一代成虫出现在3、4月间，5月下旬出现全年第1个成虫盛发高峰期，首先为害番石榴、杨桃、杧果、桃等；8、9月间出现全年第2个成虫盛发高峰，且是果园中的水果受害最严重的季节。

一天中，柑橘小实蝇取食、产卵和交配，多发生在上午10：00~11：00间和下午16：00~18：00间，尤其是黄昏时间交配活动更频繁。成虫一生可交配多次，产卵1000粒左右。

高湿对柑橘小实蝇的卵和幼虫发育有利，幼虫在水中可存活72~90小时；干燥对蛹的生存不利，会导致其羽化率下降。落地虫果，幼虫仍然留在受害果内，由于果实中含水量高，有利于橘小实蝇幼虫的生存，即使果实逐渐变干也不影响其生长。随被害果落地的幼虫，老熟后脱离烂果，潜入1~2厘米深的表土中化蛹，疏松的砂质土壤，幼虫化蛹可深入到6厘米左右的土层中。

防治方法

严格检疫，严防此虫随果实向非疫区传播扩散　一旦发现此虫在新产区出现，政府主管部门要采取紧急处置措施，强制性的要求果农在特定的时间采取特定的措施对橘小实蝇采取相应的防治对策，实施系统、全面的统防统治。

农业防治　①果实套袋。推荐适时套白色木浆纸袋或白色无纺布袋，既可防病虫，还可防裂果、日灼，提高果品外观质量。②虫果处理。随时摘除树上和捡拾树下虫害落果，一并烧毁或投入粪池沤浸或深埋。③冬春季耕翻树盘。利用低温冻死土中越冬虫态或鸟食害虫。

诱杀成虫　①诱捕器诱杀成虫。一是利用性引诱剂诱杀雄性成虫，此种实蝇诱捕器添加有只对柑橘小实蝇雄性成虫有引诱力的性引诱剂，将其悬挂在高度1.5米左右的寄主果树枝条上。诱杀雄性成虫，减少了雌雄成虫交配机会，而减少了雌虫产卵量，降低虫口密度。一个诱捕器诱虫半径可达800~1000米。二是果园悬挂对雌雄实蝇都有诱杀作用的诱捕器。②黄色胶黏纸。利用实蝇对黄

色有趋性的特性，在果园按一定密度悬挂黄色黏虫纸黏虫，一张黄色胶粘纸果园内1天可捕杀近15~20头柑橘小实蝇两性成虫。或用实蝇诱黏剂涂抹在黏虫板上诱黏实蝇。价廉、实用，诱杀成虫效果好。③红糖毒饵。在90%晶体敌百虫的1000倍液中，加3%红糖制得毒饵，于成虫盛发期，喷洒树冠浓密荫蔽处。隔5天1次，连续3~4次。④甲基丁香酚引诱剂。将浸泡过甲基丁香酚（即诱虫醚）加3%马拉硫磷或二嗪磷溶液的蔗渣纤维板小方块悬挂树上，每亩3~5片，在成虫发生期每月悬挂2次，毒杀小实蝇雄虫效果很好。⑤利用频振式杀虫灯诱杀成虫。

生物防治　利用寄生幼虫的切割潜蝇茧蜂、布氏潜蝇茧蜂、凡氏费氏茧蜂、长尾潜蝇茧蜂、前裂长管茧蜂、长柄俑小蜂等寄生蜂防治柑橘小实蝇。

化学防治　①地面施药。于实蝇幼虫入土化蛹或成虫羽化的始盛期用45%马拉硫磷乳油、50%二嗪磷乳油1000倍液喷洒果园地面后浅锄，每隔7天左右1次，连续2~3次；或于此期用辛硫磷颗粒剂撒施地面后浅锄，毒杀害虫。②树冠喷药。在各代成虫发生盛期及时用药，一天中喷药的最佳时间，为柑橘小实蝇在一天中最活跃的时间，即上午10：00~11：00间和下午16：00~18：00间，进行全树冠喷雾。可喷洒10%氯菊酯乳油2000~2500倍液等菊酯类杀虫剂、20%哒嗪硫磷乳油1000倍液、5%氟啶脲乳油2000倍液、3%啶虫脒乳油1500~2000倍液等。

57　井上蛀果斑螟（图2-57-1至图2-57-7）

属鳞翅目螟蛾科斑螟亚科蛀果斑螟属。

分布与寄主

分布　云南、河北、甘肃、贵州等产区。

寄主　石榴。

危害特点　幼虫蛀入石榴果实内危害。导致果实内充满虫粪，极易引起裂果和腐烂。虫果率可高达60%以上，重者80%~90%，落果率一般在30%以上。使果实失去食用价值。

形态诊断　成虫：体长9~12毫米。前翅长三角形，长8~10毫米，翅面灰黑色，翅前缘有一白色条斑，从翅基部直达外缘，白色斑中有一个小黑斑，内、外侧有2条斜线。后翅为棕灰色，较前翅色淡，上部深灰色，翅脉颜色较深，近翅缘区色更深，后翅缘毛较前翅色淡。头部下唇须基节白色，两节，端部一节暗褐色，有褐色毛环；下颚须发达，但较下唇须细，顶端尖、浅褐色，腹面白色；额部苍白色鳞片均匀覆盖，顶端略有暗褐色鳞片点缀，触角鞭节细丝状，由少量褐色与苍白色鳞片覆盖。腿节白色，腿节、胫节部分混杂有深褐色，跗节暗褐色，每跗节边缘有灰白色短边。腹部背面浅褐色，每一腹节后面边缘有灰白色鳞片；腹部腹面灰白色，基部2节深褐色。卵：椭圆形，平均长度为0.486毫米，平均宽度0.346毫米，初产乳白色，近孵化时渐变为淡粉色、粉色。幼虫：初孵幼虫通体半透明，低龄幼虫白色，也有粉色、灰色，与其生活场所、取食寄主的颜色有关。老熟幼虫体长1.0~1.2厘米，乳白色至淡黄色、粉红色或灰色；前胸背板有深褐色半环斑纹；臀板浅褐色附有黑褐色斑点；胸足浅褐色，顶端色稍深；刚毛浅褐色；毛片黑色。蛹：体长5.7~7.5毫米，体宽1.7~2.4毫米；初期淡黄色，羽化前呈深棕色。

发生规律 在云南建水完成1代需31~61天，世代重叠，以老熟幼虫或蛹在田间风干的石榴果实中越冬。成虫羽化在16：00至次日8：00，羽化高峰期集中在晚上22：00至次日1：00。成虫有趋光性，对糖醋液有趋性。卵散产于石榴的花萼、萼筒周围、果梗周围或石榴表面粗糙部，少数有2~4粒直线排列产卵；卵期1~5天，孵化后幼虫先在果面爬行一段时间，后蛀入果内，幼虫取食石榴籽粒的外种皮，也取食少量幼嫩籽核。幼虫边钻蛀边向外排出褐色颗粒粪便，所以沿粪便即可找到幼虫，一个果内多者可有5~10条幼虫。成虫在田间周年可见。在建水县，3~4月为石榴开花期，越冬虫源大量羽化，交配、产卵，5~8月果实生长期，孵化的幼虫钻入石榴果实取食、危害，幼虫期23~45天。老熟幼虫喜在新鲜石榴果实萼筒内底部较硬处、或落果表面上较大孔洞内部附近化蛹，蛹期5~7天。11月到翌年2月为石榴树休眠期，该虫也以蛹或老熟幼虫在落地虫果中越冬。不同的石榴品种受害程度不同，建水的大籽酸、细籽酸等酸石榴品种受害较重，而蒙自的甜鲁子等甜石榴品种受害较轻。树龄50年以上的老树受害重于10年以下的树。

防治方法 该虫因蛀果危害，孵化后在果外停留时间较短，一般杀虫剂无法触及杀死害虫，较难防治。但良好的农事操作、系统的田间管理及定期的化学防治对虫口的压低还是有很好的作用的。

农业防治 加强检疫，不从疫区调运苗木，从疫区调运苗木时，要进行灭虫处理。冬春季及时清园，耕翻树盘。及时捡拾石榴园的落花、落果、病虫果，集中烧毁或深埋；刮除树干上的老树皮，树干涂白灭虫、灭菌；冬春耕翻园地，利用低温或鸟食消灭越冬虫蛹

物理防治 ①成虫发生期利用黑光灯、频振式杀虫灯、糖醋液、性诱剂、色板、毒饵等诱杀成虫。②果实套袋。适期套袋，减少成虫在果面产卵蛀入果的机会，减轻危害。

生物防治 利用赤眼蜂、青蜂、茧蜂、寄生蝇及瓢虫、草蛉、食蚜瘿蚊、猎蝽、小花蝽、蜘蛛等天敌防治。

化学防治 防治该虫的有利时期应结合田间诱虫高峰，在成虫高峰后一周后的成虫产卵高峰期用药防治效果很好。可叶面喷洒90%晶体敌百虫800~1000倍液、20%氟丙菊酯乳油乳油1500~2000倍液、2.5%溴氰菊酯乳油2000~3000倍液、50%辛硫磷乳油1000倍液等。

58 白星花金龟（图2-58-1至图2-58-5）

属鞘翅目花金龟科。又名白纹铜花金龟、白星花潜、白星金龟子、铜克螂。

分布与寄主

分布 全国各产区。

寄主 柿、桃、杏、苹果、李、柑橘、石榴等。

危害特点 成虫主要危害花和果实，食花致花腐烂，果实近成熟时昼夜啃食果实，致果肉腐烂。幼虫俗称"蛴螬"，危害果树根系。

形态诊断 成虫：体长17~24毫米，宽9~12毫米，椭圆形，具古铜或青铜色光泽，体表散布众多不规则白绒斑；触角深褐色；前胸背板具不规则白绒斑；前胸背板后角与鞘翅前缘角之间有一个三角片甚显著；鞘翅宽大，近长方形，白绒斑多为横向波浪形；臀板短宽，每侧有3个白绒斑呈三角形排列。

发生规律 1年发生1代，以幼虫于土中越冬。成虫于5月上旬出现，6~7月为发生盛期，白天活动，有假死性，对酒醋味有趋性，飞翔力强，常群聚危害花、果，产卵于土中。幼虫多以腐败物为食，并危害根系。天敌有多种鸟类、深山虎甲、粗尾拟地甲、寄生蜂、寄蝇、寄生菌等。

防治方法 此虫虫源来自多方，应以消灭成虫为主。

农业防治 早、晚张单震落成虫。

生物防治 保护利用天敌。果园施用腐熟有机肥，减少幼虫的发生。

物理防治 在距地面1~1.5米高的树枝上挂细口瓶，瓶里放入2~3个白星花金龟，引诱田间白星花金龟飞到瓶口附近爬行，并掉入瓶中，每亩挂瓶40~50个捕杀效果优异。

化学防治 成虫发生期树上喷洒52.25%蜱·氯乳油或50%杀螟硫磷乳油、45%马拉硫磷乳油1500倍液、48%哒嗪硫磷乳油1200倍液、20%甲氰菊酯乳油2000倍液。

59 高粱穗隐斑螟（图2-59-1至图2-59-6）

属鳞翅目螟蛾科。又名小穗螟、高粱穗螟。

分布与寄主

分布 黄淮、华东、华南、中南等产区。

寄主 石榴、桃、梨、李、杏、山楂、板栗、柿、荔枝、无花果、枇杷、高粱、向日葵、玉米等果树和农作物，是一种杂食性害虫。

危害特点 幼虫从花或果的萼筒处钻入或从果与果、果与叶、果与枝的接触处钻入果实危害，一个果实内有1至几条虫。果实内充满虫粪，致果实腐烂并造成落果或干果挂在树上，失去食用价值。

形态诊断 成虫：体长8~9毫米，翅展11~16毫米，前翅狭长，紫褐色，上满布暗褐色小点。翅基前缘近基部的一半和内缘及中室朝外的各翅脉带深红色，前翅中央具2条下凹的宽黑纵纹及几条较细黑纹。外横线白色，横贯细黑纹间，翅外缘有小黑点6个。后翅灰白色，略透明。翅尖、内缘及各翅脉颜色略深。卵：长0.3~0.4毫米，椭圆形，扁薄，中间稍隆，表面具皱纹。幼虫：低龄幼虫黄白色，长大后变为土黄色至草绿色或灰黑色；末龄幼虫体长10~14毫米，纺锤形，体细长，背线细浅褐色，中胸到腹末体背两侧各具绿色波形纵带1条。亚背线较宽，黑褐色，腹节中央具一横纹划分为前后两部分，各具毛片2个，呈方形排列。蛹：长6~7毫米，黄褐色至红棕色，背面具刻点，腹部末节具2根靠的很近的直刺及4~6根弯钩小刺。

发生规律 黄淮地区1年发生3代，以老熟幼虫在寄主落地果实内或高粱穗茎叶鞘处结茧越冬。翌年6月下旬至7月上旬羽化为成虫，成虫有趋光性。成虫把卵散产在果面或萼筒内、或果与果、果与叶、果与树枝相接触处；7月中旬进入第一代幼虫危害盛期，幼虫期20~25天，7月下旬幼虫老熟化蛹，蛹期6~8天，7月底8月初成虫羽化；第二代幼虫危害盛期在8月中下旬。第3代幼虫发生在9月上旬至10月。幼虫发生期一个果内可有1至多条幼虫，而在高粱或玉米穗内，每穗可有虫3~5条，多的可达数十条。幼虫极活泼，行动敏捷，受触动会后退，受震动即向果内部躲藏或吐丝下垂。龄期稍大后，常吐丝结网。末龄幼虫在危害处结一薄丝筒，将籽粒粘在一起，躲在筒内危害，并在里边化蛹。被害严重果实，籽粒几乎被食一空，里面全是虫粪。

防治方法

农业防治 ①消灭越冬幼虫及蛹。在冬春季节结合管理搜集树上、树下虫果僵果及园内枯枝落叶和刮除翘裂的树皮，清除果园周围的玉米、高粱、向日葵、蓖麻等遗株进行深埋或烧毁，消灭越冬幼虫及蛹。②种植诱集作物诱杀。根据高粱穗隐斑螟对玉米、高粱、向日葵趋性强的特性，在石榴园内或四周种植诱集作物，集中诱杀。一般每亩种植玉米、高粱或向日葵20~30株。③捡拾落果，摘除虫果，消灭果内幼虫。④掏花丝。于果实坐稳、雄蕊花丝干燥后，将萼筒内花丝掏干净，减少成虫在此产卵后孵化率。

物理防治 ①果实套袋。用专用果袋于生理落果后套袋防虫，套袋前结合防治其他病虫害喷药一次，以消灭早期蛀果害虫产的卵。可不拆袋或于成熟前7~10天拆袋。套袋的好果率可达97.2%。②诱杀成虫。成虫发生期在石榴园内点黑光灯、频振式杀虫灯或放置糖醋液诱杀成虫。

化学防治 ①掌握在高粱穗隐斑螟第一、二代成虫产卵高峰期喷药，沿黄地区时间在6月上旬至7月下旬，关键时期是6月20日至7月30日、8月中下旬，施药次数3~5次。可叶面喷洒杀螟杆菌50倍液、90%晶体敌百虫800~1000倍液、

20%氟丙菊酯乳油乳油1500~2000倍液、2.5%溴氰菊酯乳油2000~3000倍液、50%辛硫磷乳油1000倍液等。②果筒塞药棉或药泥。药棉和药泥的配制方法：把废棉揉成直径1~1.5厘米的棉团，在20%氟丙菊酯乳油或90%晶体敌百虫1000倍液中浸一下，即成药棉。用上述药液加适量黏土调至黏稠糊状即成药泥。在石榴生理落果后子房开始膨大时，将挤干的药棉或药泥塞、抹入萼筒即成。其防治率分别达95.6%和83.2%。

60 石榴螟（图2-60-1）

属鳞翅目螟蛾科。

分布与寄主

分布　原产于地中海地区，目前已扩散到亚洲、非洲、欧洲、美洲和澳洲等20多个国家和地区。是我国尚未有该虫分布的报道。是国内重要检疫对象。于2017年11月珠海检验检疫局拱北办事处工作人员首次在一入境内地旅客携带的一批石榴中截获有该虫幼虫。

寄主　石榴、柑橘、豆类、枣椰子、无花果、坚果类等植物。

危害特点　其幼虫为杂食性，主要危害寄主植物的叶片、嫩芽和果实。在伊朗，该虫是石榴的毁灭性害虫之一；在突尼斯，该虫严重危害枣椰子和石榴果实，损失可达80%以上；在美国加利福尼亚州，该虫被认为是危害枣椰子最为严重的害虫。

防治方法　根据《中华人民共和国禁止携带、邮寄进境的动植物及其产品名录》规定，新鲜水果、蔬菜等属于禁止携带、邮寄进境物品，其极易携带外来有害生物。在入境前务必了解我国检验检疫相关法律法规，如已携带相关禁止进境物，要主动向口岸检疫人员申报或自觉放入进境通道的投弃箱内，共同为保护我国生态环境安全、农业生产安全和人民身体健康负责。严格执行中华人民共和国出入境检验检疫行业标准《石榴螟检疫鉴定方法》（SN/T4640-2016）规定。

61 桉树大毛虫（图2-61-1至图2-61-5）

属鳞翅目枯叶蛾科。又名摇头媳妇。

分布与寄主

分布　安徽、江苏、浙江、江西、福建、广东、四川、云南等地。

寄主　桉树、石榴、杧果、苹果、梨、木菠萝等。

危害特点　幼虫取食嫩芽和叶片，常吃成缺刻和空洞，严重的仅残留叶脉和叶柄，甚至把叶片全部吃光。

形态诊断 成虫：雌蛾体长38~45毫米，翅展84~116毫米，触角线状，灰白色，长10~15毫米，下唇须前伸，复眼在触角下侧，胸腹部长圆筒形，身体粗笨，体翅褐色，密布厚鳞，胸背两侧各生1块咖啡色盾形斑，后胸背面和前翅翅基具灰黄色斑点，前翅中室端部生1椭圆形灰白色大斑；后翅浅褐色。雄蛾体稍小，触角基部羽状，体翅赤褐色，前翅中室端部生1长圆形白斑，翅外隐现4条深色斑纹。卵：长1.8~2.2毫米，椭圆形，灰色。幼虫：末龄幼虫体长45~136毫米，粗大，体背半圆形，腹面平，有灰白、黄褐、黑褐色3种。体背具不规则黑色网状纹，体被刺毛。胸、腹两侧气门下肉瘤上各生1束长毛，中后胸背面各生黑毛刷。蛹：长27~35毫米，黑褐色或暗褐色，有光泽。

发生规律 四川会理1年发生1~2代，以蛹在茧中越冬。盛蛾期分别为3月和7月。卵多产在树冠上部突出的枝条上，块状堆积不整齐，125~955粒，卵期8~14天，幼虫6~7龄，历期85~123天。7月是第一代幼虫危害盛期，危害较重。成长幼虫每晚食10片左右石榴叶。幼虫白天爬至大枝或主干背面静伏，体色与树皮色近同，难于发现。老熟幼虫在枝杈、杂草丛、砖石缝结纺锤形丝茧化蛹、越冬。该虫第二代幼虫多在石榴采收后才进入盛发期，常给下年开花、结果造成很大影响。天敌有梳胫节腹寄蝇等。

防治方法

农业防治 人工捕杀成虫，刮除枝干上卵块，及枝干上栖息幼虫；冬春季清除果园树上的越冬茧。

化学防治 叶面喷洒90%晶体敌百虫或50%二嗪磷乳油1000倍液、1%阿维菌素乳油2000倍液、25%灭幼脲悬浮剂1500倍液等。并注意防治二代幼虫。

62 贝刺蛾（图2-62-1至图2-62-9）

属鳞翅目刺蛾科。又名胶刺蛾。

分布与寄主

分布 黄淮及湖北、湖南、江西、广东、广西、四川、云南、浙江、福建、台湾等产区。

寄主 苹果、石榴、梨、桃、葡萄、蔷薇、蓖麻等多种果树、林木、花卉及其他植物。

危害特点 幼虫啃食叶片，先取食叶肉，重者把叶片全部食光，受害状特别明显。

形态诊断 成虫：体长12~16毫米，翅展28~36毫米，雄蛾稍小，触角基部栉形，雌蛾丝状。体黑混杂褐色。前翅内线不清晰，灰白色锯齿形，内线侧黑褐色。卵：长8~12毫米，球形，乳白色至黄白色。幼虫：末龄幼虫椭圆形，背隆起，腹面扁平，长15~22毫米，幼虫背面鲜绿或浓绿或浅绿色，刺毛全部退化，背面光滑，幼虫全身无毛，又柔软且伸缩自如，因此又称胶刺蛾。蛹：长12~16毫米，初乳黄色，羽化前变成黑褐色。茧椭圆形，长12.5~15.5毫米，褐色至黑褐色。

发生规律 四川西昌、云南昆明1年发生1代，以老熟幼虫在茧内越冬，4月下旬开始化蛹，5月中下旬进入化蛹高峰期，蛹期27~48天，6月上始成虫羽化，20~30天为成虫羽化盛期，2~3天后交配产卵。卵散产在叶面上，每叶1粒或2~4粒，卵期11~18天，幼虫期39~58天，7月中下旬至9月中旬是幼虫危害期，老熟后下树做茧越冬。

防治方法

农业防治　人工捕捉杀灭幼虫；冬春季及时耕翻，杀灭土壤中的茧。

物理防治　成虫发生期在果园内放置黑光灯、频振式杀虫灯或放置糖醋液诱杀成虫。

生物防治　利用天敌贝刺蛾绒茧蜂进行防治。低龄幼虫期每亩用每克含孢子100亿的白僵菌粉0.5~1千克，在雨湿条件下喷雾防治效果好。

化学防治　卵孵化盛期至幼虫危害初期喷洒90%晶体敌百虫或40%马拉硫磷乳油1200倍液、25%灭幼脲悬浮剂1500倍液、20%除虫脲悬浮剂3000~4000倍液、1.8%阿维菌素2000~3000倍液、20%抑食肼可湿性粉剂800~1000倍液、20%虫酰肼悬浮剂1000~1500倍液、2.5%溴氰菊酯乳油3000~4000倍液、10%乙氰菊酯乳油2000倍液等。

63　常春藤圆盾蚧（图2-63-1，图2-63-2）

属同翅目盾蚧科。又名常春藤圆蚧、春藤盾蚧、藤圆盾蚧。

分布与寄主

分布　四川、浙江、上海、江苏、安徽、广东、广西、云南以及长江以北温室内。

寄主　常春藤、石榴、柑橘、桃、李、苹果、葡萄、杏、芭蕉、菠萝、银杏等。

危害特点 雌成虫、若虫群集于枝、蔓、叶、叶柄及果实上刺吸植物的汁液，造成叶黄、枝枯，严重的整株死亡。

形态诊断 成虫：雌成虫体卵圆形，长0.69毫米，臀叶3对，中臀叶彼此略离开，其间具臀棘2根，各臀叶基部具硬化的三角形斑1个，第三对臀叶较小，顶端ংº尖。阴门具4簇周腺。亚缘区背线丰富。雌蚧壳圆形，薄而扁平，直径约2毫米，白色至灰白色，壳点2个在中间或近中央，黄色。雄介壳体长1.63毫米左右，略呈卵形，壳点1个，位在头端，体色同雌介壳。卵：圆形，浅黄色。若虫：椭圆形，浅黄色。

发生规律 北京1年发生3代，4月初若虫出现，爬行一段时间后选择枝、叶等处开始固着危害，常分泌蜡质物，逐渐形成蚧壳，在壳下仍继续刺吸植物汁液，严重时受害处密集成层。7月间第二代若虫出现，9～10月出现第三代若虫。在南方或北方温室只要条件适宜可继续繁殖、危害。天敌有寄生蜂、红点唇瓢虫等。

防治方法

农业防治 ①注意检查受害枝、受害叶上介壳及壳下虫体产卵及孵化情况，虫体不多的可喷清水冲洗，也可喷中性洗衣粉70～100倍液冲洗，还可在成虫期人工涂刷或剪除有虫枝条，集中烧毁。②引进购买南方的果树苗木时，要进行检查，防止有虫苗木进入，勿栽带虫苗木，栽后发现有虫枝要及时喷药杀灭，防其蔓延。③加强管理，增强生长势及抗虫力。

生物防治 注意保护和利用天敌。

化学防治 ①在危害期于植株四周挖几条放射状沟，在沟中埋施5%辛硫磷颗粒剂，覆土后浇水，果树的干径每厘米用药量为1～1.5克；此外，也可浇灌40%哒嗪硫磷乳油1000倍液，每厘米直径用兑好的药液0.3～1.5千克，以浇透为度。②树冠喷药。在4月中下旬叶面喷洒25%噻嗪酮可湿性粉剂1500～2000倍液；在6月末7月初，喷洒50%可湿性甲萘威400～500倍液或50%丙硫磷乳油1000倍液等。秋后或早春喷洒5%的柴油乳剂，由于柴油能溶解蜡壳，杀虫效果很好。

64 大灰象甲（图2-64-1，图2-64-2）

属鞘翅目象甲科。又名大灰象鼻虫。

分布与寄主

分布 全国各产区。

寄主 板栗、石榴、枣、核桃、柑橘等果树。

危害特点 成虫食害幼芽、嫩叶和嫩梢，重者吃光芽、叶；幼虫于土中食害地下组织。

形态诊断 成虫：体长8～12毫米，灰黄至灰黑色，密被灰白、灰黄、黄褐色鳞片；触角膝状，端部膨大呈棒状，着生于头管前端；头管短宽背面具3条纵沟；前胸稍长，两侧略呈圆形，背面中央有一条纵沟，鞘翅略呈圆形，末端较尖，鞘翅上各有10条纵刻列和不规则的"U"形黑褐色斑纹；雄鞘翅末端和腹末均较钝圆，雌均尖削；后翅退化；末节腹面雌有2个灰白色斑点，雄为黑白相间的横带。卵：长椭圆形，长1.2毫米，乳白至黄褐色。幼虫：长约17毫米，乳白色，无足，胴部1～3节两侧各有毛瘤一个，其间有横列刚毛6根，以后各节各有横列刚毛8根；臀板近圆形，有刚毛4根。蛹：长约10毫米，乳白色至暗灰色。

发生规律 1年发生1代，少数寒冷地区2年1代。以成虫于土中越冬，4月开始出土活动，先危害杂草，而后爬到果树幼树、苗木上食害新芽、嫩叶，以4~5月危害最烈。成虫昼伏夜出，有假死性。6月陆续产卵于叶上，多将叶缘纵合成饺子状，产卵于其中。卵期7天左右。幼虫孵化后入土生活，取食植物地下部组织，至晚秋于土中化蛹，羽化后在土中越冬。2年1代者第一年以幼虫越冬，第二年危害至秋季老熟化蛹、羽化，以成虫越冬。

防治方法

农业防治　冬春耕翻园地，利用低温、鸟食消灭越冬成虫；成虫发生期，早、晚张网震落成虫，捕杀之。

生物防治　保护利用天敌。

化学防治　①地面施药，4月成虫出土前和幼虫孵化入土前，树下撒施5%辛硫磷颗粒剂或50%辛硫磷乳油每亩0.3~0.4千克加细土30~40千克拌匀成毒土撒施，或稀释500~600倍液均匀喷于地面，施药后及时浅耙。②树上施药。于卵孵化前后，叶面喷洒50%杀螟硫磷乳油或45%马拉硫磷乳油、48%哒嗪硫磷乳油、52.25%蝉·氯乳油1500倍液、2.5%溴氰菊酯乳油2000~3000倍液等。

65 盗毒蛾（图2-65-1至图2-65-3）

属鳞翅目毒蛾科。又名桑斑褐毒蛾、纹白毒蛾、桑毒蛾、黄尾毒蛾等。

分布与寄主

分布　全国各产区。

寄主　食性很杂，主要危害山楂、石榴、苹果、梨、李、柿、枣、板栗、樱桃、桃、梅、杏、海棠、栎类、枫杨、柳、桦、泡桐、梧桐、桑、槐、洋槐、油茶等多种果树、林木及其他植物。

危害特点　初孵幼虫群集在叶背面取食叶肉，叶面呈现成块透明斑，3龄后分散危害形成大缺刻，仅剩叶脉。危害寄主春芽时，多由外层向内剥食，致春芽枯凋。当虫口数量大、发生严重时，能将树叶吃光。人体接触毒毛，常引发皮炎，有的造成淋巴发炎。

形态诊断　成虫：雌体长18~20毫米，雄体长14~16毫米，翅展30~40毫米。触角干白色，栉齿棕黄色；下唇须白色，外侧黑褐色；头、胸、腹部基半部和足白色微带黄色，腹部其余部分和毛簇黄色；前、后翅白色，前翅后缘有两个褐色斑，有的个体内侧褐色斑不明显；前、后翅反面白色，前翅前缘黑褐色。卵：直径0.6~0.7毫米，圆锥形，中央凹陷，橘黄色或淡黄色。幼虫：体长25~40毫米，第一、二腹节宽。头褐黑色，有光泽；体黑褐色，前胸背板黄色，具2条黑色纵线；体背面有一橙黄色带，在第一、二、八腹节中断，带中央贯穿一红褐间断的线；亚背线白色；气门下线红黄色；前胸背面两侧各有一向前突出的红色瘤，瘤上生黑色长毛束和浅褐色短毛，其余各节背瘤黑色，生黑褐色长毛和白色羽状毛,第五、六腹节瘤橙红色,生有黑褐色长毛;腹部第一、二节背面各有1对愈合的黑色瘤,上生白色羽状毛和黑褐色长毛;第九腹节瘤橙色,上生黑褐色长毛。蛹:长12~16毫米,长圆筒形,黄褐色,体被黄褐色绒毛;腹部背面一至三节各有4个瘤。茧:椭圆形,淡褐色,附少量黑色长毛。

发生规律 辽宁、山西1年发生2代,上海3代,华东、华中1年发生3~4代,贵州4代,珠江三角洲6代,主要以3龄或4龄幼虫在枯叶、树杈、树干缝隙及落叶中结茧越冬。3代区翌年4月开始活动,为害春芽及叶片。一、二、三代幼虫危害高峰期主要在6月中旬、8月上中旬和9月上中旬,10月上旬前后开始结茧越冬。成虫白天潜伏在中下部叶背,傍晚飞出活动、交尾、产卵,把卵产在枝干上或叶片反面,形成长条形卵块。成虫寿命7~17天。每雌产卵149~681粒,卵期4~7天。幼虫蜕皮5~7次,历期20~37天,越冬代长达250天。初孵幼虫喜群集在叶背啃食危害,3、4龄后分散危害叶片,有假死性,老熟后多卷叶或在叶背树干缝隙或近地面土缝中结茧化蛹,蛹期7~12天。天敌主要有黑卵蜂、大角啮小蜂、矮饰苔寄蝇、桑毛虫绒茧蜂等。

防治方法

农业防治 冬季刮净老树皮,剪掉锯口附近粗皮,消灭越冬幼虫。人工摘除卵块,及时摘除"窝头毛虫",即在低龄幼虫集中危害一叶时,连续摘除2~3次。可收事半功倍之效。

生物防治 掌握在2龄幼虫高峰期,喷洒多角体病毒,每毫升含15000颗粒的悬浮液,每亩喷20升。

化学防治 在各代卵孵化期或低龄幼虫期叶面喷洒90%晶体敌百虫1000倍液、50%辛硫磷乳油1000倍液、48%毒死蜱乳油1300倍液、10%吡虫啉可湿性粉剂2500倍液、2.5%溴氰菊酯乳油2500倍液、20%氰戊菊酯乳油3000倍液、10%联苯菊酯乳油、2.5%三氟氯菊酯乳油4000~5000倍液等。

66 褐刺蛾(图2-66-1至图2-66-8)

属鳞翅目刺蛾科。又名桑褐刺蛾、桑刺毛虫。

分布与寄主

分布 除东北、西北少数地区外,全国各产区都有分布。

寄主 樱桃、石榴、桃、梨、柿、板栗、葡萄、茶、桑、柑橘、白杨等。

危害特点 初孵幼虫取食叶肉,仅残留透明的表皮,随虫龄增大食叶仅残留叶脉。

形态诊断 成虫:体长1.5~1.8厘米,翅展3.1~3.9厘米,身体土褐色至灰褐色。前翅前缘近2/3处至近肩角和近臀角处,各具1暗褐色弧形横线,两线内侧衬影状带,外横线较垂直,外衬铜斑不清晰,仅在臀角呈梯形;雌蛾体上斑纹较雄蛾浅。卵：扁椭圆形，黄色，半透明。幼虫：成龄体长3.5厘米左右，黄色，背线天蓝色，各节在背线前后各具1对黑点，亚背线各节具1对突起，其中后胸及一、五、八、九腹节突起最大。茧：灰褐色，椭圆形。

发生规律 1年发生2~4代，以老熟幼虫在树干附近土中结茧越冬。3代区成虫分别在5月下旬、7月下旬、9月上旬出现，成虫夜间活动，有趋光性，卵多成块产在叶背，每雌产卵300多粒，幼虫孵化后在叶背群集并取食叶肉，半月后分散为害，取食叶片。老熟后入土结茧化蛹。

防治方法

农业防治 ①处理幼虫危害叶和灭茧。多种刺蛾如丽绿刺蛾、黄刺蛾等的幼龄幼虫多群集取食，被害叶显现白色或半透明的表皮，很容易发现。此时斑块附近常栖有大量幼虫，及时摘除带虫枝、叶，加以处理，效果明显。褐刺蛾、丽绿刺蛾等的老熟幼虫常沿树干下行至树基部或地面结茧，可采取树干绑草等方法诱其结茧及时予以清除。②清除越冬虫茧。刺蛾越冬茧期长达7个月以上，此期果园作业较空闲，可根据不同刺蛾越冬场所之异同采用敲、挖、剪除等方法清除虫茧。

物理防治 利用刺蛾成虫具有较强趋光性特性，在成虫羽化期于19：00~21：00用灯光诱杀。

生物防治 利用刺蛾天敌防治，如刺蛾紫姬蜂、广肩小蜂、上海青蜂、爪哇刺蛾姬蜂、健壮刺蛾寄蝇等。

化学防治 在刺蛾低龄幼虫期防治效果好，有效药剂有90%晶体敌百虫1500倍液、50%马拉硫磷乳油2000倍液、2.5%溴氰菊酯乳油3000倍液、20%氰戊菊酯乳油3000倍液、50%杀螟硫磷乳油、40%辛硫磷乳油1500~2000倍液、25%甲萘威可湿性粉剂700倍液等叶面喷洒防治。

67 黑绒金龟（图2-67-1至图2-67-3）

属鞘翅目鳃角金龟科。又名东方金龟子、天鹅绒金龟子、姬天鹅绒金龟子、黑绒鳃金龟。

分布与寄主

分布 除西藏、云南未见报道外，其余各地均有。

寄主 杨、石榴、苹果、梨、山楂、桃、猕猴桃、杏、李、梨、枣、梅、柳、榆等149种植物。

危害特点 成虫食害寄主的嫩叶、芽及花；幼虫危害植物的地下组织。

形态诊断 成虫：体长7~8毫米，宽4.5~5毫米。雄虫略小于雌虫，体卵圆形而较圆，前狭后宽。初羽化为褐色，后渐转黑褐色，以至黑色。体表具丝绒般光泽，故称天鹅金龟子。唇基黑色，有强光泽，前缘与侧缘均微翘起，前缘中部略有浅凹，唇基中央处有一微凸起的小丘。触角10节，赤褐色。鳃片部3节。前胸背板宽为长的2倍，前缘角呈锐角状向前突出，侧缘生有刺毛；前胸背板上密布细小刻点。前足胫节外侧生有2齿，内侧有一刺。后足胫节端部有2枚端距。

卵：椭圆形，长1.2毫米，乳白色，光滑。幼虫：末龄幼虫体长14~16毫米，头宽2.7毫米左右，乳白色。头部前顶刚毛每侧一根，额中刚毛每侧一根。触角基膜上方每侧有一个棕褐色伪单眼，系色斑构成，无晶体。肛腹板钩状，毛区的前缘呈双峰状，尖刺列由20~23根锥状刺组成弧形横带，位于复毛区近后缘处，横带的中央处明显有间隔中断开。蛹：长8毫米，黄褐色，复眼朱红色。

发生规律　1年发生1代，以成虫在土中越冬。4月中下旬出土，5月初6月上旬为发生盛期，此期可连续出现几个高峰。成虫夜间和上午潜伏在地势高燥的草荒地中，下午出土，群集危害。喜食寄主的幼嫩部分，尤以下午15：00以后最甚。特别在风和日暖天气里出现最多。有趋光性和假死性，且飞翔力较强，傍晚多围绕树冠飞翔、取食和交尾。雌雄交尾时呈直角型，交尾时雌虫继续取食，雄虫不食不动，交配时间一般约30分钟，交配盛期在5月中旬。交尾后雌虫将卵单个产在植物根际10~20厘米深的表土层中。6月上旬至下旬为产卵盛期。产卵量与雌虫取食寄主种类有关，以榆叶为食的产卵量大，一雌产卵数十粒。卵期5~10天，6月中旬孵出幼虫，孵化率90%以上。幼虫食害根系，但幼虫期是6~8月份，而此时苗木根系生长旺，所以幼虫对苗木没有明显的危害症状。8月中下旬老熟幼虫潜入地下20~30厘米处作土室化蛹，蛹期10天。一般成虫羽化后即于原处准备过冬。

防治方法

农业防治　冬春季深翻园地，利用低温和鸟食消灭地下越冬成虫。利用其假死性，震落扑杀成虫。

物理防治　用黑光灯、频振式杀虫灯诱杀成虫。

化学防治　用10%辛硫磷颗粒剂处理土壤，杀灭土壤中的幼虫。在成虫发生期于下午16：00后，叶面喷洒10%氯氰菊酯乳油2000倍液或2.5%溴氰菊酯乳油2500~3000倍液、5%顺式氰戊菊酯乳油2000~4000倍液、2%杀螟硫磷可湿性粉剂或5%氟啶脲乳油1000~1200倍液等。

68 银毛吹绵蚧（图2-68-1，图2-68-2）

属同翅目硕蚧科。又名茶绵介壳虫、橘叶绵介壳虫。

分布与寄主

分布　河北、山东、河南、安徽、浙江、湖北、湖南、江西、福建、台湾、广西、广东、陕西、四川、贵州、云南等地。

寄主　柞果、石榴、柑橘、枇杷、木菠萝、桃、柿、茶等。

危害特点　若虫和雌成虫群集枝、芽、叶上吸食汁液，排泄物黏附在被害处诱致煤污病发生。削弱树势，重者枯死。

形态诊断　成虫：雌体长4~6毫米，橘红或暗黄色，椭圆或卵圆形，后端宽，背面隆起，被块状白色绵毛状蜡粉，呈5纵行：背中线1行，腹部两侧各2行，块间杂有许多白色细长蜡丝，体缘蜡质突起较大，长条状淡黄色。产卵期腹末分泌出卵囊，约与虫体等长，卵囊上有许多长管状蜡条排在一起，貌视卵囊成瓣状。整个虫体背面有许多呈放射状排列的银白色细长蜡丝，故名银毛吹绵蚧。触角丝状黑色11节，各节均生细毛。足3对发达，黑褐色。雄体长3毫米，紫红色，触角10节似念珠状，球部环生黑刚毛。前翅发达色暗，后翅特化为平衡棒，腹末丛生黑色长毛。卵：椭圆形，长1毫米，暗红色。若虫：宽椭圆形，瓦红色，体背具许多短而不齐的毛，体边缘有无色毛状分泌物遮盖；触角6节端节膨大成棒状；足细长。雄蛹：长椭圆形，长3.3毫米，橘红色。

发生规律　1年发生1代，以受精雌虫越冬，翌春继续危害，成熟后分泌卵囊产卵，7月上旬开始孵化，分散转移到枝干、叶和果实上危害，9月间羽化，雌虫多转移到枝干上群集危害，交尾后雄虫死亡，雌蚧危害到11月陆续越冬。天敌有澳洲瓢虫、大红瓢虫、小红瓢虫及寄生菌等。

防治方法

生物防治　保护引放澳洲瓢虫，大、小红瓢虫，红环瓢虫等。在石榴园以10：1的株上放澳洲瓢虫，即每10株放置1株，每株放100~150头，通常放瓢虫1个月后，便可消灭银毛吹绵蚧，但是当瓢蚧比接近1：15左右时要转移瓢虫，以免自相残杀。

农业防治　剪除虫枝或刷除虫体。

化学防治　①果树休眠期喷1~3波美度石硫合剂、45%晶体石硫合剂30倍液；北方可在发芽前喷3~5波美度石硫合剂或45%晶体石硫合剂20倍液、含油量5%的矿物油乳剂、94%机油乳剂50倍液。②初孵若虫分散转移期或幼蚧期喷洒20%氰戊菊酯1500~2000倍液或48%哒嗪硫磷乳油1000倍液。

69　瘤瘿螨（图2-69-1至图2-69-3）

属蛛形纲蜱螨目。

分布与寄主

分布　全国各产区。

寄主　石榴等。

危害特点　以成螨、若螨藏居在嫩芽未张开的幼叶中取食危害，至叶缘多向正面或向背面卷曲，影响顶芽正常生长。

形态诊断　成虫：躯体蠕虫形，淡黄白色或浅褐色，雌螨体长90~160微米；喙长约17微米，斜下伸；背中线箭状，不完整，侧中线波浪状，亚中线后侧有两组平行短条饰纹；背瘤位于盾片后缘，背毛24根，前指。足两对，第1对足有股节10节，具刚毛6根；膝节4节，具刚毛20根；胫节5节，跗节4节。第2对足有股节9节，具刚毛6根；胫节和跗节均为4节。腹部由环节组成，背、腹环纹数55~60条，均具椭圆形微瘤。若螨：外部形态与成螨基本相同，但个体较小，淡白色。

发生规律 1年发生多代，世代重叠。以螨体在树冠内膛的枝干芽基部过冬，黄淮地区5~6月的春末、夏初，发生危害重，成螨、若螨在顶芽嫩叶叶缘卷叶栖息、取食和产卵繁殖。严重发生时，致被害叶干枯凋落，影响树势。螨主要靠风、雨滴飞溅、苗木调运、农具器械和自身爬行等途径传播蔓延。

防治方法

农业防治 加强果园管理，促进果树生长健壮，减轻瘤瘿螨危害。采果后结合修剪和冬季清园，剪除瘿螨危害枝、过密的阴枝、弱枝和其他病虫枝，使树冠空气流通，光线充足，减少虫源，且不利瘿螨发生。调运苗木时，注意剪去瘿螨为害枝叶，防止瘿螨传入新果园。

化学防治 ①冬季落叶清园后，用3~5波美度石硫合剂或5%噻螨酮乳油1000倍液喷布树冠一次。②在虫口密度较高的果园，在果树幼叶展开前，酌情喷布或挑治1~2次，常用农药品种有73%炔螨特乳油2000~3000倍液、20%哒螨酮乳油2000倍液、20%双甲脒乳油1500~2000倍液、20%苯螨特乳油1000~1500倍液喷雾。

70 瘤缘蝽（图2-70-1）

属半翅目缘蝽科。

分布与寄主

分布 山东、河南、山西、陕西、江苏、安徽、江西、湖北、湖南、浙江、福建、广西、广东、海南、四川、云南等产区。

寄主 苹果、石榴、梨、桃、山楂、梅、柑橘、杨梅、枸杞、草莓、马铃薯、蕃茄、茄子、蚕豆、瓜类、辣椒、牵牛、商陆等植物。

危害特点 以成虫、若虫群集或分散于寄主植物的地上绿色部分，包括茎秆、嫩梢、叶柄、叶片、花梗、果实上刺吸危害，但以嫩梢、嫩叶与花梗等部位受害较重。果实受害局部变褐、畸形或呈麻点；叶片卷曲、缩小、失绿；刺吸部位有变色斑点，严重时造成落花落叶，整株出现秃头现象，甚至整株、成片枯死。

形态诊断 成虫：体长10.5~13.5毫米，宽4~5.1毫米，褐色；触角具粗硬毛；前胸背板具显著的瘤突；侧接缘各节的基部棕黄色，膜片基部黑色，胫节近基端有一浅色环斑；后足股节膨大，内缘具小齿或短刺；喙达中足基节。卵：初产时金黄色，后呈红褐色，底部平坦、长椭圆形，背部呈弓形隆起，卵壳表面光亮，细纹极不明显。若虫：初孵若虫头、胸、足与触角粉红色，后变褐色，腹部青黄色。低龄若虫头、胸、腹及胸足腿节乳白色，复眼红褐色，腹部背面有2个近圆形的褐色斑。高龄若虫与成虫相似，胸腹部背面呈黑褐色，有白色绒毛，翅芽黑褐色，前胸背板及各足腿节有许多刺突，复眼红褐色，触角4节，第3~4腹节间及第4~5腹节间背面各有一近圆形斑。

发生规律 在我国南方地区1年发生1~2代，以成虫在园地周围土缝、砖缝、石块下及枯枝落叶中越冬。越冬成虫于4月上中旬开始活动，全年6~10月危害最烈。成虫将卵聚集产于寄主植物叶背，少数产于叶面或叶柄上，卵粒成行，稀疏排列，每块4~50粒，一般15~30粒。成虫、若虫常群集于寄主植物嫩茎、叶柄、花梗上，全天均可吸食，有群集为害习性，发生严重时仅一棵辣椒上就可有几百头甚至上千头聚集危害。成虫白天活动，晴天中午尤为活跃，夜晚及雨天多栖息于寄主植物叶背或枝条上，受惊后迅即坠落，有假死习性。

防治方法

农业防治　及时铲除园地周围的杂草和其他寄主，冬季深翻等农业措施，创造不利于瘤缘蝽栖息的环境条件，减少危害。

物理防治　采用人工捕捉，捏死高龄若虫或抹除低龄若虫及卵块。利用假死习性，在寄主植物树下放一块塑料薄膜或盛水的脸盆，摇动寄主作物，成虫、若虫假死落下，然后集中杀死。

化学防治　在瘤缘蝽若虫孵化盛期使药防治，可叶面喷洒52.25%蚜·氯乳油1500倍液、50%马拉硫磷乳油1000倍液、50%丙硫磷乳油1500倍液、90%晶体敌百虫800~1000倍液、2.5%溴氰菊酯乳油2500倍液、20%甲氰菊酯乳油3000倍液等。间隔10天左右视虫情进行第二次施药，提倡农药轮用。

71 卵形短须螨（图2-71-1）

属真螨目，细须螨科

分布与寄主

分布　山东、河南、安徽、江苏、浙江、上海、江西、湖北、湖南、贵州、云南及宁夏、内蒙古、黑龙江、辽宁等地温室内。

寄主　石榴、枇杷、葡萄、银杏、梨、柿、枸杞、枣、板栗、柑橘、草莓等130多种植物。是危害石榴和枇杷的重要害螨。

危害特点 成螨、若螨群集于叶背危害，使叶背产生许多紫褐色油渍状斑块，叶面出现苍白色失绿斑点，失去光泽；叶柄多呈紫褐色，严重的造成叶柄霉烂，叶片枯黄，脱落，导致整株植物衰弱。

形态诊断 雌成螨：体长0.27毫米，宽0.16毫米，椭圆形，末端稍尖，背腹扁平，暗红色，前足体和后半体背面中央有不规则形的条纹块，黑色。体色变化大，随不同季节和取食时间长短而有不同，有红、暗红、橙红色等。前足体背毛3对，披针形，第一对长6毫米，第二、三对长约7.8毫米。靠近第二对足基部有半球形红色眼点一对。足4对。第二跗节上有小棍状毛1根，前足体和后半体各有小孔1对，受精囊圆球形，直径约3毫米，其表面有均匀的微刺，基部的两根较长。雄螨：体长0.25毫米，与雌螨相似，唯体形较细长。后半体的网纹在前部和亚侧部均比较明显，后足体与末体间被一横纹区分开。卵：椭圆形，鲜红色，有光泽，接近孵化的卵色浅红，透过卵壳能看到2个红色眼点，渐成橙红色，孵化前表面蜡白色。若螨：体长0.23～0.24毫米，宽0.15毫米。外形和体色与成螨接近，但体上黑斑深，眼点明显，腹部末端较成螨钝圆。

发生规律 在北方温室内1年发生9～10代。发生盛期为7～9月。南方常年发生，12～14代。各代与各虫态历期随着气候的变化而变化，一般夏季完成一代需19天左右，春秋季完成一代需38～40天。卵期一般平均为2天，若螨期平均18天，刚孵化的幼螨体近圆形，红色。成虫从产卵到第一次蜕皮需11天，2天后第二次蜕皮，体增大，5天后第三次蜕皮即为成螨。幼螨、若螨蜕皮时，蜕皮壳沿叶脉一个紧挨着一个地排列着，看上去叶脉是白色的。每雌产卵30～50粒。成螨能吐丝结网，活动力强，爬行也很快，若螨则不及成螨活跃。在一般环境条件下，11月份出现越冬态，到12月上旬全部越冬。以卵在叶片上越冬。翌年3月越冬卵开始孵化。在夏季气温高达30℃时，卵孵化的较快，卵孵化期2～3天；平均气温在9～15℃时卵不易孵化。高温干燥有利于发生；降雨量多而大时，常使虫口显著下降。7～9月为全年繁殖最盛时期。成螨喜在叶背危害，吐的丝能从这枝拉到另一枝，螨便沿着丝网来回爬动，吸取新叶汁液。

防治方法

农业防治 ①及时清除园地残枝败叶，集中烧毁或深埋。②注意监测虫情，及时防治。采取"预防为主，防治结合；挑治为主，点面结合"的防治原则。园地发现少量叶片受害时，及时摘除虫叶烧毁；有2%～5%叶片出现叶螨，每片叶上有2～3头时，进行挑治，把叶螨控制在点片发生阶段；遇高温干旱，及时灌溉，增施磷钾肥，促进植株生长，抑制害螨繁殖。

生物防治 有条件的可饲养释放捕食螨、草蛉等天敌控制叶螨危害。

化学防治 当叶螨普遍发生天敌不能控制时，可选用对天敌杀伤力小的选择性杀螨剂普治。可用20%复方浏阳霉素乳油1000倍液、20%甲氰菊酯乳油1000倍液、10%联苯菊酯乳油2000倍液、20%啶虫脒乳油800～1000倍液、20%哒螨灵乳油1500倍液、20%苯螨特乳油800～1000倍液等。

72 美国白蛾（图2-72-1至图2-72-11）

属鳞翅目灯蛾科。国内外重要的检疫对象。

分布与寄主

分布　全国许多产区。

寄主　柿、桃、枣、杏、苹果、山楂、李、石榴、梨等200多种植物。

危害特点　以幼虫群集结网,并在网内食害叶肉,残留表皮。网幕随幼虫龄期增长而扩大,长的可达1.5米以上。幼虫5龄后出网分散危害,严重时整株叶片被吃光。

形态诊断　成虫:体长12~17毫米,白色;雄虫触角双栉齿状,黑色;越冬代成虫前翅上有较多的黑色斑点,第一代成虫翅面上的斑点较少;雌虫触角锯齿状,前翅翅面很少有斑点。卵:近球形,直径0.57毫米,灰褐色。幼虫:体长28~35毫米;头黑色具光泽,体色黄绿色至灰黑色,变化较大,背部两侧线之间有1条灰褐色宽纵带;背部毛瘤黑色,体侧毛瘤橙黄色,毛瘤上生有灰白色长毛。蛹:长8~15毫米,暗红色。

发生规律　1年发生2代,以蛹于茧内在枯枝落叶中、墙缝、表土层、树洞等处越冬。翌年5月上旬出现成虫。第一代幼虫发生期6月上旬至7月下旬,第二代幼虫发生期8月中旬至9月中旬。成虫常300~500粒成块产卵于叶片背面,单层排列,卵期约7天,幼虫孵化后短时间即吐丝结网,群集网内危害,4龄后分散危害,幼虫期35~42天;幼虫老熟后下树寻找适宜场所结薄茧化蛹越冬。

防治方法

农业防治　①加强检疫工作,防止白蛾由疫区传入,做到早投入、早准备、早报告、早除治。②人工剪除网幕。在美国白蛾网幕期,人工剪除网幕,并就地销毁,是一项无公害、效果好的防治方法。③人工挖蛹。美国白蛾化蛹时,采取人工挖蛹的措施,可以取得较好防治效果。④草把诱集。根据老熟幼虫下树化蛹的特性,于老熟幼虫下树前,在树干处,用谷草、稻草等织成草帘围成下紧上松的草把,诱集老熟幼虫集中化蛹,虫口密度大时每隔1周换1次,解下草把连同老熟幼虫集中销毁。

物理防治　①灯光诱杀成虫。在各代成虫期,利用美国白蛾成虫趋光性,悬挂杀虫灯诱杀成虫。②用性信息激素防治。当虫株率低于5%时,在美国白蛾成虫期,按50米距离和2.5~3.5米高度,设置性信息素诱捕器,诱杀美国白蛾雄蛾。

生物防治　利用美国白蛾的天敌周氏啮小蜂防治,最佳时期是白蛾老熟幼虫至化蛹期,选择晴朗天气的10:00~16:00放蜂,间隔7~10天再放第二次,防治效果最好。

化学防治　防治的关键时期是第一代幼虫发生期和其他各代幼虫发生初期。可喷洒50%杀螟硫磷乳油1000倍液或90%晶体敌百虫1000~1500倍液、20%氰戊菊酯乳油3000倍液、20%辛·阿维乳油1000倍液、20%除虫脲悬浮剂4000~5000倍液,25%灭幼脲悬浮剂1500~2500倍液等。

73 棉古毒蛾（图2-73-1至图2-73-4）

属鳞翅目毒蛾科。

分布与寄主

分布　黄淮、江西、福建、广东、广西、云南、四川、台湾等产区。

寄主　杂食性害虫，危害多种果树、林木、花卉、农作物，包括棉花、石榴、荔枝、杧果、梨、山楂、苹果、李、茶、荞麦、花生、杨、柳、月季等。

危害特点　初孵幼虫群集叶片背面取食叶肉，残留上表皮；2龄后开始分散活动，从芽基蛀食成孔洞，致芽枯死；嫩叶常被食光，仅留叶柄；叶片被取食成缺刻和孔洞，严重时只留粗脉；果实常被吃成不规则的凹斑和孔洞，幼果被害常脱落。

形态诊断　雌雄成虫异型。雌成虫：无翅，雌体长15~17毫米，黄白色。雄成虫：有翅，雄体长9~12毫米，翅展22~25毫米，体棕褐色；触角羽毛状，前翅棕褐色，基线和内横线黑色、波浪形，横脉纹棕色带黑边和白边；外横线黑色、波浪形，前半外弯，后半内凹；亚外缘线黑色、双线、波浪形；亚外缘区灰色，有纵向黑纹；外缘线由一列间断的黑褐色线组成。卵：球形，直径约0.7毫米，白色，有淡褐色轮纹。幼虫：老熟幼虫体长约36毫米，浅黄色。前胸背面两侧和第8腹节背面中央各有一棕色长毛束，第一至四腹节背面有4个黄色毛刷，第一、二腹节两侧各有一束灰白色长毛。蛹：黄褐色，长约18毫米。茧：黄色、椭圆形、粗糙，表面附有黑色毒毛。

发生规律　在福建每年发生6代，分别为3月下旬至5月上旬、5月上旬至6月中旬、6月中旬至7月下旬、7月中旬至9月下旬、9月下旬至11月中旬、12月下旬至翌年3月下旬。世代重叠，因此每年6~8月可见各种虫态同时存在。以幼虫在老叶或树皮缝内越冬，翌年3月上旬开始结茧化蛹。雌蛾产卵于茧外或附近其他植物上，每只雌蛾平均产卵383粒。在夏季卵期6~9天，幼虫期8~22天，蛹期4~10天；冬季卵期17~27天，幼虫期24~61天，蛹期15~25天。每一世代经40~50天。幼虫孵出后群集于植株上危害，后再分散，大发生时可将植物叶子全部食光。该虫寄生天敌较多，通常情况下可将其种群数量抑制下去。天敌有毒蛾绒茧蜂、黑股都姬蜂、古毒蛾追寄蝇等。

防治方法

物理防治　各代成虫发生期，设置黑光灯、频振式杀虫灯等诱杀雄成虫。

生物防治　该虫大发生期间，天敌寄生率通常可达50%以上，可采茧存放养虫笼中，待寄生天敌羽化飞出，再加以利用。

化学防治　抓准卵孵化盛期和初龄幼虫较为集中危害时进行，可以选用90%晶体敌百虫1000倍液、50%杀螟硫磷乳油1200倍液、40%辛硫磷乳油1000倍液、50%马拉硫磷乳油1500倍液、25%鱼藤精乳油400倍液、10%溴氰菊酯乳油3000倍液等及其他菊酯类杀虫剂。

74 梨眼天牛(图2-74-1至图2-74-4)

属鞘翅目天牛科。又名梨绿天牛、琉璃天牛。

分布与寄主

分布 东北、山西、陕西、河南、山东、江苏、江西、浙江、安微、福建、台湾等地及周边地区。

寄主 梨、苹果、梅、杏、桃、李、海棠、石榴、山楂等多种林木、果树。

危害特点 成虫取食叶片、芽和嫩枝的皮;幼虫于枝干的木质部、深达髓部,多向上少数向下蛀食,生活期间蛀道内无粪屑,削弱树势,重者致干或枝枯死。

形态诊断 成虫:体长8~10毫米,宽3~4毫米,体小略呈圆筒形,橙黄或橙红色;鞘翅呈金属蓝色或紫色,后胸两侧各有紫色大斑点;全体密被长细毛或短毛,头部密布粗细不等的刻点;复眼上下完全分开成2对;触角丝状11节,基节数节淡棕黄色,每节末端棕黑色;雄虫触角与体等长,雌虫略短,腹面被缨毛,雌虫较长而密,端区具片状小颗粒;前胸背板宽大于长,前、后各具一条横沟,两沟之间有一隆凸,似瘤突,两侧各具一小瘤突,中部瘤突具粗刻点,鞘翅末端圆形,翅上密布粗细刻点;雌虫腹部末节较长,中央具一条纵沟。卵:长约2毫米,宽约1毫米,长椭圆略弯曲,初乳白后变黄白色。幼虫:老熟体长18~21毫米,体呈长筒形,背部略扁平,前端大,向后渐细,无足,淡黄至黄色;头大部缩在前胸内,外露部分黄褐色;上额大,黑褐色,前胸大,前胸背板方形,前胸盾骨化,呈梯形。蛹:体长8~11毫米,稍扁略呈纺锤形;初乳白,后渐变黄色,羽化前体色似成虫;触角由两侧伸至第二腹节后弯向腹面;体背中央有一细纵沟;足短,后足腿、胫节几乎全被鞘翅覆盖。

发生规律 2年完成1代,以幼虫于被害枝隧道内越冬。第1年以低龄幼虫越冬,翌春树液流动后,越冬幼虫开始活动继续危害,至10月末,幼虫停止取食,于近蛀道端越冬。第3年春季以老熟幼虫越冬者不再食害,开始化蛹,部分未老熟者则继续取食危害一段时间后陆续化蛹。化蛹期为4月中旬至5月下旬,4月下旬至5月上旬为化蛹盛期,蛹期15~20天。5月上旬成虫开始羽化出孔,5月中旬至6月上旬为羽化盛期,6月中旬为末期。成虫羽化后,先于隧道内停息3天左右,然后从隧道顶端一侧咬一圆形羽化孔出孔。成虫出孔后先栖息于枝上,然后活动并开始取食叶片和嫩枝的皮以补充营养。

成虫喜白天活动,飞行力弱,风雨天一般不活动。交尾多在上午9:00左右和下午17:00左右,交配后3天左右开始产卵,成虫产卵多选择直径为15~25毫米粗的枝条，或以2~3年生枝条为主，产卵部位多于枝条背光的光滑处，产卵前先将树皮咬成"三三"形伤痕，然后产1粒卵于伤痕下部的本质部与韧皮部之间，外表留小圆孔，极易识别。同一枝上可产卵数粒，单雌产卵量20粒左右，成虫寿命10~30天。卵期10~15天。初孵幼虫先于韧皮部附近取食，到2龄后开始蛀入木质部，深达髓部，并多顺枝条生长方向蛀食，少数向枝条基部取食。幼虫常有出蛀道啃食皮层的习性，常由蛀孔不断排出烟丝状粪屑，并黏于蛀孔外不易脱落。随虫体增长排粪孔（或称蛀孔）不断扩大，烟丝状粪屑也变粗加长，幼虫一生蛀食隧道长达6~9厘米，取食皮层面积达5平方厘米左右。粪屑常附于蛀道反方向，其长度与蛀道约等，越冬前或化蛹前常用粪屑封闭排粪孔和虫体前方的部分蛀道，生活期间蛀道内无粪屑。

防治方法

严格检疫、杜绝扩散 对带虫苗木不经处理不能外运，新建果园的苗木应严格检疫，防治有虫苗木植入。初发生的果园应及时将有虫枝条剪除烧掉或深埋或及时毒杀其中幼虫，以杜绝扩展。

防治成虫 成虫羽化期结合防治果树其他害虫，喷洒50%马拉硫磷乳油1500倍液、30%杀虫双水剂1000倍液及其他高效、低毒菊酯类杀虫药剂的常规浓度，对成虫均有良好的防治效果。

防治虫卵 在枝条产卵伤痕处，用煤油10份配50%杀螟硫磷乳油500倍液或90%晶体敌百虫300倍液1份的药液，涂抹产卵部位效果很好。

防治幼虫 ①捕杀幼虫。利用幼虫有出蛀道啃食皮层的习性，于早晚在有新鲜粪屑的蛀道口，用铁丝钩出粪屑及其中的幼虫，或用粗铁丝直接刺入蛀道，以刺杀其中幼虫。②毒杀幼虫。卵孵化初期，结合防治果园其他害虫，喷洒50%马拉硫磷乳油1500倍液、30%杀虫双水剂1000倍液及其他高效、低毒菊酯类杀虫药剂的常规浓度，毒杀初孵幼虫均有一定效果。或用蘸40%辛硫磷乳油100倍液的小棉球，由排粪孔塞入蛀道内，然后用泥土封口，可毒杀其中幼虫。

75 苹毛丽金龟（图2-75-1至图2-75-3）

属鞘翅目丽金龟科。又名苹毛金龟子、长毛金龟子。

分布与寄主

分布 黑龙江、吉林、辽宁、内蒙古、宁夏、甘肃、青海、陕西、山西、北京、河北、河南、山东、安徽、江苏、上海、浙江、重庆、四川等地。

寄主 苹果、石榴、梨、核桃、桃、李、杏、葡萄、山楂、板栗、草莓、黑莓、海棠等。

危害特点 成虫食害嫩叶、芽及花器；幼虫危害地下组织。

形态诊断 成虫：体长8.9~12.5毫米，宽5.5~7.5毫米。卵圆至长圆形，除鞘翅和小盾片外，全体密被黄白色绒毛。头胸部古铜色，有光泽；鞘翅茶褐色，具淡绿色光泽，上有纵列成行的细小点刻。触角鳃叶状9节，棒状部3节。从鞘翅上可透视出后翅折叠成"V"字形。腹部末端露出鞘翅。卵：椭圆形，长1.5毫米，初乳白后变为米黄色。幼虫：体长约15毫米，头黄褐色，头部前顶刚毛每侧7~8根，呈1纵列，后顶刚毛每侧10~11根，呈簇状，额中侧毛每侧2根，较长。臀节肛腹片覆毛区中央具2列刺毛，相距较远，每列前段由短锥状刺毛6~12根组成，后段为长针状刺毛6~10根，排列整齐。蛹：长卵圆形，长12.5~13.8毫米，宽5.5~6.0毫米，初黄白后变黄褐色。

发生规律 1年发生1代，以成虫在土中越冬。翌春3月下旬开始出土活动，主要危害蕾花，4月中旬至5月上旬危害最盛；成虫发生期40~50天，于5月中下旬成虫活动停止。4月中旬开始产卵，产卵盛期为4月下旬至5月上旬，卵期20~30天，幼虫期60~80天。幼虫发生盛期为5月底至6月初。7月底开始化蛹，化蛹盛期为8月中下旬。9月中旬开始羽化，羽化盛期为9月中旬，羽化后的成虫不出土，即在土中越冬。成虫具假死性，无趋光性，当平均气温达20℃以上时，成虫在树上过夜；温度较低时潜入土中过夜。成虫最喜食花器，故随寄主现蕾、开花早迟而转移危害，一般先危害杏、桃，后转至梨、苹果及石榴上危害。卵多产于9~25厘米土层中，并多选择土质疏松且植被稀疏的场所产卵，单雌产卵8~56粒，一般20余粒。天敌有：红尾伯劳、灰山椒鸟、黄鹂等益鸟和朝鲜小庭虎甲、深山虎甲、粗尾拟地甲及寄生蜂、寄生蝇、寄生菌等。

防治方法 此虫虫源来自多方面，特别是荒地虫量最多，故应以消灭成虫为主。

农业防治 早、晚张网震落成虫，捕杀之。

生物防治 保护利用天敌。

化学防治 ①地面使药，控制潜土成虫。常用药剂有5%辛硫磷颗粒剂每亩3千克撒施；或50%辛硫磷乳油每亩0.3~0.4千克加细土30~40千克拌匀成毒土撒施；或稀释500~600倍液均匀喷于地面。使用辛硫磷后应及时浅耙，提高防效。②树上使药。果树接近开花前，结合防治其他害虫喷洒52.25%蜱·氯乳油或50%二嗪磷乳油或45%马拉硫磷乳油或48%哒嗪硫磷乳油1500倍液、2.5%溴氰菊酯乳油2000~3000倍液等。

76 杏星毛虫（图2-76-1至图2-76-4）

属鳞翅目斑蛾科。又名桃斑蛾，红褐星毛虫、梅黑透羽、杏叶斑蛾。

分布与寄主

分布 长江以北产区。

寄主 杏、石榴、山楂、桃、樱桃、李、梨、柿等多种果树、林木、花卉。

危害特点 幼虫食芽、花、叶，早春蛀萌动的芽致枯死。寄主发芽后危害花、嫩芽和叶，食叶成缺刻和孔洞，重则吃光叶片。

形态诊断 成虫：体长7~10毫米，翅展21~23毫米，体黑褐色具蓝色光泽；翅半透明，布黑色鳞毛；雄虫触角羽毛状，雌虫短锯齿状。卵：椭圆形，长0.7毫米，初白色渐至黄褐色。幼虫：体长13~16毫米，近纺锤形，背暗赤褐色，腹面紫红色；头小黑褐色，大部分缩于前胸内，取食或活动时伸出；腹部各节具横列毛瘤6个，中间4个大，毛瘤中间生很多褐色短毛，周生黄白长毛。蛹：椭圆形，淡黄至黑褐色。茧：椭圆形，丝质稍薄淡黄色，外常附泥土、虫粪等。

发生规律 1年发生1代，以初龄幼虫在树皮缝、枝杈及贴枝叶下结茧越冬。寄主萌动时开始出蛰活动，先蛀芽，后危害蕾、花及嫩叶。3龄后白天下树，潜伏到树干基部附近的土、石块及枯草落叶下、树皮缝中，19:00后又上树取食叶片，拂晓又下树隐蔽。老熟幼虫于5月中旬开始在树干周围的各种植被下、皮缝中结茧化蛹，6月上旬成虫羽化交配产卵，多产在树冠中、下部老叶背面，块生，每块有卵70~80粒；卵期10~11天。第一代幼虫于6月中旬始见，啃食叶片表皮或叶肉，被害叶呈纱网状斑痕，幼虫受惊扰吐丝下垂，于7月上旬结茧越冬。天敌有金光小寄蝇、常怯寄蝇、梨星毛虫黑卵蜂、潜蛾姬小蜂等。

防治方法

农业防治 果树休眠期彻底刮除树体粗皮、翅皮、剪锯口周围死皮，消灭越冬幼虫。幼虫发生期在树干基部铺瓦片、碎砖等诱集幼虫，集中杀灭。

生物防治 利用天敌防治。

化学防治 ①于落叶后，用50%马拉硫磷乳油200倍液封闭剪锯口和树皮裂缝，可消灭大部分越冬幼虫。②幼虫危害期地面喷药，利用该虫白天下树潜伏的习性，在树干周围喷洒48%毒死蜱乳油500倍液或50%丙硫磷乳油800倍液。③树上喷药，卵孵化前后和低龄幼虫期喷洒50%马拉硫磷乳油或40%辛硫磷乳油1000倍液、2%氟丙菊酯乳油1000~2000倍液、20%氰戊菊酯乳油1500~2000倍液等。

77 桑天牛（图2-77-1至图2-77-3）

属鞘翅目天牛科。又名粒肩天牛、桑黑天牛等。

分布与寄主

分布 全国各产区。

寄主 苹果、石榴、山楂、核桃、梨、李、柑橘、杏、无花果等多种果树和林木、花卉。

危害特点 成虫食害嫩枝皮和叶；幼虫于枝干的皮下和木质部内蛀食，削弱树势，重者致树枯死。

形态诊断 成虫：体长26~51毫米，宽8~16毫米，黄褐色至浅褐色，密被青棕或棕黄色绒毛；触角丝状；前胸背板具不规则的横皱，侧刺突粗壮；鞘翅基部密布黑色光亮的颗粒状突起，约占全翅长的1/4~1/3，翅端内、外角均呈刺状突出。卵：长椭圆形，长6~7毫米，初乳白渐变淡褐色。幼虫：体长60~80毫米，圆筒形，乳白色；头黄褐色，大部缩在前胸内；腹部13节，无足，背板上密生黄褐色刚毛，后半部生赤褐色颗粒状小点并有"小"字形凹纹。蛹：长30~50毫米，纺锤形，初淡黄渐变黄褐色。

发生规律 北方2~3年1代，广东1年1代，以幼虫在枝干内越冬，寄主萌动后开始危害，落叶后休眠越冬。北方地区，幼虫经过2~3个冬天，于6~7月间老熟后在隧道内化蛹，7~8月间羽化后从羽化孔钻出。成虫昼伏晚出，卵多产于2~4年生、直径10~20毫米枝条的中下部的上方，产卵前先将表皮咬成"U"形伤口，然后产卵于其中。单雌产卵期达40余天。卵期10~15天，孵化后先于韧皮部和木质部间蛀食，然后蛀入木质部内向下蛀食并至髓部。隔一定距离向外蛀一通气排粪屑孔，排出大量粪屑，低龄幼虫粪便红褐色细绳状，大龄幼虫的粪便为锯屑状。幼虫一生蛀隧道长达2米左右，隧道内无粪便与木屑。

防治方法

农业防治 冬春季彻底剪除虫枝，集中处理；成虫发生期及时捕杀成虫，消灭在产卵之前；成虫产卵盛期后于产卵伤口处挖卵和初龄幼虫；用细铁丝从新鲜排粪孔处插入刺杀虫道内的幼虫。

化学防治 卵孵化盛期和初龄幼虫期为施药关键期，①药剂涂产卵槽。用90%晶体敌百虫或80%敌敌畏乳油、50%杀螟硫磷乳油、20%甲氰菊酯乳油、50%吡虫啉乳油等30~50倍液，涂抹产卵槽杀虫效果很好。②虫孔注药液。用50%辛硫磷乳油10~20倍液或上述药液从新鲜排粪孔注入，毒杀新蛀入幼虫，每孔最多注10毫升，然后用湿泥封孔。③树冠喷药。成虫发生期喷洒20%醚菊酯乳油1000倍液及上述药液，使用浓度严格按标定要求进行，注意枝干上要全部着药。

78 山东广翅蜡蝉（图2-78-1至图2-78-4）

属同翅目广翅蜡蝉科。

分布与寄主

分布 山东、河南、山西、陕西、安徽、江苏等产区。

寄主 梨、柿、山楂、石榴等多种果树和林木。

危害特点 以成虫、若虫危害枝、叶。成虫、若虫刺吸枝条、叶的汁液，产卵于当年生枝条内，致产卵部以上枝条枯死。

形态诊断 成虫：体长约8毫米，翅展28~30毫米，雌大雄小，淡褐色略显紫红，被覆稀薄淡紫红色蜡粉；前翅宽大，脉纹明显，底色暗褐至黑褐色，被稀薄淡紫红蜡粉,而呈暗红褐色,有的杂有白色蜡粉而呈暗灰褐色,前缘外1/3处有1纵向狭长半透明斑,翅后半部有两条横向白色细线;后翅淡黑褐色,半透明,前缘基部略呈黄褐色,后缘色淡。卵:长椭圆形,1.3毫米×0.5毫米,乳白色至淡黄色。若虫:体长6.5~7毫米,宽4~4.5毫米,体近卵圆形,近似成虫;初龄若虫,体被白色蜡粉,腹末有4束蜡丝呈扇状,尾端多向上前弯而蜡丝覆于体背。

发生规律 1年发生1代,以卵在枝条内越冬,翌年5月卵孵化为若虫,若虫有一定群集性,活泼善跳,危害至7月底、8月中旬羽化为成虫,成虫于9月下旬至10月中下旬产卵。成虫白天活动,触卵即跳、飞行迅速,喜于嫩枝、芽、叶上刺吸汁液。多选直径4~5毫米枝条光滑部产卵于木质部内,外覆白色蜡丝状分泌物,每雌可产卵150粒左右,并在多枝上产卵,产卵部位以上枝条多枯死。

防治方法

农业防治 冬春季结合修剪剪除有卵块的枝条,集中深埋或烧毁,以减少越冬虫源。

化学防治 若虫孵化和危害期喷洒10%吡虫啉可湿性粉剂3000倍液或20%异丙威乳油1000~1500倍液、25%噻嗪酮可湿性粉剂1000倍液等,喷药时在药剂中加0.3%~0.5%柴油乳剂,可提高防效。

79 桃剑纹夜蛾(图2-79-1至图2-79-4)

属鳞翅目夜蛾科。又名苹果剑纹夜蛾。

分布与寄主

分布 全国各产区。

寄主 苹果、桃、石榴、樱桃、杏、山楂、梨、李、核桃等果树和林木。

危害特点 幼龄幼虫群集叶背危害,取食上表皮和叶肉,仅留下表皮和叶脉,受害叶呈网状,幼虫稍大后将叶片食成缺刻或孔洞,并啃食果皮,果面上出现不规则的坑洼。

形态诊断 成虫:体长17~22毫米,翅展40~48毫米,体表被较长的鳞毛,体、翅灰褐色;前翅有3条与翅脉平行的黑色剑状纹,基部的1条呈树枝状,端部2条平行,外缘有1列黑点;触角丝状暗褐色;后翅灰白色,翅脉淡褐色;腹面灰白色,雄腹末分叉,雌较尖。卵:半球形,直径1.2毫米,白至污白色。幼虫:老熟幼虫体长38~40毫米,头红棕色布黑色斑纹,其余部分灰色略带粉红;体背有1条橙黄色纵带,纵带两侧每节各有2个黑色毛瘤,其上着生黑褐色长毛,毛端黄白稍弯;第一腹节背面中央有1黑色柱状突起;胸足黑色,腹足俱全暗灰褐色。蛹:长约20毫米,棕褐色有光泽。

发生规律 1年发生2代,以茧蛹在土中或树皮缝中越冬。成虫于翌年5~6月间羽化。成虫昼伏夜出，有趋光性和趋化性，产卵于叶面。5月中下旬发生第一代幼虫，危害至6月下旬，吐丝缀叶，在其中结白色薄茧化蛹，第一代成虫于7月下旬至8月下旬发生。第二代幼虫于7月下旬至8月上中旬发生，9月中旬后化蛹越冬。天敌有桥夜蛾绒茧蜂等。

防治方法

农业防治　冬春翻树盘，消灭在土中越冬的蛹。

物理防治　成虫发生期设置糖醋液盆和黑光灯，诱杀成虫。

化学防治　幼虫发生期喷洒90%晶体敌百虫1000倍液或20%杀螟硫磷乳油2000倍液、20%甲氰菊酯乳油2000倍液、2.5%溴氰菊酯乳油3000倍液等。

80 苹小卷叶蛾（图2-80-1至图2-80-5）

属鳞翅目卷蛾科。又名苹果小卷叶蛾、棉褐带卷蛾、苹卷蛾、棉卷蛾。

分布与寄主

分布　全国除西藏未见报道外，其他各产区均有分布。

寄主　苹果、石榴、山楂、桃、杏、李、樱桃、梨等多种果树和林木。

危害特点　幼虫吐丝将2~3片叶连缀一起，并在其中危害，将叶片吃成缺刻或网状；被害果表面呈现形状不规则的小坑洼，尤其果、叶相贴时，受害较多。

形态诊断　成虫：体长6~8毫米，翅展13~23毫米，淡棕色或黄褐色；前翅自前缘向后缘有2条深褐色斜纹；后翅淡灰色；雄虫较雌虫体小，体色较淡，前翅基部有前缘褶。卵：椭圆形，淡黄色。幼虫：体长13~15毫米，头和前胸背板淡黄色，老龄幼虫翠绿色。蛹：长9~11毫米，黄褐色。

发生规律　1年发生3~4代，以2龄幼虫结白色薄茧在剪锯口、树皮裂缝、翘皮下越冬。翌年果树发芽后出蛰，取食嫩芽、幼叶，稍大吐丝缀叶，潜伏其中危害，幼虫极活泼，遇惊扰急剧扭动身体吐丝下垂。成虫发生盛期在6月中旬，昼伏夜出，有较强的趋化性和微弱的趋光性，对糖醋液或果醋趋性甚烈。卵产于叶面或果面较光滑处，数十粒排列成鱼磷状卵块，卵期7天左右。第一代幼虫发生期在7月中下旬，第二代幼虫发生期在8月下旬至9月上旬，第三代幼虫于9月上旬至10月上旬危害一段时间后越冬。天敌有赤眼蜂等。

防治方法

农业防治　冬春季刮除树干上剪锯口等处的翘皮，消灭越冬幼虫。生长季节，发现卷叶后及时用手捏死其中的幼虫。

生物防治　在产卵盛期释放赤眼蜂于果园，消灭虫卵。

化学防治　①冬春季用10%醚菊酯乳油200倍液涂抹剪锯口，消灭越冬幼虫。②在越冬幼虫出蛰期和各代幼虫发生初期，喷洒50%辛硫磷乳油1500倍液或50%杀螟硫磷乳油1000倍液、48%毒死蜱乳油或52.25%蜱·氯乳油2000倍液、2.5%溴氰菊酯乳油3000倍液等。

81 木橑尺蠖（图2-81-1，图2-81-2）

属鳞翅目尺蛾科。又名木橑尺蠖、木橑尺蛾、洋槐尺蠖、木橑步曲、吊死鬼、小大头虫、棍虫。

分布与寄主

分布 除西藏、青海等产区未见报道外，其他各产区均有分布。

寄主 石榴、核桃、木橑、苹果、山楂、柿、梨、杏、桃、柳、杂草等150多种植物。

危害特点 幼虫食叶成缺刻或孔洞，重者把整枝叶片吃光。长江以北产区常局部重度发生，造成很大危害。

形态诊断 成虫：体长17～31毫米，翅展54～78毫米，翅体白色，头棕黄色；触角雌丝状，雄短羽状；胸背有棕黄色鳞毛，中央有一浅灰色斑纹，前后翅均有不规则的灰色和橙色斑点，中室端部呈灰色不规则块状，在前后翅外缘线上各有一串橙色和深褐色圆斑，前翅基部有一个橙色大圆斑；雌腹部肥大，末端具棕黄色毛丛；雄腹瘦，末端鳞毛稀少。卵：椭圆形，初绿色渐变至黑色。幼虫：体长70毫米左右，体色似树皮，体上布满灰白色颗粒小点；头部密布白色、琥珀色、褐色泡沫状突起，头顶两侧呈马鞍状突起；前胸盾前缘两侧各有一突起，气门两侧各生一个白点；胴部第二至第十节前缘亚背线处各有一灰白色圆斑。蛹：长30～32毫米，黑褐色。

发生规律 华北1年发生1代，浙江1年发生2～3代，以蛹在树冠下土缝或园地土块、砖石下等各种隐蔽场所越冬。华北5～8月成虫于夜晚羽化，成虫昼伏夜出，趋光性较强。每雌可产卵1000～3000粒，卵产于树皮缝或石块上，数十粒成块上覆棕黄色鳞毛。卵期9～11天。5月下旬至10月为幼虫发生期，8月危害严重。初孵幼虫有群集性，较活泼，可吐丝下垂借风力传播，2龄后分散危害。幼虫期40天左右，老熟后入土，多在3厘米深处群集化蛹越冬。

防治方法

农业防治 冬春季彻底清园，并翻耕园地，利用低温和鸟食消灭土中越冬蛹。幼虫发生期摇树震落捕杀幼虫。园内放养鸡、鸭啄食幼虫。

物理防治 利用黑光灯诱杀成虫或清晨人工捕捉。

化学防治 各代幼虫孵化盛期，特别是第一代幼虫孵化期，喷洒50%氰戊菊酯乳油2000～3000倍液或20%氟丙菊酯乳油乳油3000倍液、50%二嗪磷乳油1000倍液、90%晶体敌百虫800～1000倍液、50%辛硫磷乳油1200倍液等。依据物候期施药第一次掌握在发芽初期，第二次在芽伸长35厘米时为宜。

82 相思拟木蠹蛾(图2-82-1,图2-82-2)

属鳞翅目拟木蠹蛾科。

分布与寄主

分布 云南、广东、广西、福建及台湾等地及周边产区。

寄主 相思、荔枝、石榴、梨、柑橘属、木麻黄、枫、杨和柳属等数十种植物。

危害特点 以幼虫钻蛀枝干成坑道,咬食枝干外部时,常吐丝缀连虫粪和树皮屑形成隧道,幼虫白天匿居坑道中,夜间钻出,沿隧道啃食隧道前端的树皮,削弱树势;危害严重时,可致枝干枯干,幼树死亡。

形态诊断 成虫:雌虫体长7~12毫米,翅展22~25毫米;雄虫体长7~10.5毫米,翅展20~24毫米。体灰褐色,头顶鳞片灰白色,口器退化,下唇须短小;胸部背面被灰褐色鳞片,腹面白色;足粗短,足内侧被白色鳞片,外侧被灰色鳞片,胫节及第一跗节外侧鳞片长2~4毫米,成丛;前翅近长方形,灰白色,中室中部具1个黑色斑块,黑斑的外侧有6个近长方形的褐斑,连续横列成弧形,前缘具11个褐斑,外缘及后缘各有5~6个灰褐色斑块,沿翅缘分列;后翅近四方形,外缘有8个灰褐色斑;腹部背面被灰褐色长鳞片,腹部白色,腹端鳞片长2~4毫米,黑褐色。卵:长径0.6~0.7毫米,短径0.5~0.6毫米,椭圆形,乳白色,近透明,表面光滑,卵粒排列成鱼鳞状胶块,外被黑褐色胶状物。幼虫:老熟幼虫体长18~27毫米,宽2~3.5毫米,体漆黑色;体壁大部分骨化,头部赤褐色,上唇基部中央色较淡,具许多不规则皱纹,唇基长度为头长1/3;单眼6个;前胸背板漆黑色,背中线色淡,腹部各节大部分骨化。蛹:长12~16毫米,黑褐色;触角内上方有粗大突起1对,着生的方向和体轴平行,这是与荔枝拟木蠹蛾蛹的区别;无下颚须;雌性蛹的第二腹节前缘具刺状突,雄性的第三节前缘及第四至第七节前后缘皆具刺状突;腹端部具粗短臀棘6~8个;雌性第七节后缘无刺状突。

发生规律 在福建、广东1年发生1代,以近老熟幼虫在虫道中越冬。在福州4月上旬至5月下旬化蛹,蛹期20天。4月下旬至6月中旬羽化。成虫羽化后当晚即进行交尾、产卵。产卵持续2~3晚,每头雌虫平均产卵量为100粒左右。幼虫5月中旬后出现,多在树枝分叉,树皮粗糙和伤口等处钻蛀虫道,白天匿居其中。虫道不深,虫道平均长度为8~12厘米。在树干上的虫道外面有虫粪、及树皮碎屑组成的隧道突起,幼虫在傍晚沿隧道外出啃食树皮。成虫羽化多在午后,羽化后蛹壳插于虫道口。成虫寿命一般3~4天,能作短距离飞翔。有弱趋光性。此虫常和荔枝拟木蠹蛾混杂发生。

防治方法

农业防治 用铁丝刺杀虫道内幼虫和蛹。

物理防治　成虫发生期利用黑光灯或频振式杀虫灯诱杀成虫。

化学防治　①毒杀幼虫。用菊酯类或有机磷类杀虫剂100～200倍液与旧棉絮做成药团，塞入虫道中，孔口用黄泥封闭，毒杀虫道内幼虫；②卵孵化盛期，树冠喷洒25%灭幼脲悬浮剂1000倍液、Bt乳剂500倍液、5%氟啶脲1500倍液、2.5%三氟氯氰菊酯乳油3000倍液、2.5%联苯菊酯乳油1500倍液等，保证枝干充分着药，以毒杀卵及初孵幼虫。③由于此虫夜间出来取食树皮，在幼虫发生期于傍晚枝干上可喷洒20%吡虫啉可湿性粉剂1000倍液、2%氟丙菊酯乳油2000倍液、1.8%阿维菌素乳油2500倍液等，毒杀啃食树皮的幼虫。

83　小绿叶蝉（图2-83-1，图2-83-2）

属同翅目叶蝉科。又名桃叶蝉、桃小叶蝉、桃小绿叶蝉、桃小浮尘子等。

分布与寄主

分布　全国各产区。

寄主　桃、柿、梨、苹果、杏、石榴、葡萄、樱桃、柑橘等果树芽、叶。

危害特点　成虫、若虫刺吸寄主汁液，被害叶初现黄白色斑点，渐扩大成片，严重时全叶苍白早落。

形态诊断　成虫体长3.3～3.7毫米，淡黄绿至绿色，复眼灰褐至深褐色，触角刚毛状；前胸背板、小盾片浅鲜绿色，常具白色斑点；前翅半透明，淡黄白色，周缘具淡绿色细边；后翅透明膜质；各足胫节端部以下淡青绿色，爪褐色；后足跳跃式；腹部背板色较腹板深，末端淡青绿色。卵：长椭圆形，0.6毫米×0.15毫米，乳白色。若虫：体长2.5～3.5毫米，与成虫相似。

发生规律　1年发生4～6代，以成虫在落叶、杂草或低矮绿色植物中越冬。翌年春桃、李、杏发芽后出蛰，飞到树上刺吸汁液。卵多产在新梢或叶片主脉里，卵期5～20天，若虫期10～20天，非越冬成虫寿命30天；完成一个世代40～50天。因发生期不整齐致世代重叠，6月虫口数量增加，8～9月最多且危害重，秋后以成虫越冬。成虫、若虫喜欢白天活动在叶背刺吸汁液或栖息。成虫善跳，可借风力扩散，旬均温15～25℃适其生长发育，28℃以上及连阴雨天气虫口密度下降。

防治方法

农业防治　冬春季清除园内落叶及杂草，减少越冬虫源。

化学防治　越冬代成虫迁入后，各代若虫孵化盛期及时喷洒40%辛硫磷乳油1500倍液或10%吡虫啉可湿性粉剂2500倍液、50%马拉磷乳油1500倍液、20%噻嗪酮乳油1000倍液、2.5%溴氰菊酯乳油或10%溴氟菊酯乳油2000倍液、50%抗蚜威超微可湿性粉剂3000～4000倍液防治。

84　星天牛（图2-84-1至图2-84-5）

属鞘翅目天牛科。又名橘星天牛、牛头夜叉、花牯牛、花夹子虫等。

分布与寄主

分布　吉林、辽宁、安徽、江西、云南、台湾、河北、山东、河南、江苏、浙江、山西、陕西、甘肃、湖北、湖南、四川、贵州、福建、广东、海南、广西等产区。

寄主　核桃、枣、苹果、梨、无花果、樱桃、石榴、木麻黄、杨、柳、榆、刺槐、梧桐、悬铃木、柑橘、枇杷等46种植物。

危害特点　幼虫一般蛀食较大植株的基干木质部，部分树木因蛀食中空。一般天牛羽化后3~4个月，75%以上羽化孔愈合，从外表上难以判断是否曾经受害，实则其木质部因幼虫取食已受到严重破坏，在外力的作用下很容易折断。星天牛更倾向于在树势较弱的植株或受损部位产卵。

形态诊断　成虫：雌成虫体长36~45毫米，宽11~14毫米，触角长超出身体1、2节；雄成虫体长28~37毫米，宽8~12毫米，触角长超身体4、5节。体翅黑色，具金属光泽。头部和身体腹面被银白色和部分蓝灰色细毛，但不形成斑纹。触角第1~2节黑色，其余各节基部1/3处有淡蓝色毛环，其余部分黑色。前胸背板中瘤明显，两侧具尖锐粗大的侧刺突。鞘翅基部密布黑色小颗粒，每鞘翅具大小白斑15~20个，排成5横行，变异很大。卵：长椭圆形，一端稍大，长4.5~6毫米，宽2.1~2.5毫米。初产时为白色，以后渐变为乳白色。幼虫：老熟幼虫呈长圆筒形，略扁，体长40~70毫米，前胸宽11.5~12.5毫米，乳白色至淡黄色。前胸背板前缘部分色淡，其后为1对形似飞鸟的黄褐色斑纹，前缘密生粗短刚毛，前胸背板的后区有1个明显的较深色的"凸"字纹。腹部具2横沟及4列念珠状瘤突。蛹：纺锤形，长30~38毫米，初蛹淡黄色，羽化前各部分逐渐变为黄褐色至黑色。翅芽超过腹部第3节后缘。

本种与光肩星天牛的区别就在于光肩星天牛鞘翅毛斑纯白色，鞘翅肩区有较明显的刻点，肩角较粗糙；中茎弯度较大，中茎与中茎突长之比约1.45，内囊筒长宽比为5:8，受精囊较细长。星天牛中茎总体微弯，端半部侧缘平行，短阔，内囊基部有眉形骨化区，囊筒长圆柱形，等粗，但外端呈瓶口状缢缩，表面被横向整齐排列的骨化微刺。

发生规律　在浙江南部1年发生1代，个别地区3年2代或2年1代，以幼虫在被害寄主木质部内越冬。越冬幼虫于次年3月以后开始活动，多数幼虫凿成长3.5~4厘米、宽1.8~2.3厘米的蛹室和直通表皮的圆形羽化孔，虫体逐渐缩小，不取食，伏于蛹室内，4月上旬气温稳定到15℃以上时开始化蛹，5月下旬化蛹基本结束。蛹期长短各地不一，台湾10~15天；福建20天左右；浙江19~33

天。5月上旬成虫开始羽化，5月底6月上旬为成虫出孔高峰，成虫羽化后在蛹室停留4~8天，待身体变硬后才从圆形羽化孔外出，啃食寄主幼嫩枝梢树皮作补充营养，10~15天后交尾。成虫多在黄昏前活动、交尾、产卵，破晓时候亦较活跃，中午多停息枝端，晚上21：00后及阴雨天亦多静止。卵期7~10天。初孵幼虫首先取食卵壳和韧皮部被黏液侵迹变色部分。几天后在皮下取食新鲜韧皮部，蛀成不规则虫道，内充满虫粪，约30天后开始蛀入木质部，向上或向下达根部形成不规则虫道，常有1~3个进气孔从中排出似锯木屑状的粪便，幼虫期长达10个月，虫道长20~60厘米，宽0.5~2.0厘米，幼虫喜在地面以上20厘米的主干上危害，所以常造成植株枯死。蛹期20~30天。

防治方法

物理防治 ①及时伐除枯折树木。②在成虫盛发期人工捕杀成虫。③在产卵盛期刮除虫卵。④锤击幼龄幼虫。⑤设置诱饵树。诱饵树即天牛嗜食树，作用是诱集天牛而后集中灭杀和处理，降低天牛对目标树种的危害。星天牛的诱饵树种多为其嗜食树种——苦楝，苦楝的有效诱集距离在200米左右，在成虫高峰期引诱的数量占总数量的71.6％。

生物防治 ①利用益鸟防治。②应用花绒寄甲、川硬皮肿腿蜂等寄生效果可达43.63％。③利用白僵菌防治星天牛，白僵菌对星天牛的平均致死率可达78％以上。

化学防治 ①成虫产卵前，在干枝上喷洒40％辛硫磷乳油或20％辛·氰乳油、10％吡虫啉乳油、5％氟虫脲乳油800~1000倍液等。②用注射器向新鲜排粪孔注射上述药液，每孔最多注10毫升，注后用湿泥封孔或用蘸有毒药的毒签堵塞虫孔。

85 中华金带蛾（图2-85-1，图2-85-2）

属鳞翅目带蛾科。又名黑毛虫。是近年新发现的一种果树害虫，也是石榴树的主要食叶害虫。

分布与寄主

分布 黄淮、湖南、湖北、云南、贵州、四川等产区。

寄主 石榴、梨、桃、苹果等。

危害特点 幼虫食害叶片，轻者把叶片啃食成许多孔洞和缺刻，重者把叶片吃光并啃食嫩芽、树皮和果皮。

形态诊断 成虫：雌蛾全体金黄色，体长22~28毫米，翅展67~88毫米。触角丝状深黄色，胸及翅基密生长的鳞毛。翅宽大，前翅顶角有不规则的赤色长斑，长斑表面散布有灰白色鳞粉；长斑下具2枚圆斑，后角的一枚圆斑较小；翅面上有5~6条断续的赤色波状纹，前缘区的斑纹粗而明显。后翅中间有5~6枚斑点，排列整齐，斑列外侧有3枚大的斑点；顶角区是大小各一枚，相距较近；后缘区有4条波状纹，粗而明显。雄蛾体长20~27毫米，翅展58~82毫米，体翅具金黄色，触角羽毛状黄褐色，羽枝较长。胸部具金黄色鳞毛，腹部黄褐色。前翅前缘脉黄褐色，顶角区有三角形赤色大斑；大斑下半部有不明显的银灰色小点；亚缘斑为7~8枚长形小点，内侧后角有一较大的斑点，整个翅面有5条断断续续的波状纹；前缘区粗而明显。后翅亚缘呈波状纹，内侧有2行小斑点，翅的内半部有4条断断续续的波状纵带。卵：圆球状，接触物一面较平。直径1.2~1.3毫米，淡黄色，有光泽，不透明；近孵化时顶部有一黑点。幼虫：老熟幼虫体长35~71毫米，圆筒形，腹面略扁平，全身暗褐色。每一腹节背面正中有一"凸"字形黑斑，腹部背面共有黑斑8个，斑内生黄白浅毛。头黑褐色，体背及两侧每节生有许多小刺，小刺上有束状长短不一的棕色、褐色、灰白色混生长毛；胸背和尾节上的毛略长，分别向前和向后伸。胸足3对，尾足1对。腹足趾钩为双序半环，每足有趾钩80~92个。蛹：被蛹。呈纺锤形，黑褐色，有光泽；头端钝，尾端略尖并具有细小的臀棘刺能钩在茧壁上；长21~28毫米，粗8~9毫米。茧呈长椭圆形，比蛹体大1/3。棕灰或棕褐色。

发生规律 1年发生1代，以蛹越冬。7月初开始羽化，7月下旬至8月上旬为成虫羽化盛期，8月下旬羽化结束，成虫羽化期长达2个月。成虫有较强的趋光性，飞翔能力不强，常潜伏在枝叶、杂草丛中，夜间飞出活动交尾。羽化多在晚上，羽化第二天即进行交尾，当晚或第二天夜间就开始产卵。成虫寿命7~10天。雌蛾集中成片产卵于叶片或嫩枝上，不规则地一粒紧接一粒，只排一层，常是数百粒成一块。单雌产卵115~187粒，卵期8~18天。1~2龄幼虫成团成排地聚集在叶片背面，幼龄幼虫受惊后有吐丝下垂、随风飘移进行扩散的习性，幼虫行动时后面的跟着前面的向前爬行。3龄后幼虫食量大增，白天群集潜伏在枝叶或树干背阴、弯曲和树孔等处，每处少则一二十头，多则上百上千头，黄昏后再鱼贯而行向树冠枝叶爬去取食至黎明，黎明前又成群开始下移，行动整齐，首尾相接。随着虫龄增大，栖息高度下降到主干基部，一株树上的幼虫常聚集在一处停息。食物缺乏时可以转株为害。幼虫6龄，3龄后腹节背面的凸字形斑才明显地显示出来。幼虫危害期长达82~95天。10月下旬至11月上旬老熟，在树洞、树皮裂缝处、枯枝落叶、草丛内、石缝、土块下、土洞等处做茧化蛹越冬。幼虫吐丝做茧前活动减少，不食不动，大量排粪，身体缩短变粗，藏在做茧处的杂物中，约一天时间可以把茧做成，茧做后幼虫体上的束状毛已全部脱落，第二、三天就化蛹，臀棘钩在茧壁上越冬。幼虫集中危害出现在石榴、桃、梨、苹果等果树采果后的9~10月份，对采果后的危害常被人忽视，还会错误地认为是提早落叶，对树体安全越冬及来年产量造成很不利影响。中华金带蛾在湖南的发生比四川早1个月左右。

防治方法

农业防治　①在冬春季清除果园内外的枯枝落叶、杂草、烂果、僵果、深埋或烧毁，以消灭越冬蛹。②利用该虫集中产卵于叶片上及初孵出的幼虫群集于一处的特性，在成虫产卵后及幼虫初孵期，人工及时摘除有卵和幼虫的叶片。③捕捉幼虫。9~10月，3龄后的幼虫白天常下移群集于树干基部或大枝上，很容易发现，可以集中消灭。

物理防治　7~8份安装黑光灯或其他杀虫灯，诱杀成虫；糖醋液诱杀。

生物防治　其天敌有寄生蜂、螳螂等，注意保护利用。

化学防治　在低龄幼虫危害期，树冠喷洒喷洒90%晶体敌百虫800~1000倍液或50%辛硫磷乳剂1000倍液或45%马拉硫磷乳油1200~1500倍液或50%二嗪磷乳油1200~1500倍液以及菊酯类杀虫剂等。

86 舞毒蛾（图2-86-1至图2-86-3）

属鳞翅目毒蛾科。又名柿毛虫、松针黄毒蛾、秋千毛虫。

分布与寄主

分布　全国各产区。

寄主　柿、苹果、石榴、梨、枣、李、杏、山楂、桃、板栗、樱桃、葡萄、柑橘等500余种植物。

危害特点　初孵幼虫群栖危害，稍大后分散危害，白天潜藏在树皮缝、枝杈、树下杂草等多种隐蔽场所，傍晚上树。幼虫蚕食叶片，严重时整树叶片被吃光。

形态诊断　成虫：雄虫体长18~20毫米，翅展45~47毫米，暗褐色；头黄褐色，触角羽状褐色；前翅外缘色深呈带状，翅面上有4~5条深褐色波状横线，中室中央有一黑褐色圆斑，中室端横脉上有一黑褐色"<"形斑纹，外缘脉间有7~8个黑点；后翅色较淡，外缘色较浓成带状。雌虫体长25~28毫米，翅展70~75毫米，污白微黄色；触角黑色短羽状，前翅上的横线与斑纹同雄虫相似，暗褐色；后翅近外缘有一条褐色波状横线；外缘脉间有7个暗褐色点；腹部肥大，末端密生黄褐色鳞毛。卵：卵圆形，0.9~1.3毫米，黄褐至灰褐色。幼虫：体长50~70毫米，头黄褐色，正面有"八"字形黑纹，胴部背面灰黑色，背线黄褐，腹面带暗红色，胸、腹足暗红色；各体节各有6个毛瘤横列，背面中央的一对色艳，上生棕黑色短毛，两侧的毛瘤上生黄白与黑色长毛一束。蛹：长19~24毫米，红褐至黑褐色。

发生规律　1年发生1代，以卵块在树体上、树下砖石块等处越冬。寄主发芽时孵化，初龄幼虫日间多群栖，夜间取食，受惊扰吐丝下垂借风力扩散，故称秋千毛虫。稍大后分散取食，白天栖息在树杈、皮缝或树下土石缝中，傍晚成群上树取食。幼虫期50~60天，6月中下旬陆续老熟爬到隐蔽处结薄茧化蛹，蛹期10~15天。7月成虫大量羽化。成虫有趋光性，雄蛾白天在枝叶间飞舞；雌体大、笨重，很少飞行，常在化蛹处附近产卵，在树上多产于枝干的阴面，卵400~500粒成块，形状不规则，上覆雌蛾腹末的黄褐色鳞毛。天敌主要有舞毒蛾黑瘤姬蜂、喜马拉雅聚瘤姬蜂、脊腿匙宗瘤姬蜂、舞毒蛾卵平腹小蜂、梳胫饰腹寄蝇、毛虫追寄蝇、隔脑狭颊寄蝇等。

防治方法

农业防治　冬春季清理树下砖石、土块，消灭越冬卵。幼虫发生期利用幼虫白天下树潜伏习性，在树干基部堆砖石瓦块，诱集捕杀幼虫。

生物防治　保护和利用天敌。

化学防治　①在幼虫孵化盛期和分散危害前，喷洒90%晶体敌百虫或50%杀螟硫磷乳油、50%辛硫磷乳油、90%杀螟丹可湿性粉剂1000倍液、2.5%溴氰菊酯乳油或20%氰戊菊酯乳油、1.8%阿维菌素乳油、10%联苯菊酯乳油3000倍液、52.25%蜱·氯乳油1500~2000倍液。②于傍晚幼虫上树前，在树干上喷洒高效低毒低残留的触杀剂或在树干上涂50~60厘米宽的药带，毒杀幼虫。

87　长白盾蚧（图2-87-1至图2-87-3）

属同翅目盾蚧科。又名长白蚧、长白介壳虫、梨长白介壳虫、日本长白蚧、茶树长白盾蚧、茶虱子。

分布与寄主

分布　全国各产区。

寄主　梨、苹果、李、梅、柑橘、樱桃、柿、山楂、石榴、茶树、丁香、无花果等。

危害特点　以若虫和雌成虫刺吸寄主植物汁液为害，致被害寄主生长衰弱，叶片稀少瘦小，寄主未老先衰，产量质量明显下降，严重时可导致寄主植物大量死亡。

形态诊断　雌成虫：体长1.68~1.8毫米，梨形，淡黄色，无翅。雄成虫：体长0.5~0.7毫米，淡紫色，头部色较深，翅1对，白色半透胡，腹末有一针状交尾器。卵：椭圆形，长径约0.23毫米，短径约0.11毫米，淡紫色，卵壳白色。若虫：初孵若虫椭圆形，浅紫色，触角和足发达，腹末有尾毛2根，能爬行。蛹：前蛹淡黄色，长椭圆形，长0.6~0.9毫米，腹末有尾毛2根；蛹紫色，长0.66~0.85毫米，腹末有一针状交尾器。雌雄介壳灰白色，较细长，前端较窄，后端稍宽。雌虫介壳在灰白色蜡壳内还有一层褐色盾壳，雄虫介壳较雌介壳小，内无褐色盾壳。

发生规律　长江下游产区1年发生3代，以老熟雌若虫和雄虫前蛹在寄主植物枝干上越冬，翌年3月下旬至4月下旬时雄成虫羽化，4月中下旬雌成虫开始产卵。第1、2、3代若虫孵化盛期分别在5月中下旬、7月中下旬，9月上旬至10月上旬。第1、2代若虫孵化比较整齐，而第3代孵化期持续时间长。一般枝干上的虫数最多，雌虫几乎全部分布在枝干上，少部分分布在叶缘的锯齿间。各虫态历期为：卵期13~20天，若虫期23~32天，雌成虫寿命23~30天。雌成虫产卵于介壳内，每雌产卵量10~30粒。若虫孵化后从介壳下爬出，爬动数小时后，找到适合的部位，将口器插入寄主植物组织中固定，并分泌白色蜡质覆盖于体表。雌虫共3龄，雄虫2龄。果园郁闭、过施氮肥、树势弱的受害重。

防治方法

农业防治　①严格检疫，防止有长白蚧危害苗木传入新区；冬春剪除介壳虫危害枝条，集中销毁。②加强果园综合管理。合理施肥，注意氮、磷、钾的配合；及时除草，剪除徒长枝，保持果园通风透光，避免郁闭；低洼果园，注意开沟排水。局部发生的果园，随时剪除虫枝。

化学防治　防治原则是狠治第一代，重点治第二代，必要时补治第三代。施药适期应在卵孵化末期至1、2龄若虫期。防治第一、二代可用50%马拉硫磷乳油或50%辛硫磷剂乳油1000倍液，或合成洗衣粉100~200倍液等。第三代可用25%喹硫磷乳油1200倍液、25%噻嗪酮可湿性粉剂1000倍液等。也可在秋末冬初或春季发芽前喷洒3~5波美度石硫合剂。

88　黑翅土白蚁（图2-88-1至图2-88-9）

属等翅目白蚁科。

分布与寄主

分布　黄河以南及西南各产区。

寄主　枣、柿、石榴、板栗、茶、柑橘等多种果树、林木、花卉。

危害特点　白蚁营巢于土中，取食树木的根茎部，并在树木上修筑泥被，啃食树皮，也能从伤口侵入木质部危害。苗木受害后常枯死，成年树被害后生长不良。此外，还危及堤坝安全。

症形诊断　有翅繁殖蚁：体长12~18毫米，头、胸、腹背面黑褐色，翅暗褐色，触角19节，全身被细毛，前胸背板中央有1个淡色"十"字形纹。卵：乳白色，椭圆形，长径0.6毫米。兵蚁：体长5~6毫米，头暗黄色，胸、腹部淡黄色至灰白色；头部毛稀疏，胸腹部毛较密集。工蚁：体长5~6毫米，头黄色，胸、腹部灰白色。

发生规律　筑巢地下，危害树木时一般先取食树干表皮和木栓层，后期才向木质部深入。5~6月及9月有两个危害高峰，7~8月则在早、晚和雨后活动。每年4月底5月初在蚁巢附近出现成群的圆锥形突起分飞孔，相对湿度95%以上的闷热天气或大雨后,有翅繁殖蚁从分飞孔飞出,脱翅并雌雄配对后钻入地下建立新巢,成为新蚁巢的蚁后和蚁王,有些位于浅土层的幼龄巢和菌圃腔,在6～8月连降暴雨后,地面上会长出鸡枞菌,可作为确定蚁巢的标志。蚁巢由小到大,一个大巢群内白蚁达200万头以上,兵蚁保卫蚁巢,工蚁担负采食、筑巢和抚育幼蚁等工作,蚁王和蚁后匿居蚁巢内繁殖后代。工蚁在树干上取食时,做泥线或泥坡,可高达数米,形成泥套,这是白蚁危害的重要特征。

防治方法

农业防治　清理杂草、朽木和树根,减少白蚁食料。

物理防治　①在白蚁分飞季节用黑光灯诱杀。②白蚁诱杀包诱杀。每亩放置15～25个,经2～3个月,蚁巢可被消灭。

化学防治　①开沟灌药液灭蚁。于树干四周开沟,灌入10%氯氰菊酯乳油或20%氰戊菊酯乳油、10%甲氰菊酯乳油、48%哒嗪硫磷乳油、50%辛硫磷乳油等150～500倍液等,然后覆土。②蚁巢灌药。发现蚁巢,用上述药液灌入巢内,每巢1～20千克,杀蚁效果好。

89　地老虎（图2-89-1至图2-89-3）

属鳞翅目夜蛾科。又称土蚕、地蚕、切根虫、夜盗虫等。国内有10余种,常见的有大地老虎、小地老虎、黄地老虎等3种,其中以小地老虎居多。

分布与寄主

分布　全国各地。

寄主　石榴及多种果树、林木、农作物、花卉及蔬菜,食性很杂。

危害特点　幼虫从地面咬断植株或咬食未出土幼苗,导致整株枯死。

形态诊断　成虫:小地老虎体暗褐色,体长19～24毫米,翅展44～56毫米。前翅由内横线、外横线将全翅分为3段,具有显著的肾状纹、环状纹、棒状纹和2个黑褐色剑状纹,后翅淡褐色无斑纹。卵:长0.5毫米,半球形,表面具纵横隆纹,初产乳白色,后出现红色斑纹,孵化前灰黑色。幼虫:体长37～47毫米,老熟幼虫体长55～57毫米,灰褐色,体表密布黑色粒状突起,臀部上有2条黑色纵纹。大地老虎幼虫体呈黑褐色,黄地老虎体两侧灰黑色,中间色浅淡。蛹:长18～23毫米,赤褐色,有光泽,第五至七腹节背面的刻点比侧面的刻点大,臀棘为短刺1对。

发生规律　全国各地1年发生代数不同,北京3～4代,江苏5代,福建6代,河南中部4代。越冬虫态、地点在北方地区至今不明,据推测,春季虫源系迁飞而至;在长江流域以幼虫、蛹或成虫越冬;广东、广西、云南则无越冬现象。河南中部3月下旬至5月上旬第一代成虫羽化,盛期在4月中旬。成虫白天栖息在阴暗处或潜伏在土缝中或枯枝落叶处,晚19:00～22:00飞出活动,羽化后3～4天交尾产卵。雌蛾平均寿命15天左右，雄蛾10天左右。卵散产于接近地面的寄主茎叶上或土层落叶和土缝中，一般以土壤肥沃而湿润的田里为多。单雌产卵1000~2000粒，少者仅数十粒。成虫有强烈的趋光和趋化性。以第一代幼虫危害最重，二至四代因环境不适危害较轻。幼虫共6龄，3龄以前幼虫昼夜活动危害，3龄以后白天潜伏在表土的干湿层交界处，深度多在上下2~6厘米处，夜间出土危害，阴天白天也活动。成龄幼虫爬行敏捷，有假死性，遇惊扰就缩成环形，性残暴，常自相残杀。幼虫发育历期：15℃67天，20℃32天，30℃18天。蛹发育历期12~18天，越冬蛹期长达150天。地老虎的发生与土质有密切关系，易透水、排水良好的砂质壤土，适于其繁殖；土壤含水量在15%~20%的地区危害重，但降水过多、土壤湿度过大，不利于幼虫发育，初龄幼虫水淹后很易死亡；耕作粗放，园地周围杂草多、蜜源植物多，可为成虫提供充足营养的地方，有可能形成较大的虫源，发生严重。

防治方法

农业防治　清除果园内外杂草，消灭地老虎成虫产卵和幼虫食料场所。于清晨在断苗的周围或沿着残留在洞口的被害茎叶将土拨开3~6厘米深，即可发现幼虫，捕杀之。

物理防治　在成虫发生期间，按红砂糖6份、酒1份、醋3份、水10份配制成糖醋液诱杀成虫。利用成虫有强烈的趋光性，在圃园设置黑光灯诱杀成虫。

化学防治　整地时喷洒50%辛硫磷1000~1500倍液进行土壤处理，触杀越冬幼虫。将麦麸皮或棉籽饼在锅里炒焙或用鲜嫩、多汁、耐干的青草、菜叶切碎，然后均匀地喷洒50%的丙硫磷乳油或90%晶体敌百虫800~1000倍液，制成毒饵，于傍晚时撒入苗圃地，诱杀幼虫。在幼苗出土后，喷洒敌百虫或丙硫磷800~1000倍液防治。

90　蝼蛄（图2-90-1，图2-90-2）

属直翅目蝼蛄科。又称土狗、地狗、拉蛄、水狗。我国主要有华北蝼蛄；东方蝼蛄（别名非洲蝼蛄）。

分布与寄主

分布　华北蝼蛄主要分布于北纬32°以北地区，而东方蝼蛄在全国各产区均有分布。

寄主　石榴及多种果树、林木、花卉、蔬菜、农作物，食性很杂。

危害特点　以成虫、若虫食害果树、林木、农作物的根和靠近地面的幼茎，或在地表层活动，钻成很多纵横交错的隧道，使幼苗根系与土壤脱离枯萎而死，也食害刚播下的种子。

形态诊断　成虫：华北蝼蛄雄虫体长39~45毫米，体黑褐色，全体密生细毛。前翅长约14毫米，后翅超过腹部末端3~4毫米。前足为开掘足，后足胫节背面内侧一般仅有1~2个刺。腹部圆筒形。东方蝼蛄体长30~35毫米，灰褐色，前足为开掘足，后足胫节背面内侧有4个距，东方蝼蛄体型较小，此是与华北蝼蛄的主要区别。卵：椭圆形，初产时黄白色，渐变为黄褐色至深灰色。若虫：初孵化时全体乳白色，复眼红色，2龄以后变为褐色，5~6龄即与成虫同色。

发生规律　华北蝼蛄3年左右完成1代。以若虫或成虫在土壤里越冬，翌年3~4月间开始活动，4~5月间为活动危害盛期，在地表出现大量隆起的土脊线。昼伏夜出，夜间取食危害、交尾。6月上旬至8月上旬为产卵期，7月中旬为产卵盛期。卵多产在缺苗断垄、高燥向阳、靠近地埂、畦埂附近疏松土壤里。产卵时在15~30厘米深处作椭圆形卵室；单雌产卵量平均120~160粒。卵经20~25天即孵化为若虫。10月逐渐停止活动，开始越冬。蝼蛄具趋光性，并对香甜物质，如半熟的谷子、炒香的豆饼、麦麸、马粪等有机肥，具有强烈的趋性。成虫、若虫均喜欢松软潮湿的壤土和砂壤土。

防治方法

物理防治　利用蝼蛄对马粪、灯光的趋性进行诱杀。

化学防治　在苗圃整地及施基肥时喷洒50%辛硫磷乳剂1000~1500倍液，进行土壤或肥料处理，消灭成虫若虫。在危害期间，用炒香的麦麸喷布50%丙硫磷乳油或90%晶体敌百虫800~1000倍液做成毒饵，傍晚撒于地面，诱杀成若虫。

91 蛴螬（图2-91-1）

鞘翅目金龟甲总科幼虫的总称，有数十种之多。又称鸡母虫、鸡婆虫、土蚕、老母虫、白时虫、蟖头、大牙、桃各虫等。

分布与寄主

分布　全国各产区。

寄主　数百种果树、林木、花卉、蔬菜及农作物。

危害特点　栖居土壤中，喜食刚刚播下的种子、根、块根、块茎以及幼苗等，造成缺苗断垄。

形态诊断　蛴螬体肥大弯曲近"C"形，体大多白色，有的黄白色。体壁较柔软，多皱。体表疏生细毛。头大而圆，多为黄褐色，或红褐色，生有左右对称的刚毛，常成为分种的特征。胸足3对，一般后足较长。腹部10节，第十节称为臀节，其上生有刺毛，其数目和排列也是分种的重要特征。

发生规律　蛴螬1年发生代数因种、因地而异，一般1年1代或2~3年1代，长者5~6年1代。蛴螬共3龄。1、2龄期较短，第3龄期较长。蛴螬栖生土壤中，其活动主要与土壤的理化特性和温湿度等有关，凡耕作粗放、草荒地，施用未腐熟有机肥的地方，蛴螬就多，危害也重。在一年中活动最适的土温平均为13～18℃，高于23℃，即逐渐向深土层转移，至秋季土温下降到其活动适宜范围时，再移向土壤上层。因此蛴螬对果园苗圃、幼苗及其他作物的危害主要是春秋两季最重，即春季4、5月份，秋季8月下旬至9月上旬危害。

防治方法

农业防治　①做好虫情测报工作。掌握当地危害石榴树主要金龟子成虫发生盛期及时防治成虫。②抓好蛴螬的防治。进行园地耕翻，捡拾蛴螬；避免施用未腐熟的厩肥，减少成虫产卵；合理灌溉，即在蛴螬发生严重果园，合理控制灌溉或及时灌溉，促使蛴螬向土层深处转移，避开果树苗木最易受害时期。

化学防治　用50%辛硫磷乳油每亩200～250克，加水10倍，喷于25～30千克细土上拌匀成毒土，撒于地面，随即耕翻，或混入厩肥中施用，或结合灌水施入；或5%辛硫磷颗粒剂，每亩2.5～3千克处理土壤，并兼治金针虫和蝼蛄。

92　石榴鸟害（图2-92-1至图2-92-5）

危害特点　鸟类啄伤果实取食籽粒、啄掉和挠掉果实；或在石榴裂果后由于籽粒外露，很容易遭鸟类啄食；重者啄破所套纸袋、再啄破果皮，取食石榴籽粒。

害鸟种类　在我国石榴产区，危害石榴的鸟类主要有麻雀、喜鹊、灰喜鹊、大山雀、灰椋鸟、八哥等。

发生特点　一年中，在石榴近成熟期鸟类活动最多；一天中，黎明前后和傍晚前后是鸟类活动的2个高峰期，麻雀等以早晨活动较多，而灰喜鹊等则在傍晚前活动较为猖獗；距栖息地较近的地区，鸟害发生较为严重。在鸟类栖息或巢区、林地或池塘附近石榴园受鸟害较为严重；石榴园外围的受害率高于中间区域。

防治方法　鸟类可以啄食果园害虫，是有益的。但对果实的危害也应足够重视，以减少果园损失。

人工驱鸟　鸟类在黎明前后和傍晚前后危害较严重，可在此时段设专人反复驱鸟。该方法比较费工，适合离家近且种植面积小的果园。

声音驱鸟　制造惊吓声驱赶鸟类的方法，包括播放鸟的惨叫声、天敌的叫声或燃放鞭炮、用高频率警报装置，干扰鸟的听觉系统。声音设施应放置在果园的周边和鸟类的入口处，增大防鸟效果。

智能语音驱鸟器　根据仿生学原理，研制的智能语音驱鸟器，不仅可以用鸟类恐惧、愤怒的声音驱赶鸟类，还能利用这些声音吸引天敌。

视觉驱鸟　用于惊吓鸟类的视觉设施包括闪光和运动的物体、天敌模型等。在行间铺设反光膜、在鸟害比较严重的树体上空悬挂彩色闪光条或废旧光盘等反射的光线,可刺激鸟的眼睛,使其在阳光充足的天气下不敢靠近果树,起到驱鸟的作用。也可在果园视角较好的位置放置假人、假鹰,或在果园上空悬挂画有鹰眼、猫眼等图像的气球以及鹰风筝等,可在短期内防止害鸟入侵。该类措施一般在鸟类开始啄食果实前及早设置,以便使某一些鸟类迁移到别处筑巢、觅食。

设置防鸟网 防鸟网是防治鸟害最有效的方法。对树体较矮的果园,于石榴近成熟期在果园上方0.75~1.0米处搭建由8~10号铁丝纵横交织的网架,网架上铺设用尼龙或塑料丝制作的专用防鸟网。网的周边垂至地面并用土压实。也可在树冠的两侧斜拉尼龙网。果实采收后将防护网撤除。此外,防鸟网还可以与防雨棚、防雹网等设施相结合,起到多重效果,减少设施的单项投入。

93 石榴鼠害(图2-93-1至图2-93-6)

危害特点 石榴成熟季节,害鼠顺着树干或下垂枝爬上树,啃食石榴,致石榴失去商品价值;或在冬春季节,杂草枯死,害鼠缺少食物,就啃食树皮、根系,使石榴树生长严重受阻,甚至枯死。

害鼠种类 果园害鼠主要有根田鼠、小家鼠、普通田鼠、小林姬鼠、鼢鼠、松鼠等。

发生特点 管理不善、荒芜果园;果园有废弃窝棚、废弃看护房的果园易遭鼠害。海拔较高的低山、丘陵区果园,还易遭受松鼠的危害。

防治方法

农业防治 采用单干整形技术,尽量避免多干倾斜生长树干,修剪时尽量剪除下垂枝;果实套袋;果实成熟前将树冠下拖地或接近地面的下垂枝提离地面;鼠害严重的地方,果园内不间作花生、红薯等易招引鼠害的作物;清除果园田间路旁的杂草、杂石,减少害鼠栖息环境,断绝鼠害来源;破坏鼠洞,恶化鼠类栖息的环境,秋季结合施有机肥,深翻扩穴,捣毁鼠洞;适时冬灌。黄淮地区于12月上中旬,夜冻日消期充分灌足封冻水,淹没鼠洞,溺死幼鼠;冬季下雪后及时清理果树周围积雪,既防果树树干受冻,又防止害鼠在雪下根系危害。

器械捕杀 用捕鼠拍(夹)、捕鼠笼、电猫(电子捕鼠器)等捕杀。用捕鼠拍、捕鼠笼捕鼠,每捕住一只鼠后,应用水冲洗干净,以免留下异味,影响捕鼠效果;用电子捕鼠器捕鼠,应注意人畜安全。

天敌灭鼠 家猫、野猫、蛇、猫头鹰等是鼠类的天敌,应注意保护利用。在进行化学灭鼠和日常的田间管理中,应对这些天敌予以保护,利用天敌对鼠类进行捕灭和抑制。果园养狗,稍加训练的狗,一夜可捕三四只鼠。

树干保护 ①果实成熟前树干裹缠塑料布,或裹缠黄色黏虫板,或用透明胶布粘接数个地方,膜宽40~60厘米防鼠顺树干上爬。②树干涂驱避剂。可用

50%的福美双可湿性粉剂8倍液涂干，对啃食主干皮层的害鼠有驱避作用。③越冬前树干涂白，既防鼠害又防冻。

化学(毒饵)防治　掌握在2~4月、10月下旬至11月底，此时果园没有果实可用毒饵防治，果实生长期尽量不用此法，以防人畜中毒。

第3章

果园主要杂草识别与防治

01 葎草（图3-1-1至图3-1-4）

桑科葎草属，一年生或多年生缠绕草本杂草。又名勒草、拉拉藤、拉拉秧。除新疆和青海外，全国各地均有分布。也是棉红蜘蛛、绿盲蝽、棉叶蝉、双斑萤叶蝉等害虫的寄主。

形态识别 种子繁殖。子叶带状，长3~3.8厘米，宽0.4厘米，先端急尖，全缘，有1条明显中脉。下胚轴发达，紫红色，上胚轴很短，密被短柔毛。初生叶2片，对生，卵形，3深裂，每裂片有锯齿。成株茎、枝和叶柄都有倒生的皮刺。叶纸质，通常对生，具长柄，叶片掌状深裂，裂片5~7裂，边缘有粗锯齿，两面有粗硬毛。花单性，雌雄异株，雄花小，淡黄绿色，排列成长15~25厘米的圆锥花序，花被片和雄蕊各5个，雌花排列成近圆形的穗状花序，每2朵花外具1卵形、有白刺毛的小苞片，花被退化为一全缘的膜质片。瘦果扁圆形，先端具圆柱状突起。黄淮地区3月、4月间出苗，春、夏、秋生长，花期7~8月，果期8~9月。耐寒、抗旱、喜肥、喜光。

防治方法 深耕，加强田间管理，结合野生植物的利用在种子成熟前拔除全株。有效除草剂有萘氧丙草胺、草甘膦、灭草松等。

02 狗尾草（图3-2-1至图3-2-5）

禾本科狗尾草属，一年生杂草。又名牛尾草、黄狗尾草、黄安草。全国各地均有分布，是旱作苗圃、果园常见的杂草。

形态识别 种子繁殖。第一片真叶带状，长2~3.5厘米，宽3~4毫米，先端急尖，有26条直出平行脉，其中3条较粗，叶片与叶鞘之间有一圈毛状叶舌，叶鞘紫红色。第二片真叶呈带状披针形，叶片基部腹面上疏生长柔毛。成株茎秆直立或基部倾斜地面，节处着地易生根，高20~90厘米。叶片条形，叶面近基部处常有毛；叶鞘扁而具脊，淡红色，光滑无毛；叶舌为一圈长约1毫米的柔毛，圆锥形，含1~2朵花，先端尖，通常在一簇中仅一个发育；第一颖长约为小穗的1/3，第二颖长约为小穗的一半，有5~7脉；第一外稃与小穗等长，具5脉，内稃膜质，与外稃近等长。谷粒先端尖，成熟时有明显的横皱纹，背部极隆起。黄淮地区春季气温回暖后种子发芽，春、夏、秋生长，花期8~9月。果期9~10月。

防治方法 合理轮作；田间及时中耕除草；有效除草剂有吡氟禾草灵、甲草胺、异丙甲草胺、乙草胺、敌稗、萘氧丙草胺、氟乐灵、灭草松、西玛津、噁草酮、茅草枯、草甘膦、敌草隆等。

03 反枝苋（图3-3-1至图3-3-3）

苋科苋属，一年生杂草。又名西风谷。分布于东北、华北、西北、华中等地。也是蚜虫、蛾类幼虫的寄主。

形态识别　种子繁殖。适宜发芽温度15~30℃，土层深度在5厘米以内。华北地区4月中下旬出苗，幼苗子叶2片，绿色或紫红色，有毛，长椭圆形，长6~12毫米，宽1.2~2毫米；初先叶1片，卵形，全缘，先端微凹，叶面灰绿色，叶背紫红色。成株茎高20~80厘米，粗壮，单一或分枝，密生短柔毛。叶菱状卵形或椭圆状卵形，顶端有小尖头，基部楔形、全缘或波状缘。圆锥花序顶生或腋生，由多数穗状花序组成；花单性或杂性，苞片和小苞片膜质；花被5个，白色，有1淡绿色中脉。胞果扁球形；种子倒卵形或近球形，棕黑色。春、夏、秋生长，花果期7~9月，8月起种子陆续成熟，随熟随落，以风、雨水、肥等方式传播。

防治方法　及时中耕，铲除杂草；叶片可食，可以拔除佐餐；有效除草剂有噁草酮、灭草松、萘氧丙草胺、异丙甲草胺、乙氧氟草醚、氟乐灵、禾草灭等。

04 稗草（图3-4-1至图3-4-6）

禾本科稗属，一年生杂草。又名芒早稗、水田草、水稗草等，和稻子外形极为相似。全国各地果园都有分布危害。

形态识别　种子繁殖。平均气温12℃以上种子萌发。东北、华北稗草于4月下旬开始出苗，7月上旬开始抽穗开花，生长到8月中旬，生育期76~130天。南方生长期更长，花果期7~10月。成株秆丛生，基部膝曲或直立，株高50~130厘米。湿地或水中直立生长；旱地上，茎秆分散贴地生长。叶片条形，无毛；叶鞘光滑无叶舌。圆锥花序稍开展，直立或弯曲；总状花序常有分枝，斜上或贴生；小穗有2个卵圆形的花，长约3毫米，具硬疣毛，密集在穗轴的一侧；颖有3~5脉；第一外稃有5~7脉，先端具5~30毫米的芒；第二外稃先端具小尖头，粗糙。颖果米黄色卵形。种子卵状，椭圆形，黄褐色。

防治方法　人工及时拔除，种子成熟前铲除，减少种子存留和翌年发生；有效除草剂有乙氧氟草醚、乙草胺、丙草胺、丁草胺、二甲戊灵、二氯喹啉酸、五氟磺草胺等。

05 蛇莓（图3-5-1至图3-5-4）

蔷薇科蛇莓属，多年生草本杂草。又名野草莓、地莓。辽宁以南各地都有分布。

形态识别 种子和分株繁殖。全株有柔毛；匍匐茎多数，长30~100厘米。小叶片倒卵形至菱状长圆形，长2~5厘米，宽1~3厘米，先端圆钝，边缘有钝锯齿，具小叶柄；叶柄长1~5厘米；托叶窄卵形至宽披针形，长5~8毫米。花单生于叶腋；直径1.5~2.5厘米；花梗长3~6厘米，萼片卵形，长4~6毫米，先端锐尖；副萼片倒卵形，长5~8毫米，比萼片长，先端常具3~5锯齿；花瓣倒卵形，长5~10毫米，黄色，先端圆钝；雄蕊20~30枚；心皮多数，离生；花托在果期膨大，海绵质，鲜红色，有光泽，直径10~20毫米，外面有长柔毛。瘦果卵形，长约1.5毫米，光滑或具不明显突起，鲜时有光泽。春、夏、秋生长，花期6~8月，果期8~10月。

防治方法 深耕，加强田间管理，结合野生植物的利用在种子成熟前拔除全株。有效除草剂有噁草酮、灭草松、萘氧丙草胺、嗪草酮、异丙甲草胺、乙氧氟草醚、氟乐灵、扑草净等。

06 长裂苦苣菜（图3-6-1至图3-6-6）

菊科苦苣菜属，多年生草本植物。又名败酱草、小蓟、苣荬菜、曲曲芽。主要分布于我国西北、华北、东北等海拔200米~2300米地带。

形态识别 种子和分株繁殖。全株有乳汁。地下根状茎匍匐。茎直立，高30~80厘米，少分支。多数叶互生，披针形或长圆状披针形；长8~20厘米，宽2~5厘米，先端钝，基部耳状抱茎，边缘有疏缺刻或浅裂，缺刻及裂片都具尖齿；基生叶具短柄，茎生叶无柄。头状花序顶生，单一或呈伞房状，直径2~4厘米，总苞钟形；花为舌状花，鲜黄色；雄蕊5枚，花药合生；雌蕊1枚，子房下位，花柱纤细，柱头2裂，花柱与柱头都有白色腺毛。瘦果，有棱，侧扁，具纵肋，先端具多层白色冠毛，冠毛细软。黄淮地区春季发芽，4~5月营养生长期，5~6月开花期，6~7月结实，其后为果后营养期，10月下旬后枯黄。

防治方法 及时中耕，铲除杂草；有效除草剂有伏草隆、噁草酮、灭草松、萘氧丙草胺、异丙甲草胺、乙氧氟草醚、氟乐灵等。

07 三叶鬼针草（图3-7-1至图3-7-5）

菊科鬼针草属，一年生草本植物。又名鬼针草、粘人草、豆渣菜、盲肠草。分布于华东、华中、华南、西南各地。

形态识别 种子繁殖。茎直立，高30~100厘米，钝四棱形，无毛或上部被极稀疏的柔毛，基部直径可达6毫米以上。茎下部叶较小，3裂或不分裂，通常在开花前枯萎，中部叶长1.5~5厘米无翅的柄，小叶3枚，少数具5~7小叶的羽状复叶，两侧小叶椭圆形或卵状椭圆形，长2~4.5厘米，宽1.5~2.5厘米，先端锐尖，基部近圆形或阔楔形，有时偏斜，不对称，具短柄，边缘有锯齿，顶生小叶较大，长椭圆形或卵状长圆形，长3.5~7厘米，先端渐尖，基部渐狭或近圆形，具长1~2厘米的柄，边缘有锯齿，上部叶小，3裂或不分裂，条状披针形。头状花序直径8~9毫米，有长3~10厘米的花序梗。总苞基部被短柔毛，苞片7~8枚，条状匙形，上部稍宽，长3~5毫米，外层托片披针形，长5~6毫米。盘花筒状，长约4.5毫米。瘦果黑色，条形，略扁，具棱，长7~13毫米，宽约1毫米，上部具稀疏瘤状突起及刚毛，顶端芒刺3~4枚，长1.5~2.5毫米，具倒刺毛。春季发芽，夏秋生长，花果期9~11月。

防治方法　嫩芽叶可食，幼苗时人工拔除，作凉拌菜；园地及时中耕；采用唑草酮、伏草隆、双氟磺草胺、2甲4氯钠、甲草胺等除草剂进行防治。

08　苘麻（图3-8-1至图3-8-6）

锦葵科苘麻属，一年生亚灌木草本植物。全国除青藏高原外，其他各地均有分布。其茎皮纤维色白，具光泽，可作编织麻袋、搓绳索、编麻鞋等纺织材料。种子含油量15%~16%，供制皂、油漆和工业用润滑油；麻秆色白轻巧，可做纸扎工艺品的骨架或微型建筑造型工艺品用材；全草可作药用。

形态识别　种子繁殖。茎枝被柔毛，高达1~3米。叶互生，圆心形，长5~15厘米，先端长渐尖，基部心形，边缘具细圆锯齿，两面均密被星状柔毛；叶柄长3~12厘米，被星状细柔毛；托叶早落。花单生于叶腋，花梗长1~13厘米，被柔毛；花萼杯状，密被短茸毛，裂片5片，卵形，长约6毫米；花黄色，花瓣倒卵形，长约1厘米。蒴果半球形，直径约2厘米，长约1.2厘米，分果片15~20个，被粗毛，顶端具长芒2个；种子肾形，未成熟乳白色，成熟褐色。春夏生长，花期7~8月。

防治方法　加强果园管理，及时中耕除草，特别在苘麻成熟前，彻底拔除单株，减少种子留存。还可用有2,4-滴、麦草畏、异丙甲草胺、利谷隆、灭草猛、氟磺胺草醚、西玛津、哒草特、灭草松、百草枯、苯磺隆、克阔乐、绿黄隆、草净津等除草剂进行防除。

09　田旋花（图3-9-1至图3-9-5）

旋花科旋花属，多年生草质藤本杂草。又名小旋花、中国旋花、箭叶旋花、野牵牛、拉拉菀。分布于全国各地。

形态识别　种子或分根茎法无性繁殖。根状茎横走。茎平卧或缠绕，有棱。叶柄长1~2厘米；叶片戟形或箭形，长2.5~6厘米，宽1~3.5厘米，全缘或3

裂，先端近圆或微尖，有小突尖头；中裂片卵状椭圆形、狭三角形、披针状椭圆形或线性；侧裂片开展或呈耳形。花1~3朵腋生；花梗细弱；苞片很小、线性、与萼远离；萼片倒卵状圆形。花冠漏斗形，粉红色、白色，长约2厘米，外面有柔毛，有不明显的5浅裂；雄蕊的花丝基部肿大；子房2室，有毛，柱头2，狭长。蒴果球形或圆锥状，种子椭圆形。春、夏、秋生长量大，花期5~8月，果期7~9月。

防治方法 人工除草连根拔除，连续进行2~3年；有效除草剂有噁草酮、灭草松、萘氧丙草胺、异丙甲草胺、乙氧氟草醚、氟乐灵、吡氟禾草灵等。

⑩ 芦苇（图3-10-1至图3-10-5）

禾本科，芦苇属，多年水生或湿生的高大禾草.全国各地均有生长，

形态诊断 种子、地上植株、地下根茎繁殖。根状茎十分发达。秆直立，高1~8米，直径1~4厘米，具20多节，基部和上部的节间较短，最长节间位于下部第4~6节，长20~40厘米。茎秆下部叶鞘短于上部；叶舌边缘密生一圈长约1毫米的短纤毛，两侧缘毛长3~5毫米；叶片披针状线形，长30厘米，宽2厘米，无毛，顶端长渐尖成丝形。圆锥花序大型，长20~40厘米，宽约10厘米，分枝多数，长5~20厘米，着生稠密下垂的小穗；小穗长约12毫米，含4花；颖果长约1.5毫米。黄淮地区春季发芽，春暖及夏、秋生长，抽穗期及开花期8月上旬至9月上旬，种子成熟期10月上旬，枯叶期11月后。

防治方法 人工挖根，彻底清除；利用扑草净、草甘膦、伏草隆、吡氟禾草灵、精喹禾灵等除草剂进行防除。

⑪ 虎尾草（图3-11-1至图3-11-4）

禾本科虎尾草属，一年生草本植物。又名棒槌草、大屁股草。全国各地都有分布。

形态识别 种子或分株法繁殖。秆直立或基部膝曲，高12~75厘米，径1~4毫米，光滑无毛。叶鞘背部具脊，包卷松弛；叶片线形，长3~25厘米，宽3~6毫米，边缘及上面粗糙。穗状花序5至10余枚，长1.5~5厘米，着生于秆顶，常直立而拢成毛刷状，有时包藏于顶叶之膨胀叶鞘中，成熟时常带紫色；小穗无柄，长约3毫米。颖果纺锤形，淡黄色，光滑无毛而半透明。春季种子发芽出土，夏秋生长。

防治方法 幼嫩时人工拔除，可作饲草；园地及时中耕；有效除草剂有伏草隆、草甘膦、禾草灭、噁草酮、萘氧丙草胺、异丙甲草胺、吡氟禾草灵、啼禾啶、氟乐灵等。

12 猪毛菜（图3-12-1至图3-12-4）

藜科猪毛菜属，一年生草本植物。又名猪毛缨、刺蓬等。分布于全国各地。

形态识别 种子繁殖。茎高20~100厘米，自茎基部分枝，枝互生，茎、枝绿色，有白色或紫红色条纹。叶片丝状圆柱形，伸展或微弯曲，长2~5厘米，宽0.5~1.5毫米，顶端有刺状尖。花序穗状，生枝条上部；苞片卵形，有刺状尖；小苞片狭披针形，顶端有刺状尖；花被片卵状披针形，顶端尖，果时变硬。种子横生或斜生。春季气温回暖种子发芽出土，夏季生长，花期7~9月，果期9~10月。

防治方法 合理轮作，全面秋深耕，施用腐熟的农家肥料；幼嫩时可食，及时拔除佐餐；种子成熟前彻底清除田旁隙地的猪毛菜，减少种子留存。有效除草剂有扑草净、甲草胺、异丙甲草胺、乙草胺、敌稗、萘氧丙草胺、西玛津、扑草净、噁草酮、乙氧氟草醚、百草枯、草甘膦等。

13 车前草（图3-13-1至图3-13-3）

车前科车前属，一年生或越年生草本。全国各地都有分布。

形态识别 种子和分株繁殖。直根长，具多数侧根，根茎短。叶基生呈莲座状，平卧、斜展或直立；叶片纸质，椭圆形、椭圆状披针形或卵状披针形，长3~12厘米，宽1~3.5厘米，先端急尖或微钝，边缘具浅波状钝齿、不规则锯齿，基部宽楔形至狭楔形，下延至叶柄，脉5~7条，两面疏生白色短柔毛；叶柄长2~6厘米。花序3~10个；花序梗长5~18厘米；穗状花序细圆柱状，上部密集，基部常间断，长6~12厘米。花冠白色，冠筒等长或略长于萼片，椭圆形或卵形，长0.5~1毫米。蒴果卵状椭圆形至圆锥状卵形，长4~5毫米，于基部上方周裂。种子4~5枚，椭圆形，长1.2~1.8毫米，黄褐色至黑色；中国北方4月上中旬或10月种子萌芽出土，夏季生长旺盛，花期5~7月，果期7~9月。

防治方法 人工除草连根拔除；有效除草剂有乙草胺、噁草酮、乙氧氟草醚、灭草松、萘氧丙草胺、异丙甲草胺、乙氧氟草醚、氟乐灵等。

14 牵牛花（图3-14-1至图3-14-8）

旋花科牵牛属，一年生缠绕草本植物。又名喇叭花。种子为常用中药，又名黑丑、白丑、黑白丑牵牛。我国除西北和东北少数地区外，大部分地区都有分布。

形态识别 种子繁殖，春天发芽，夏秋生长开花。茎叶上布有长短不等微硬的柔毛。叶宽卵形或近圆形，深或浅的3裂，偶5裂，长4~15厘米，宽4.5~14厘米，基部圆、心形，叶尖渐尖或骤尖；叶柄长2~15厘米。花腋生，单一或通常2朵着生于花序梗顶，花序梗长1.5~18.5厘米不等；苞片线形或叶状；花梗长2~7毫米。花冠漏斗形似喇叭状，长5~10厘米，颜色有蓝、绯红、桃红、紫等，亦有混色的，花瓣边缘的变化较多，花冠管色淡，也可作观赏植物。蒴果近球形，直径0.8~1.3厘米，3瓣裂。种子卵状三棱形，长约6毫米，黑褐色或米黄色。

防治方法 人工除草连根拔除，连续进行2~3年；有效除草剂有甲草胺、噁草酮、灭草松、地乐胺、萘氧丙草胺、异丙甲草胺、乙氧氟草醚、氟乐灵等。

15 旋覆花（图3-15-1至图3-15-4）

菊科旋覆花属，多年生草本植物。又名金佛草、六月菊。分布于我国东北、华北、华中、西北及华东等地。

形态识别 种子和根茎繁殖。茎单生，有时2~3个簇生，直立，高30~70厘米，有时基部具不定根，基部径3~10毫米；上部有上升或开展的分枝，节间长2~4厘米。基部叶常较小，在花期枯萎；中部叶长圆形、长圆状披针形或披针形，长4~13厘米，宽1.5~4厘米，常有圆形半抱茎的小耳，无柄，顶端稍尖或渐尖，边缘有小尖头状疏齿或全缘；上部叶渐狭小，线状披针形。顶生头状花序，呈伞房状排列，花序直径3~5厘米，花序梗细长；舌状花1层，基部连合成管状。瘦果长1~1.2毫米，圆柱形。春暖发芽，春夏秋生长，花期6~10月，果期9~11月。

防治方法 幼苗时及时中耕；成株时挖根清除；还可用吡氟禾草灵、灭草松、噁草酮、扑草净、绿麦隆、氟磺胺草醚、西玛津等除草剂进行防除。

16 黄蒿（图3-16-1至图3-16-6）

菊科蒿属，多年生或越年生草本。中文学名猪毛蒿；又名草蒿、青蒿、臭蒿、臭黄蒿、犰蒿、秋蒿、野苦草等。遍及全国。

形态识别 种子和分株繁殖。主根单一，狭纺锤形、垂直，半木质或木质化。茎单生，高100~200厘米，基部直径可达1厘米以上，有纵棱，幼时绿色，后变褐色或红褐色，多分枝。叶纸质，绿色；茎下部叶宽卵形或三角状卵形，长3~7厘米，宽2~6厘米，三至四回羽状深裂，每侧有裂片5~10枚，裂片长椭圆状卵形，叶柄长1~2厘米，基部有半抱茎的假托叶；中部叶二至三回羽状深裂，长圆形或长卵形，长1~2厘米，宽0.5~1.5厘米，小裂片栉齿状三角形；上部叶与苞片叶一至二回羽状深裂，近无柄。总状或复总状花序，花深黄色。瘦果小，椭圆状卵形，略扁。种子成熟落地，经过短暂休眠后发芽，幼苗可越冬；春暖时节，宿根发芽，春夏生长旺盛，花果期8~11月。

防治方法 幼苗期及时中耕，铲除；利用其药用价值较高的特性，在不影响果树正常生长前提下适时刈割利用；有效除草剂有吡氟乙草灵、噁草酮、灭草松、萘氧丙草胺、异丙甲草胺、乙氧氟草醚、氟乐灵等。

17 画眉草（图3-17-1至图3-17-4）

禾本科画眉草属，一年生草本杂草。又名榧子草、星星草、蚊子草。分布全国各地。

形态识别 种子繁殖。茎直立、葡伏或斜向上生长，多分枝，高20~60厘米，通常具4节。叶鞘稍压扁，鞘口常具长柔毛；叶舌退化为1圈纤毛；叶片线形，长6~20厘米，宽2~3毫米，扁平或内卷，背面光滑，表面粗糙。圆锥花序较开展，长15~25厘米，多分枝，小穗成熟后，暗绿色或带紫黑色，长3~10毫米，有4~14朵小花。颖果长圆形，长约0.8毫米。春、夏、秋生长，花、果期8~11月。

防治方法 幼嫩时人工拔除可作饲草；园地及时中耕；有效除草剂有稀禾啶、草甘膦、噁草酮、萘氧丙草胺、异丙甲草胺、吡氟禾草灵、唏禾啶、氟乐灵等。

18 地丁草（图3-18-1至图3-18-6）

罂粟科紫堇属，多年生草本植物。又名紫堇、布氏地丁等。华北、东北、华中、西北地区有分布。全草可以入药。

形态识别 种子和分株繁殖。具主根。茎自基部铺散分枝，灰绿色，具棱，高10~50厘米。基生叶多数，长4~8厘米，叶柄约与叶片等长，基部叶具鞘，边缘膜质；叶片上面绿色，下面苍白色，二至三回羽状全裂，一回羽片3~5对，具短柄，二回羽片2~3对，顶端分裂成短小的裂片，裂片顶端圆钝；茎生叶与基生叶同形。总状花序长1~6厘米，多花，先密集，后疏离，果期伸长。苞片叶状，具柄至近无柄。花梗短，长2~5毫米。花粉红色至淡紫色，平展；外花瓣顶端多少下凹，具浅鸡冠状突起，边缘具浅圆齿；上花瓣长1.1~1.4厘米；下花瓣稍向前伸出；内花瓣顶端深紫色。蒴果椭圆形，下垂，约长1.5~2厘米，宽4~5毫米，具2列种子；种子直径2~2.5毫米，边缘具4~5列小凹点。

防治方法 园地深耕，捡拾地下根茎带出园外处理；结合全株可以入药的特性，有目的地挖除利用。采用唑草酮、精吡氟禾草灵、双氟磺草胺、嗪草酮、乙草胺等除草剂进行防治。

19 荠菜（图3-19-1至图3-19-5）

十字花科荠属，一年或越年生杂草。分布于全国各地。也是棉蚜、麦蚜、桃蚜、棉盲椿象等的寄主。

形态识别 种子繁殖，以幼苗或种子越冬。黄淮地区10月初出苗，春季还有一次发芽高峰，整个出苗期持续时间较长，温暖地区全年均可发芽。出土幼苗2片子叶，椭圆形，先端圆，基部渐狭，长3~4毫米，宽约2毫米；初生叶2片，紧挨子叶，灰绿色，卵形，先端钝圆，被紧贴的分枝毛，有柄。茎直立，高20~50厘米，有分枝毛或单毛。基生叶丛生，大头羽状分裂，长可达10厘米，宽1~1.5厘米，顶生裂片较大，侧生裂片较小，狭长，浅裂或有不规则锯齿，具长叶柄。茎生叶披针形，基部抱茎，边缘有缺刻或锯齿，两面有细毛或无毛。总状花序顶生和腋生；花白色。短角果倒三角形或倒心形，扁平；种子2行，长椭圆形，淡褐色。4~5月开花结果，5月下旬至6月为果熟期高峰，随熟随落，种子有短期休眠。

防治方法 及时中耕铲除；抽茎前幼嫩可食，因冬春季果园很少施用农药，是很好的绿色食品蔬菜，可以挖除食用；还可用苯磺隆、嗪草酮、苄嘧磺隆、丁草胺、氟唑草酮、噻磺隆等除草剂进行防除。

20 地肤（图3-20-1至图3-20-6）

藜科地肤属，一年生草本植物。又名扫帚苗、扫帚菜、地麦、落帚、绿帚、孔雀松、观音菜。

形态识别 种子繁殖。根略呈纺锤形。株丛紧密，株形呈卵圆至圆球形、倒卵形或椭圆形，茎多分枝，斜向上生长，具短柔毛，株高50~200厘米。不同品种茎、枝、叶分绿色、淡紫色、紫红色。主茎直立，圆柱状，有多数条棱，稍有短柔毛或下部几无毛，茎基部半木质化。叶为平面叶，披针形或条状披针形，单叶互生，长2~5厘米，宽3~9毫米，无毛或稍有毛，先端短渐尖，基部渐狭入短柄，通常有3条明显的主脉，边缘有疏生的锈色绢状缘毛；茎上部叶较小，无柄，1脉。穗状花序，开红褐色或淡白色小花，花极小。果实扁球形，可入药，叫地肤子。嫩茎叶可以食用，老株可用来作扫帚。花期6~9月，果期7~10月。

防治方法 及时中耕，携出园外集中堆沤；利用嫩叶可食特性，幼苗时拔除摘叶取食；有效除草剂有胺草磷、氟乐灵、乙氧氟草醚、敌草胺、异丙甲草胺、萘氧丙草胺、灭草松等。

21 米瓦罐（图3-21-1至图3-21-6）

石竹科蝇子草属，越年生或一年生草本植物，幼苗可食。又名麦瓶草、面条菜、净瓶、麦瓶子、麦黄菜。主要分布于华北和西北地区。

形态识别 种子繁殖，以幼苗或种子越冬。黄河中下游9～10月间出苗，早春出苗数量较少，春夏生长。幼苗上胚轴不发达，子叶长椭圆形，长6～8毫米，宽2～3毫米，先端尖锐，子叶柄极短，略抱茎。初生叶2片，匙形，全缘；茎生叶对生，无柄，基部连合，长圆形或披针形，长5～8毫米，宽5～10毫米，全缘，先端尖锐。成株全体腺毛短。茎直立，高15～60厘米，单生或叉状分枝，节部略膨大。聚伞花序顶生或腋生，花少数，有梗，萼筒长2～3厘米，开花时呈筒状，果时下部膨大呈玉颈瓶形，裂片5。花瓣5片，倒卵形，紫红或粉红色。蒴果卵圆形或圆锥形，有光泽，包于宿存的萼筒内，中部以上变细，先端6齿裂。种子肾形，螺卷状，长约1.5毫米，红褐色。花期4～6月，种子于5月份即渐次成熟。

防治方法 幼苗时铲除食用；成株时彻底拔除，减少种子存留；还可用精吡氟禾草灵、苯磺隆、苄嘧磺隆、乙氧氟草醚、氟唑草酮、噻磺隆等除草剂进行防除。

22 豚草（图3-22-1至图3-22-6）

菊科豚草属，一年生草本恶性杂草，对禾木科、菊科等植物有抑制、排斥作用，并对人和其他动物有影响。又名豕草、普通豚草、艾叶破布草、美洲艾。原产北美洲，现分布于我国东北、华北、华中和华东等地，列入第一批《中国外来入侵物种名单》。

形态识别 种子和无性繁殖。茎直立，高20～150厘米；上部有圆锥状分枝，有棱，被疏生糙毛。下部叶对生，具短叶柄，二回羽状分裂，裂片狭小，长圆形至倒披针形，有明显的中脉，上面深绿色，被细短伏毛或近无毛，背面灰绿色，被密短糙毛；上部叶互生，无柄，羽状分裂。

雄头状花序半球形或卵形，径4～5毫米，具短梗，下垂，在枝端密集成总状花序。总苞宽半球形或碟形；总苞片全部结合，无肋，边缘具波状圆齿，稍被糙伏毛。花托具刚毛状托片；每个头状花序有10～15个不育的小花；花冠淡黄色，长2毫米，有短管部，上部钟状，有宽裂片。

雌头状花序无花序梗，在雄头花序下面或在下部叶腋单生，或2～3个密集成团伞状,有1个能育的雌花,总苞闭合,具结合的总苞片,倒卵形或卵状长圆形,长4~5毫米,宽约2毫米,顶端有围裹花柱的圆锥状嘴部,在顶部以下有4~6个尖刺,稍被糙毛。瘦果倒卵形,无毛,藏于坚硬的总苞中。花期8~9月,果期9~10月。

豚草再生力极强。茎、节、枝、根都可长出不定根,扦插压条后能形成新的植株,经铲除、切割后剩下的地上残条部分,仍可迅速地重发新技。生育期参差不齐,交错重叠。出苗期从3月中下旬开始一直可延续到11月下旬,历时7个月之久;早、晚熟型豚草生育期相差1个多月,因此防治较困难。

防治方法 秋耕和春耕将种子埋入土中10厘米以下,抑制豚草种子萌发;春季当豚草大量出苗时进行春耙,可消灭大部分豚草幼苗;还可用嗪草酮、灭草松、氟磺胺草醚、百草枯、草甘膦、乙氧氟草醚等除草剂控制豚草生长。

23 秃疮花(图3-23-1至图3-23-4)

罂粟科秃疮花属,多年生草本植物。又名秃子花、勒马回陕西、兔子花。分布于陕西、河南、青海、四川、云南、西藏、山西、甘肃等地海拔400~3700米的丘陵草坡或路旁、田埂。

形态识别 种子和地下根茎繁殖。主根圆柱形。茎高25~80厘米,被短柔毛;茎绿色,具粉,上部具多数等高的分枝。基生叶丛生,叶片狭倒披针形,长10~15厘米,宽2~4厘米,羽状深裂,裂片4~6对,再次羽状深裂或浅裂,小裂片先端渐尖,顶端小裂片3浅裂,表面绿色,背面灰绿色,疏被白色短柔毛;叶柄条形,长2~5厘米,疏被白色短柔毛,具数条纵纹;茎生叶少数,生于茎上部,长1~7厘米,羽状深裂、浅裂或二回羽状深裂,裂片具疏齿,先端三角状渐尖;无柄。花1~5朵于茎和分枝先端排列成聚伞花序;花梗长2~2.5厘米,无毛;具苞片。萼片卵形,长0.6~1厘米,先端渐尖,无毛或被短柔毛;花瓣倒卵形,长1~1.6厘米,宽1~1.3厘米,黄色;雄蕊多数,花丝丝状,长3~4毫米,花药长圆形,长1.5~2毫米,黄色;子房狭圆柱形,长约6毫米,绿色,密被疣状短毛,花柱短,柱头2裂,直立。蒴果线形,长4~7.5厘米,粗约2毫米,绿色,无毛。种子卵珠形,长约0.5毫米,红棕色,具网纹。花期3~5月,果期6~7月。

防治方法 园地深耕,捡拾地下根茎带出园外处理;结合全株可以入药的特性,有目的地挖除利用。采用毒草胺、唑草酮、氟乐灵、丁草胺、双氟磺草胺等除草剂进行防治。

24 鹅绒藤(图3-24-1至图3-24-6)

萝藦科鹅绒藤属,多年生缠绕草本植物,全草可入中药。又名羊奶角角、牛皮消、软毛牛皮消、祖马花。分布于辽宁、内蒙古、河北、山西、陕西、宁夏、甘肃、山东、江苏、浙江、河南等地。

形态识别 种子和地下根茎繁殖。主根圆柱状，长约20厘米，直径约5毫米，干后灰黄色；茎缠绕，多分枝；全株被短柔毛；叶对生，薄纸质，宽三角状心形，长4~9厘米，宽4~7厘米，顶端锐尖，基部心形，叶面深绿色，叶背苍白色，两面均被短柔毛，脉上较密；侧脉约10对，在叶背略为隆起。伞形聚伞花序腋生，两歧；花萼外面被柔毛；花冠白色，裂片长圆状披针形。菁荚果双生或仅有1个发育，细圆柱状，向端部渐尖，长11厘米左右，直径5毫米；种子长圆形；种毛白色绢质。花期6~8月，果期8~10月。

防治方法 人工防除园地及周围鹅绒藤，尽量减少田间鹅绒藤来源；利用赛克津、二甲戊灵、异噁草松、咪草烟、氯嘧磺隆、氟磺胺草醚、杂草焚、乙草胺、2,4-滴丁酯、莠去津、氟乐灵、萘氧丙草胺、麦草畏等除草剂进行防除。

㉕ 紫茎泽兰（图3-25-1至图3-25-5）

菊科泽兰属，多年生草本或半灌木状植物，因其茎和叶柄呈紫色，故名紫茎泽兰。又名腺泽兰、解放草、马鹿草、破坏草、黑头草、大泽兰。国内主要分布于云南、贵州、四川、广西、西藏等地及其他地区。是一种重要的检疫性有害生物，是中国遭受外来物种入侵的典型例子。原产于墨西哥，大约20世纪40年代作为一种观赏植物引入我国，因其繁殖力强，已成为灾害性的入侵物种。在2003年国家有关部门公布的第一批《中国外来入侵物种名单》中名列第一位。

形态识别 种子和根茎繁殖。根茎粗壮发达。茎直立，株高30~200厘米，分枝对生，斜上生长，茎紫色、被白色或锈色短柔毛。叶对生，叶片质薄，卵形、三角形或菱状卵形，正面绿色，背面色浅，边缘有稀疏粗大而不规则的锯齿，在花序下方则为波状浅锯齿或近全缘，叶柄长4~5毫米。头状花序小，直径可达6毫米，在枝端排列成伞房或复伞房花序，含40~50朵白色小花。子实瘦果，黑褐色，每株可年产瘦果1万粒左右，藉冠毛随风传播。花期11月至翌年4月，结果期3~4月。

紫茎泽兰繁殖系数极高，种子传播途径多，易成为群落中的优势种而发展为单一优势群落，而侵占影响其他植物生长；且根状茎发达，可依靠强大的根状茎快速扩展蔓延。适应能力极强，干旱、瘠薄的荒坡隙地，甚至石缝和楼顶上都能生长。

防治方法 在秋冬季节，人工挖除紫茎泽兰全株，集中晒干烧毁；不能及时连根挖除的在开花前割除紫茎泽兰的地上部分，减少开花和种子形成。可用毒草胺、草甘膦、嘧磺隆、扑草净、毒莠定、2,4-D、敌草快、百草枯、麦草畏等除草剂进行防除。

26 金鸡菊（图3-26-1至图3-26-4）

菊科金鸡菊属，多年生宿根草本植物。又名小波斯菊、金钱菊、孔雀菊。外来物种，原产美国南部，全国多地有分布，曾经在河南等部分地区小规模爆发。具有观赏、药用价值。当蔓延至田间时，又成为灾害性杂草。

形态识别 种子、扦插和分株繁殖。茎直立，高30~100厘米，上有分枝。叶片多对生，稀互生、全缘、浅裂或切裂。花单生或疏圆锥花序，总苞两列，每列3枚，基部合生。舌状花1列，宽舌状，呈黄色、棕色或粉色。管状花黄色至褐色。

耐寒耐旱，对土壤要求不严，喜光，但耐半阴，适应性强，对二氧化硫有较强的抗性。栽培容易，常能自行繁衍成为杂草。生产中多采用播种或分株繁殖，夏季也可进行扦插繁殖。播种繁殖一般在8月进行，也可春季4月底露地直播，7~8月开花，花陆续开到10月中旬。二年生的金鸡菊，早春5月底6月初就开花，一直开到10月中旬。

防治方法 幼苗时通过中耕清除，成株后适时采收卖作中药；影响到果树正常生长时要割除并挖根；还可用敌草胺、灭草松、噁草酮、扑草净、绿麦隆、氟磺胺草醚、西玛津等除草剂进行防除。

27 离子草（图3-27-1,图3-27-2）

十字花科离子草属的一个种，一年生草本。又名红花荠菜、水萝卜棵、离子芥、离子草。生于沟边、草地、农田果园。分布于中国华北、西北、华中各地。

形态识别 种子繁殖。全株疏生头状短腺毛。茎斜上或铺散，高15~40厘米，从基部分枝。基生叶有短柄，叶片长圆形，长3~4厘米，宽4~6毫米；茎下部叶有深波状齿痕；茎上部叶有齿痕或近全缘，疏生头状短腺毛。总状花序稀疏而短，果期伸长；花紫色，萼片淡蓝紫色，具白色边缘，长圆形，内侧萼片基部稍呈囊状，长4~5毫米；花瓣狭倒卵状长圆形或长圆状匙形，长9~11毫米，基部有长爪，瓣片狭倒卵形，长约4毫米；雄蕊分离，在短雄蕊的内侧基部两侧各有1长圆形蜜腺；子房无柄。长角果细圆柱形，长1.5~3厘米，直或稍弯。有横节，不开裂，但逐节脱落，先端有长喙，喙长10~20毫米。种子扁平，有边，随节段脱落，每节段有2粒种子。

防治方法 加强田间管理，人工及时除草；可用氟乐灵、苯磺隆、二甲戊灵、苄嘧磺隆、敌草胺、氟唑草酮、噻磺隆等除草剂进行防除。

28 阴石蕨（图3-28-1至图3-28-3）

骨碎补科阴石蕨属，多年生草本植物。中药名草石蚕、石奇蛇、白毛蛇、白毛岩蚕、岩蚕等。分布于黄淮及长江流和西南地区。全草可入药。

形态识别 植株高10~20厘米。根状茎长而横走，粗2~3毫米，密被白棕色狭鳞片；鳞片披针形，长约5毫米，宽1毫米，红棕色，伏生，盾状着生。叶远生；柄长5~12厘米，棕色或棕禾秆色，疏被鳞片，老则近光滑；叶片三角状卵形，长5~10厘米，基部宽3~5厘米，上部伸长，向先端渐尖，二回羽状深裂；羽片6~10对，无柄，以狭翅相连，基部一对最大，长2~4厘米，宽1~2厘米，近三角形或三角状披针形，钝头，基部楔形，两侧不对称，下延，常略向上弯弓，上部常为钝齿牙状，下部深裂，裂片3~5对，基部下侧一片最长，1~1.5厘米，椭圆形，圆钝头，略斜向下，全缘或浅裂；从第二对羽片向上渐缩短，椭圆披针形，斜展或斜向上，边缘浅裂或具不明显的疏缺裂。叶脉上面不见，下面粗而明显，褐棕色或深棕色，羽状。叶革质，干后褐色，两面均光滑或下面沿叶轴偶有少数棕色鳞片。孢子囊群沿叶缘着生，通常仅于羽片上部有3~5对；囊群盖半圆形，棕色，全缘，质厚，基部着生。孢子期5~11月。

生长于树上、溪边岩石上及阴凉潮湿处。

防治方法 加强果园管理，合理修剪，避免果园郁闭，创造不利于阴石蕨生长的环境；结合野生植物的利用在种子成熟前拔除全株。有效除草剂有吡氟乙草灵、噁草酮、喹禾灵、灭草松、萘氧丙草胺、异丙甲草胺、乙氧氟草醚、双苯酰草胺、氟乐灵等。

29 铁杆蒿（图3-29-1至图3-29-5）

菊科蒿属，多年生半灌木植物。又名白莲蒿、万年蒿。主要分布于河南、陕西、山西、山东、新疆、西藏、内蒙古、甘肃、辽宁、吉林、山东、江苏、浙江等地。

形态识别 种子和分株繁殖。茎直立，高30~100厘米，基部木质化，多分枝，暗紫红色，无毛或上部被短柔毛。茎下部叶在开花期枯萎；中部叶具柄，基部具假托叶，叶长卵形或长椭圆状卵形，长3~14厘米，宽3~8厘米，二至三回栉齿状羽状分裂，小裂片披针形或条状披针形，全缘或有锯齿，叶幼时两面被丝状短柔毛，后被疏毛或无毛；上部叶小，一至二回栉齿状羽状分裂。头状花序多数，近球形或半球形，直径2~3.5毫米，下垂，排列成复总状花序，总苞片3~4层，背面绿色，边缘宽膜质；花两性，多数，管状；花托凸起，裸露。瘦果卵状椭圆形，长约1.5毫米。

北方冬季寒冷地区，春暖后萌发，7月初开花，8月初结实；9月以后开始枯黄；南方冬季温暖地区，早春基部即萌发新芽。抗旱力、耐寒性较强；结实数量很大，种子繁殖力很强，根蘖也很发达，从母株不断长出新枝条。在局部地区为植物群落优势种的主要伴生种。

防治方法 铁杆蒿有一定的药用价值可以利用；可作牧草利用；影响到果树正常生长时要割除并挖根；还可用敌草胺、灭草松、噁草酮、扑草净、绿麦隆、氟磺胺草醚、西玛津等除草剂进行防除。

30 窄叶野豌豆（图3-30-1至图3-30-7）

豆科野豌豆属，一年生或越年生草本植物。分布于中国的东北、华北、西北、华中及西南等地。

形态识别 种子繁殖。茎斜升、蔓生或攀缘，多分支，高20~80厘米，被疏柔毛。偶数羽状复叶，长2~6厘米，叶轴顶端卷须发达，托叶半箭头形或披针形，长约0.15厘米，有2~5齿，被微柔毛；小叶4~6对，线形或线状长圆形，长1~2.5厘米，宽0.2~0.5厘米，先端平截或微凹，具短尖头，基部近楔形，叶脉不甚明显，两面被浅黄色疏柔毛。花1~2（3~4）腋生，有小苞叶；花萼钟形，萼齿5枚，三角形，外面被黄色疏柔毛；花冠红色或紫红色，旗瓣倒卵形，先端圆、微凹，有瓣柄，翼瓣与旗瓣近等长，龙骨瓣短于翼瓣；子房纺锤形，被毛，胚珠5~8个，子房柄短，花柱顶端具一束髯毛。荚果长线形，微弯，长2.5~5厘米，宽约0.5厘米，种皮黑褐色，革质，肿脐线形，长相当于种子圆周1/6。花期3~6月，果期5~9月。

窄叶野豌豆在亚热带地区，于春季2月底至3月初出苗；秋季于9月底至10月底陆续出苗。秋季出的苗能越冬，并于翌年2月底至3月初返青生长，3月底至4月初现蕾，花期较长，5月下旬荚果成熟期。早春的实生苗当年能开花结实，生育期约为240天。在北方为一年生，春季3月底至4月初出苗，4月中下旬开花结实，5月底至6月初荚果成熟，生育期150天左右，是早春的优良牧草。

防治方法 适时中耕除草，因其可以作牧草，在不影响果树生长的前提下，可以刈割利用；在种子成熟前彻底清除田旁隙地的窄叶野豌豆，减少种子存留；有效除草剂有双苯酰草胺、甲草胺、异丙甲草胺、乙草胺、敌稗、萘氧丙草胺、西玛津、扑草净、噁草酮、乙氧氟草醚、百草枯、草甘膦等。

31 辣蓼草（图3-31-1至图3-31-3）

蓼科蓼属，一年生草本植物。又名辣蓼、蓼子草、斑蕉草、梨同草、柳叶蓼、绵毛酸模叶蓼。分布于我国南北各地。

形态识别 种子和分株繁殖。茎直立圆柱形，高40~70厘米，多分枝，无毛，表面灰棕色或棕红色，有细棱线，节部膨大，质脆，易折断，断面浅黄色，中空。叶互生，有柄，深绿色，披针形或椭圆状披针形，长4~8厘米，宽0.5~2.5厘米，顶端渐尖，基部楔形，边缘全缘，具缘毛，两面无毛，上表面棕褐色，下表面褐绿色，两面有棕黑色斑点及细小腺点，有时沿中脉具短硬伏毛，具辛辣味；叶柄长4~8毫米；托叶鞘筒状，膜质，紫褐色，长1~1.5厘米，疏生短硬伏毛，顶端截形，具短缘毛，通常托叶鞘内藏有花簇。

总状花序呈穗状，顶生或腋生，长3~8厘米，通常下垂，花稀疏，下部间断；苞片漏斗状，长2~3毫米，绿色，边缘膜质，疏生短缘毛，每苞内具3~5花；花梗比苞片长；花被5深裂，稀4裂，绿色，上部白色或淡红色，被黄褐色透明腺点，花被片椭圆形，长3~3.5毫米，雄蕊5~8枚；雌蕊1枚，花柱2~3裂。瘦果卵形，扁平，少有3棱，长2.5毫米，表面有小点，黑色无光，包在宿存的花被内。花果期6~9月。

防治方法 合理轮作，全面深耕，施用腐熟的农家肥料，适时中耕除草，并在种子成熟前彻底清除，减少种子残留。有效除草剂有嗪草酮、甲草胺、异丙甲草胺、乙草胺、萘氧丙草胺、西玛津、扑草净、噁草酮、乙氧氟草醚、百草枯、草甘膦等。

32 扁杆蔗草（图3-32-1，图3-32-2）

莎草科蔗草属杂草。分布于我国东北及华北、华东、西北、华中地区。

形态识别 种子和根状茎及块茎繁殖。具匍匐根状茎和块茎。秆高60~100厘米，一般较细，三棱形，平滑，靠近花序部分粗糙，基部膨大，具秆生叶。叶扁平，宽2~5毫米，向顶部渐狭，具长叶鞘。叶状苞片1~3枚，长于花序，边缘粗糙；长侧枝上花序短缩成头状，或有时具少数辐射枝，通常具1~6个小穗；小穗卵形或长圆状卵形，锈褐色，长10~16毫米，宽4~8毫米，具多数花；鳞片膜质，长圆形或椭圆形，长6~8毫米，褐色或深褐色，外面被稀少的柔毛，背面具一条稍宽的中肋，顶端或多或少缺刻状撕裂，具芒；下位刚毛4~6条，上生倒刺，长为小坚果的1/2~2/3；雄蕊3枚，花药线形，长约3毫米；花柱长，柱头2裂。小坚果宽倒卵形，或倒卵形，两面稍凹，或稍凸，长3~3.5毫米。花期5~6月，果期6~9月。

生于潮湿沟渠边或浅水中，繁殖力和再生能力很强，蔓延快，一旦侵入则较难清除。

防治方法 全面深耕，加强田间管理，适时中耕除草。有效除草剂有苄嘧磺隆、双草醚、丁草胺、甲草胺、噁草酮、乙氧氟草醚、吡嘧磺隆等。

㉝ 长芒草（图3-33-1至图3-33-3）

禾本科针茅属，多年生密丛草本禾草。分布于我国华北、西北、华中地区。优良野生牧草。

形态识别 种子繁殖。须根丰富；秆紧密丛生，基部膝曲，高20~60厘米，具2~5节，光滑。叶层高15—30厘米，叶鞘无毛，基生者常内含隐藏小穗；叶舌膜质，长1~4毫米，顶端尖，两侧下延与叶鞘边缘结合；叶片内卷呈针状，茎生者长2.5~5厘米，蘖生者长10~20厘米。花序基部常为叶鞘所包，长10~20厘米，分枝细弱，2~4个簇生；小穗灰绿色或淡紫色，稀疏着生于分枝上部；颖长9~15毫米，延伸成细芒，具3~5脉，外稃长4.5~6毫米，背部短毛，顶端关节处有一圈短毛，其下有微刺毛；芒二回膝曲，无毛或具少量柔毛，芒长1~5厘米；内稃和外稃等长。颖果圆柱形。长芒草早春3月下旬至4月上旬返青，月初抽穗开花，雨季来临时已进入果后营养期。秋季，在叶鞘基部生有珠芽，珠芽脱离母体能形成新的植株，这是长芒草的一种特殊繁殖方式。

防治方法 合理轮作；田间及时中耕除草；有效除草剂有高效吡氟乙草灵、吡氟禾草灵、甲草胺、异丙甲草胺、乙草胺、敌稗、萘氧丙草胺、氟乐灵、灭草松、西玛津、噁草酮、茅草枯、草甘膦、敌草隆等。

㉞ 牛膝菊（图3-34-1至图3-34-5）

菊科牛膝菊属，一年生草本野生植物，全草可以入药。又名辣子草、向阳花、珍珠草、铜锤草。

形态识别 种子和分株繁殖。茎高10~80厘米，不分枝或自基部分枝，分枝斜升，全部茎枝被疏散或上部稠密的贴伏短柔毛和少量腺毛。须根发达，根系分布于20~30厘米的表土层，近地的茎及茎节均可长出不定根。主茎节间短，侧枝发生于叶腋间，生长旺盛，节间较长，每片叶的叶腋间可发生1条以上的侧枝。叶对生，卵形或长椭圆状卵形，长1.5~5.5厘米，宽0.6~3.5厘米，基部圆形、宽或狭楔形，顶端渐尖或钝，基出三脉或不明显五出脉，在叶下面稍突起，在上面平，有叶柄，柄长1~2厘米；向上及花序下部的叶渐小，通常披针形；全部茎叶两面粗涩，被白色稀疏贴伏的短柔毛，沿脉和叶柄上的毛较密，边缘浅或钝锯齿或波状浅锯齿，在花序下部的叶有时全缘或近全缘；叶及茎的表面覆盖稀疏的短茸毛。头状花序半球形，有长花梗，多数在茎枝顶端排成疏松的伞房花序，花序径约3厘米；总苞半球形或宽钟状，宽3~6毫米；总苞片1~2层，约5个，外层短，内层卵形或卵圆形，长3毫米，顶端圆钝，白色，膜质；舌状花4~5个，舌片白色，顶端3齿裂，筒部细管状，外面被稠密白色短柔毛；管状花花冠长约1毫米，黄色，下部被稠密的白色短柔毛。瘦果长1~1.5毫米，三棱或中央的瘦果4~5棱，黑色或黑褐色，常压扁，被白色微毛。花果期7~10月。

防治方法 深耕，加强田间管理，结合野生植物的利用在种子成熟前拔除全株。有效除草剂有萘氧丙草胺、草甘膦、灭草松等。

35 龙爪茅（图3-35-1至图3-35-4）

禾本科龙爪茅属，为一年生或多年生草本植物。又名竹目草埃及指梳茅。分布我国热带及亚热带地区。

形态识别 种子繁殖和分株繁殖。秆直立，高15~60厘米，或基部匍匐状，于节处生根且分枝。叶鞘松弛，边缘被柔毛；叶舌膜质，长1~2毫米，顶端具纤毛；叶片扁平，长5~18厘米，宽2~6毫米，顶端尖或渐尖，两面被疣基毛。穗状花序2~7个指状排列于秆顶，长1~4厘米，宽3~6毫米；小穗长3~4毫米，含3小花；外稃中脉成脊，脊上被短硬毛，第一外稃长约3毫米，有近等长的内稃；其顶端2裂，背部具2脊，背缘有翼，翼缘具细纤毛；颖果球状；花果期5~10月。

防治方法 合理轮作；田间及时中耕除草；有效除草剂有吡氟禾草灵、甲草胺、异丙甲草胺、乙草胺、敌稗、萘氧丙草胺、氟乐灵、灭草松、西玛津、噁草酮、茅草枯、草甘膦、敌草隆等。

36 鸡眼草（图3-36-1至图3-36-3）

豆科鸡眼草属，多年生植物。又名掐不齐、牛黄黄、公母草。分布于我国东北、华北、华东、中南、西南等地。生于路旁、田边、溪旁、砂质地或缓山坡草地，海拔500米以下。

形态识别 种子繁殖和根茎繁殖。茎披散或平卧，多分枝，高5~45厘米，茎和枝上被倒生的白色细毛。叶为三出羽状复叶；托叶大，膜质，卵状长圆形，长3~4毫米，具条纹，有缘毛；叶柄极短；小叶倒卵形、长倒卵形或长圆形，长6~22毫米，宽3~8毫米，先端圆形，基部近圆形或宽楔形，全缘；两面沿中脉及边缘有白色粗毛，但上面毛较稀少，侧脉多而密。

花小，单生或2~3朵簇生于叶腋；花梗下端具2枚大小不等的苞片，萼基部具4枚小苞片，其中1枚极小，位于花梗关节处；花萼紫色、钟状5裂，裂片宽卵形，外面及边缘具白毛；花冠粉红色或紫色，长5~6毫米，较萼约长1倍，旗瓣椭圆形，龙骨瓣比旗瓣稍长或近等长，翼瓣比龙骨瓣稍短。荚果圆形或倒卵形，长3.5~5毫米，较萼稍长或长达1倍，先端短尖，被柔毛。花期7~9月，果期8~

10月。

防治方法 适时中耕除草，由于是多年根生，且根较发达，中耕时一定要连根清除。有效除草剂有敌草胺、甲草胺、异丙甲草胺、乙草胺、敌稗、萘氧丙草胺、西玛津、扑草净、噁草酮、乙氧氟草醚、百草枯、草甘膦等。

37 通泉草（图3-37-1至图3-37-5）

玄参科通泉草属，一年生草本植物，可以入药。又名脓泡药、汤湿草、猪胡椒、野田菜、鹅肠草、绿蓝花等。生于海拔2500米以下的地带。除内蒙古、宁夏、青海及新疆未见记录外，几乎遍布全国。

形态识别 种子繁殖和分株繁殖。主根伸长，垂直向下或短缩，须根纤细，多数，散生或簇生。茎高3~30厘米，无毛或疏生短柔毛。本种在形态上变化较大，茎1~5个或更多，直立、上升或倾卧状上升，着地部分节上常能长出不定根，分枝多而披散，少不分枝。基生叶少到多数，有时成莲座状或早落，倒卵状匙形至卵状倒披针形，膜质，长2~6厘米，顶端全缘或有不明显的疏齿，基部楔形，下延成带翅的叶柄，边缘具不规则的粗齿或基部有1~2片浅羽裂；茎生叶对生或互生，少数，与基生叶相似或几乎等大。

总状花序生于茎、枝顶端，常在近基部即生花，伸长或上部成束状，通常3~20朵，花稀疏；花梗在果期长约10毫米，上部的较短；花萼钟状，花期长约6毫米，萼片与萼筒近等长，卵形；花冠白色、紫色或蓝色，长约10毫米，上唇裂片卵状三角形，下唇中裂片较小，稍突出，倒卵圆形。蒴果球形；种子小而多数，黄色，种皮上有不规则的网纹。花果期4~10月。

防治方法 幼苗时通过中耕清除，成株后适时割除并挖根，以作药用；因其根系分布较浅，可以作为果园生草栽培草种利用；还可用伏草隆、苯磺隆、氟乐灵、苄嘧磺隆、氟唑草酮、噻磺隆等除草剂进行防除。

38 苦苣菜（图3-38-1至图3-38-5）

菊科苦苣菜属，一年生或二年生草本植物。又名苦菜、小鹅菜、滇苦菜、拒马菜、苦苦菜、野芥子。全国各地均有分布。可以食用、药用、作牧草。

形态识别 种子繁殖。根圆锥状，垂直直伸，有多数纤维状的须根。茎直立，单生，高40~150厘米，有纵条棱或条纹，不分枝或上部有短的伞房花序状或总状花序式分枝，全部茎枝光滑无毛，或上部花序分枝及花序梗被头状具柄的腺毛。

基生叶羽状深裂，长椭圆形或倒披针形，或大头羽状深裂，或基生叶不裂，椭圆形、椭圆状戟形、三角形、或三角状戟形或圆形，全部基生叶基部渐狭成长或短翼柄；中下部茎叶羽状深裂或大头状羽状深裂，椭圆形或倒披针形，长3～12厘米，宽2～7厘米，基部急狭成翼柄，翼狭窄或宽大，向柄基逐渐加宽，柄基圆耳状抱茎，顶裂片与侧裂片等大或较大或大，宽三角形、戟状宽三角形、卵状心形，侧生裂片1～5对，椭圆形，常下弯，全部裂片顶端急尖或渐尖，下部茎叶或接花序分枝下方的叶与中下部茎叶同型并等样分裂或不分裂而披针形或线状披针形，且顶端长渐尖，下部宽大，基部半抱茎；全部叶或裂片边缘及抱茎小耳边缘有大小不等的急尖锯齿或大锯齿或上部及接花序分枝处的叶，边缘大部全缘或上半部边缘全缘，顶端急尖或渐尖，两面光滑，质地薄。

头状花序少数在茎枝顶端排成紧密的伞房花序或总状花序或单生茎枝顶端。总苞宽钟状，长1.5厘米，宽1厘米；总苞片3～4层，覆瓦状排列，向内层渐长；外层长披针形或长三角形，长3～7毫米，宽1～3毫米，中内层长披针形至线状披针形，长8～11毫米，宽1～2毫米；全部总苞片顶端长急尖，外面无毛或外层或中内层上沿中脉有少数头状具柄的腺毛。舌状小花多数，黄色。

瘦果褐色，长椭圆形或长椭圆状倒披针形，长3毫米，宽不足1毫米；冠毛白色，长7毫米，单毛状，彼此纠缠。花果期5～12月。

防治方法　及时中耕除草，特别是种子成熟前清除，减少种子留存；利用可以食用、药用、作牧草的特性，于植株幼嫩期拔除利用；有效除草剂有扑草净、噁草酮、灭草松、萘氧丙草胺、异丙甲草胺、乙氧氟草醚、氟乐灵等。

39　蒲公英（图3-39-1至图3-39-4）

菊科蒲公英属，多年生草本植物。又名华花郎、蒲公草、尿床草、西洋蒲公英、婆婆丁。广泛分布全国各地中、低海拔地区的农田、草地、路边、田野、河滩。蒲公英可生吃、炒食、做汤，是药食兼用的植物。

形态识别　种子繁殖和根茎繁殖。根圆柱状，黑褐色，粗壮。叶倒卵状披针形、倒披针形或长圆状披针形，长4～20厘米，宽1～5厘米，先端钝或急尖，边缘有时具波状齿或羽状深裂，有时倒向羽状深裂或大头羽状深裂，顶端裂片较大，三角形或三角状戟形，全缘或具齿，每侧裂片3～5片，裂片三角形或三角状披针形，通常具齿，平展或倒向，裂片间常夹生小齿，基部渐狭成叶柄，叶柄及主脉常带红紫色，疏被蛛丝状白色柔毛或几无毛。

花茎1至数个，与叶等长或稍长，高10～25厘米，上部紫红色，密被蛛丝状白色长柔毛；头状花序，直径30～40毫米；总苞钟状，长12～14毫米，淡绿色；总苞片2～3层，外层总苞片卵状披针形或披针形，长8～10毫米，宽1～2毫米，边缘宽膜质，基部淡绿色，上部紫红色，先端增厚或具小到中等的角状突起；内层总苞片线状披针形，长10～16毫米，宽2～3毫米，先端紫红色，具小角状突起；舌状花黄色，舌片长约8毫米，宽约1.5毫米，边缘花舌片背面具紫红色条纹。花药和柱头暗绿色。

瘦果倒卵状披针形，暗褐色，长4~5毫米，宽1~1.5毫米，上部具小刺，下部具成行排列的小瘤，顶端逐渐收缩为长约1毫米的圆锥至圆柱形喙基，喙长6~10毫米，纤细；冠毛白色，长约6毫米，白色冠毛结成白色绒球，随风飘落传播。花期4~9月，果期5~10月。

防治方法　幼嫩时人工拔除，生吃、炒食、做汤；全草拔除入药；园地及时中耕；采用唑草酮、双氟磺草胺、噁草灵、2甲4氯钠、双苯酰草胺等除草剂进行防治。

㊵ 薄荷（图3-40-1至图3-40-5）

唇形科薄荷属，多年生草本植物。又名野薄荷、夜息香、银丹草。全国各地广泛分布，多野生也有人工栽培。全株青气芳香，可以食用、药用、作茶饮用，是一种有特种经济价值的药食同源的芳香植物。

形态识别　种子繁殖和根茎繁殖。根茎横生地下、多节，每节都可以生根萌芽形成独立的单株；茎直立或匍匐，茎高30~60厘米，下部数节具纤细的须根及水平匍匐根状茎，锐四棱形，具四槽，上部被倒向微柔毛，下部仅沿棱上被微柔毛，多分枝。着地茎可以生根再形成新的单株。

叶片长圆状披针形、披针形、椭圆形或卵状披针形，稀长圆形，长3~7厘米，宽0.8~3厘米，先端锐尖，基部楔形至近圆形，边缘在基部以上疏生粗大的牙齿状锯齿，侧脉5~6对；沿脉上密生微柔毛，或除脉外余部近于无毛；叶柄长2~10毫米，腹凹背凸，被微柔毛。

轮伞花序腋生，花具梗或无梗，具梗时梗长达3毫米，被微柔毛；花梗纤细，长2.5毫米，被微柔毛或近于无毛。花萼管状钟形，长约2.5毫米，外被微柔毛及腺点，内面无毛；萼5枚，狭三角形。花冠淡紫色，长4毫米左右，外面略被微柔毛，冠檐4裂，长圆形，先端钝。雄蕊4枚，长约5毫米，均伸出于花冠之外，花丝丝状；花药卵圆形；花柱略超出雄蕊，先端近相等2浅裂；花盘平顶。小坚果卵珠形，黄褐色。花期7~9月，果期10月。

薄荷对环境条件适应能力较强，在海拔2100米以下地区均可生长。根茎宿存越冬，能耐-15℃低温，生长最适宜温度为25~30℃。可以根茎栽植、分株栽植和扦插繁殖、种子繁殖等。

防治方法　果园生长因影响果树正常生长视为杂草而须拔除。在不影响果树正常生长的前提下可以充分利用其特有的经济价值，如食用、药用、香料植物等。幼苗时通过中耕清除，成株后适时割除并挖根，晒干用作中药；还可用丁草胺、灭草松、乙氧氟草醚、噁草酮、扑草净、绿麦隆、氟磺胺草醚、西玛津等除草剂进行防除。

第4章

果园害虫主要天敌保护与识别利用

01 食虫瓢虫（图4-1-1至图4-1-8）

属鞘翅目瓢虫科。瓢虫的种类多达4000种，其中80%以上是肉食性的。常见的有七星瓢虫、四斑月瓢虫、二星瓢虫、小红瓢虫、大红瓢虫、异色瓢虫、黑背小毛瓢虫、澳洲瓢虫、深点食螨瓢虫、黑襟毛瓢虫、龟纹瓢虫、孟氏隐唇瓢虫等，均为天敌昆虫。全国各产区均有分布。我国利用瓢虫防治果树害虫已达数十种。

防治对象　以成虫、幼虫捕食叶螨、蚜虫、介壳虫、粉虱、木虱、叶蝉等小体型昆虫及鳞翅目低龄幼虫和卵。

生活习性　捕食性瓢虫其食量很大，如异色瓢虫的1龄幼虫每天捕食蚜虫数量为10~30头，4龄幼虫为每天100~200头，成虫食量更大。而深点食螨瓢虫能捕食果树、蔬菜、花卉及林木等多种螨类的成虫、若虫和卵，它的成虫和幼虫发生时期长，世代重叠，食量大，对果树上的螨类有较好的控制作用。

利用方法

利用七星瓢虫等防治果树蚜虫　食蚜瓢虫除七星瓢虫外，还有四斑月瓢虫、二星瓢虫、异色瓢虫、龟纹瓢虫、六斑月瓢虫等。于4~5月间把麦田的上述瓢虫引移到果园，每亩移入千头以上，可有效地防治果树蚜虫。也可在早春利用田间的蚜虫饲养繁殖瓢虫，然后散放到果园中控制果树蚜虫效果好。

用澳洲瓢虫、大红瓢虫、小红瓢虫防治果树害虫吹绵蚧　4~6月移殖散放到果园中心枝叶茂密、吹绵蚧多的果树上，每500株受害树，散放200头成虫，散放后2个月可消灭吹绵蚧。

利用食螨瓢虫防治果树害螨　常用的有深点食螨瓢虫、广东食螨瓢虫、拟小食螨瓢虫、腹管食螨瓢虫。生产上华北地区用深点食螨瓢虫防治苹果叶螨效果很好。后3种分布东南地，在4、5月和9、10月将食螨瓢虫散放在果树枝条上，于每亩果园中央10株放200~400头，可控制山楂叶螨等。

02 草蛉（图4-2-1至图4-2-4）

属脉翅目草蛉科。幼虫又称蚜狮。草蛉种类多，分布广，食性杂。已知有86属1350多种，中国有15属百余种，常见的有中华草蛉、大草蛉、丽草蛉、叶色草蛉、晋草蛉等，分布在长江流域及北方各地。普通草蛉分布在新疆、黄淮、台湾等地。

防治对象　草蛉是捕食性天敌昆虫。成虫、幼虫捕食螨类、蚜虫类、白粉虱、叶蝉、介壳虫、蓟马等多种小体型害虫以及蝶蛾类和叶甲类的卵和幼虫。

生活习性 草蛉食量大，行动迅速，捕食能力强。草蛉在华北地区1年发生3~5代。其成虫产卵量大，少者300~400粒，多者达1000粒以上。草蛉发育一代需22~43天。1头大草蛉幼虫一生可捕食各类蚜虫600头以上；1头中华草蛉1~3龄幼虫平均日最多可分别捕食若螨400~700头，同时还可捕食其他害虫的卵和幼虫。中华草蛉控制害虫作用非常明显。

利用方法 晋草蛉嗜食螨类，可用于防治山楂叶螨、卵形短须螨。大草蛉嗜食蚜虫，用于防治果树上的蚜虫。利用方法是在上述螨类、蚜虫初发时投放即将孵化的灰色蛉卵，也可把蛉卵放入1%琼脂液中，用喷雾法施放。

草蛉的饲养：将新羽化的成虫集中大笼饲养，喂饲清水和啤酒酵母干粉加食糖混合（10∶8）的人工饲料，进入产卵前期转入产卵笼饲喂。每笼养雌草蛉50~75头，搭配少量雄虫，笼内壁衬卵箔纸，24小时可获草蛉卵700~1000粒，每天更换卵箔纸1次，添加清水和饲料。把卵箔装进塑料袋封口置于8~12℃条件下，存放30天，卵仍可孵化。

03 寄生蜂、蝇类（图4-3-1至图4-3-8）

寄生蜂，属膜翅目，分属姬蜂科、小蜂科等。种类多，分布广。我国应用较多的有赤眼蜂、蚜茧蜂、甲腹茧蜂、上海青蜂、跳小蜂和姬小蜂、姬蜂和茧蜂等。

寄生蝇，属双翅目寄蝇科。是果园害虫幼虫和蛹的主要天敌，防治对象与寄生蜂类基本相同。与苍蝇的主要区别是身上有很多刚毛，种类很多。果树上常见的有卷叶蛾赛寄蝇、伞裙追寄蝇等，寄主为桃小食心虫、大袋蛾、棉蛉虫、小地老虎等。

防治对象 以雌成虫产卵于鳞翅目害虫，如桃蛀螟、果剑纹夜蛾、刺蛾、桃小食心虫、卷叶蛾及蚜虫等寄主体内或体外，以幼虫取食寄主的体液摄取营养，至寄主死亡。

生活习性 不同的寄生蜂对寄主的寄生方式不同，可以分别寄生卵、幼虫、蛹和成虫、若虫。

赤眼蜂 是一种寄生在害虫卵内的寄生蜂，我国应用较多的有松毛虫赤眼蜂、拟澳洲赤眼蜂、舟蛾赤眼蜂及稻螟赤眼蜂等。该类蜂体型很小，眼睛鲜红色，故名赤眼蜂。它能寄生400余种昆虫卵，尤其喜欢寄生鳞翅目昆虫卵，如果树上的刺蛾等，是果园害虫的重要天敌。果树上常见的松毛虫赤眼蜂，在自然条件下，华北地区1年发生10~14代，每头雌蜂可繁殖子代40~176头。利用松毛虫赤眼蜂防治果园梨小食心虫，每亩放蜂量8万~10万头，梨小食心虫卵寄生率为90%，虫害明显降低，其效果明显好于化学防治。

蚜茧蜂 是一种寄生在蚜虫体内的重要天敌。蚜茧蜂在4~10月均有成虫发生，每头雌蜂产卵量数粒至数百粒，尤其喜欢寄生2~3龄的若蚜，以6~9月寄生率较高，有时寄生率高达80%~90%，对蚜虫种群有重要的抑制作用。

甲腹茧蜂 果园常见的是桃小甲腹茧蜂，1年发生2代，寄主为桃小食心虫，以幼虫在桃小食心虫越冬幼虫体内越冬，世代发生与寄主同步。寄生率可达25%~50%。

跳小蜂和姬小蜂 旋纹潜叶蛾的主要天敌，均在寄主蛹内越冬。1年发生4~5代，越冬代成虫5月份将卵产于寄主幼虫体内，寄生率可达40%以上。

姬蜂和茧蜂 可寄生多种害虫的幼虫和蛹。果树上主要有桃小食心虫白茧蜂和花斑马尾姬蜂。白茧蜂1年发生4~5代，产卵于寄主卵内，随寄主卵孵化而取食发育，直至将寄主幼虫致死。马尾姬蜂1年发生2代，以幼虫在寄主幼虫体内越冬，翌春待寄主化蛹后将其食尽，并在寄主蛹壳内化蛹。

利用方法 以赤眼蜂为例。用蓖麻蚕、柞蚕及松毛虫的卵，繁殖松毛虫赤眼蜂和拟澳洲赤眼蜂，这两种赤眼蜂在蓖麻蚕卵内，25℃发育历期10~12天，每年可繁殖30~50代。繁殖时可从田间采集被赤眼蜂寄生的卵，羽化后进行鉴定再饲养。用于寄生的蓖麻蚕卵先洗掉表面胶质，用白纸涂薄胶后，把蚕卵均匀黏上制成卵箔或称卵卡。繁蜂时把卵箔置于繁蜂箱透光一面，当种蜂羽化30%~40%时接蜂。成蜂趋光并趋向蚕卵寄生。种蜂和蓖麻蚕卵的比为2∶1或1∶1，适温25~28℃，相对湿度85%~90%为宜。田间放蜂、繁蜂及防治对象的卵期应掌握恰当才能有效。制好的蜂卡要在蜂发育到幼虫期或预蛹期时，置于10℃以下冷藏保存，50~90天内羽化率不低于70%。放蜂时即将羽化的预制蜂卡，按布局分放在田间，使其自然羽化，也可先在室内使蜂羽化、再饲以糖蜜，然后到田间均匀释放。防治发生代数较多或产卵期较长的害虫时，应在害虫产卵期内多放几次蜂。

04 捕食螨（图4-4-1）

属蛛形纲，分属不同的科。俗称红蜘蛛、黄蜘蛛等。是以捕食害螨为主的有益螨类的统称。我国有利用价值的捕食螨种类有智利小植绥螨、东方植绥螨、尼氏钝绥螨、穗氏钝螨、东方钝绥螨、拟长毛钝绥螨、西方盲走螨等。

防治对象 以成虫、若虫捕食害螨和蚜虫、介壳虫、叶蝉等小体型害虫和卵。

生活习性 在捕食螨中以植绥螨最为理想，它捕食凶猛，具有发育周期短、捕食范围广、捕食量大等特点，1头雌螨能消灭5头害螨在半月内繁殖的群体，同时还捕食一些蚜虫、介壳虫等小体型害虫。植绥螨发生代数因种类而异，一般1年发生8~12代，以雌成虫在枝干树皮裂缝或翘皮下越冬。幼螨孵化后随即取食，成螨、若螨均可捕食害螨的各虫态。

利用方法 我国对几种植绥螨的饲养繁殖，多采用隔水法：即在瓷盆内垫泡沫塑料，上盖一层薄膜，饲料和植绥螨放在薄膜上，盘中加浅水隔离，防止植绥螨逃逸。饲料以喜食的害螨为主，也可用20%~50%的蜂蜜水、鲜花粉或干燥2年的柑橘花粉为食料。适时在果园中释放植绥螨。果园内种植益螨栖息植物豆类等，增加其栖息场所和食料来源；合理灌溉，提高果园相对湿度；加强测报，必要时进行挑治，以利益螨繁殖，使益螨种群数量增加，维持益、害螨之间的数量平衡，把害螨控制在经济阈值允许的范围之内。

05 蜘蛛（图4-5-1至图4-5-8）

属蜘蛛纲蛛形目。种类多，种群的数量大，分属不同的科。我国有3000多种，现已定名1500余种，其中80%生活在果园中，是害虫的主要天敌。如三突花蛛、草间小黑蛛、八斑球腹蛛、拟水狼蛛等。

防治对象 为肉食性动物。捕食同翅目、鳞翅目、直翅目、半翅目、鞘翅目等多种害虫，如蚜虫、花弄蝶、毛虫类、椿象、叶蝉、飞虱、卷叶蛾等害虫的成虫、幼虫和卵。

生活习性 蜘蛛寿命较长，小体型半年以上，大体型可达多年；两性生殖，雄蛛体小，出现时间短，通常采到的多为雌蛛；抗逆性强，耐高温、低温和饥饿；为肉食性动物，性情凶猛，行动敏捷，专食活体，在它的视力范围或丝网附近的猎物很少能够逃脱；分结网和不结网两类，前者在地面土壤间隙做穴结网或在树冠上、草丛中结网，捕食落入网中的害虫，后者游猎捕食地面和地下害虫，也可从树上、草丛、水面或墙壁等处猎食，无固定的栖息场所。捕食时先用螯肢刺入活虫体内，注入毒液使之麻痹，然后取食。

利用方法 ①创造适于蜘蛛生存的环境条件，特别注意不要人为破坏蜘蛛结的丝网；收集田边、沟边杂草等处的蜘蛛，助其迁入果园。②人工繁殖。人工繁殖母蛛越冬，待其产卵孵化后，分批释放至果园，增加果园有益蛛量。或于2~3月田间收集越冬卵囊，冷藏在0℃左右的低温下，经40天对孵化无影响，待果树发芽后放入果园。③防治害虫时选择高效低毒农药，不准用剧毒农药，以免伤及害虫天敌。

06 食蚜蝇（图4-6-1至图4-6-4）

属双翅目食蚜蝇科。种类多，分布广。主要有黑带食蚜蝇、斜斑额食蚜蝇等。

防治对象 捕食果树蚜虫、叶蝉、介壳虫、飞虱、蓟马、叶螨等小体型害虫和蝶蛾类害虫的卵和初龄幼虫。

生活习性 成虫颇似蜜蜂,但腹部背面大多有黄色横带,喜取食花粉和花蜜。卵单产,白色,大多产于蚜虫群中或其周围。黑带食蚜蝇是果园中较常见的一种,幼虫蛆形,头尖尾钝,体壁上有纵向条纹,碰到蚜虫就用口器咬住不放,举在空中吸,把体液吸干后丢弃在一旁,又继续捕食;幼虫孵化后即可捕食蚜虫,每只幼虫一生可捕食数百头至数千头蚜虫;在华北地区1年发生4~5代,卵期3~4天,幼虫期9~11天,蛹期7~9天,多以末龄幼虫或蛹在植物根际土中越冬,翌春4月上旬成虫出现,4月下旬在果树及其他植物上活动取食,5~6月份各虫态发生数量较多,7~8月份蚜虫等食料缺乏时,幼虫在叶背或卷叶中化蛹越夏,秋季又继续取食或转移至果园附近农田或林木上产卵,孵化后继续取食蚜虫,秋后入土化蛹。

利用方法 ①种植蜜源植物,招引和诱集食蚜蝇繁衍。②人工繁殖和释放。③提倡使用低毒高效低残留农药,禁用剧毒农药,保护天敌。

07 食虫椿象(图4-7-1至图4-7-3)

属半翅目蝽总科。果园害虫天敌的一大类群,其种类很多。主要有茶色广喙蝽、东亚小花蝽、小黑花蝽、黑顶黄花蝽、光肩猎蝽、白带猎蝽、褐猎蝽等。

防治对象 以成虫、若虫捕食蚜虫、叶螨、介类、叶蝉、蓟马、椿象以及鳞翅目、鞘翅目害虫的卵及低龄幼虫。

生活习性 食虫椿象与有害椿象的区别:有害椿象有臭味,其喙由头顶下方紧贴头下,直接向体后伸出,不呈钩状。而食虫椿象大多无臭味,喙坚硬如锥,基部向前延伸,弯曲或呈钩状,不紧贴头下。在北方果区多数食虫椿象1年发生4代,发生期4~10月,若虫孵化后即可以取食,专门吸食害虫的卵汁或幼虫、若虫体液。捕食能力很强,1头小黑花蝽成虫日平均捕食各种虫态叶螨20头,卵20粒,蚜虫27头。以雌成虫在果树枝、干的翘皮下越冬,翌年4月开始活动取食。

利用方法 ①创造适于天敌活动的环境条件,招引和诱集。②人工繁殖和释放。③果园用药要选用对天敌杀伤力小的农药,保护天敌。

08 螳螂(图4-8-1至图4-8-3)

属螳螂目螳螂科。俗称砍刀。种类多,分布广,我国有50多种,常见的有广腹螳螂、大刀螳螂、薄翅螳螂、中华螳螂等。

防治对象 捕食蚜虫类、蛾蝶类、甲虫类、椿象类等60多种果园害虫,食性很杂。

生活习性　北方果区1年发生1代,以卵在树枝上越冬。每年5月下旬至6月下旬孵化为若虫,8月羽化为成虫,成虫交尾后,雌成虫即将雄成虫吃掉,9月后产卵越冬。自春至秋间均有发生,成、若虫期100~150天,其间均可捕食害虫。若虫具有跳跃捕食习性,1~3龄若虫喜食蚜虫,特别是有翅蚜,3龄以后嗜食体壁较软的鳞翅目害虫,成虫则可捕食各类虫态的害虫。螳螂食量大,1只螳螂一生可捕食害虫2000多头。其捕食有两大特点,一是只捕食活的猎物;二是即使吃饱了,见到猎物不吃也要杀死,即螳螂特有的杀死性。

利用方法　①人工繁殖和释放。螳螂产卵后,采集产有螳螂卵的枝条,放在室内保护越冬,第二年待初孵若虫出现时,释放到果园,每亩释放200~300头。②注意化学药剂的品种选择、喷药量和喷药时期,尽量避免在杀死害虫的同时也杀死螳螂。

09　白僵菌（图4-9-1至图4-9-2）

虫生真菌,属半知菌类,是昆虫的主要病原真菌。

防治对象　可防治鳞翅目、鞘翅目、半翅目、同翅目、直翅目、膜翅目等200多种害虫的幼虫。如危害果树的桃小食心虫、桃蛀螟、刺蛾类、夜蛾类、梨虎象、柑橘卷叶蛾、拟小黄卷蛾、褐带长卷蛾、后黄卷叶蛾、荔枝蝽等。

作用机理　白僵菌菌剂一般为白色至灰白色粉状物,是白僵菌的分生孢子,国产白僵菌粉剂,每克含活孢子50亿~80亿个。菌剂喷洒到害虫体上后,菌丝穿透幼虫体壁,在体内大量繁殖,经2~3天致害虫死亡。死虫体壁坚硬,体表长满白色菌丝及孢子,称为白僵虫。虫体上的孢子随风扩散,遇到其他害虫又可传染,使害虫致病死亡。白僵菌寄主专一性强（对桃小食心虫的自然寄生率可达20%~60%）,持效性强,可保护天敌,致死害虫速度虽不及化学农药效果明显,但对环境不会造成污染。

利用方法　①用于防治桃小食心虫和蛴螬。在果园桃小越冬幼虫出土和脱果初期,以及蛴螬活动盛期,树下地面喷洒白僵菌粉每平方米8克,与25%辛硫磷微胶囊剂每平方米0.3毫升混合液,防效明显。②用白僵菌高效菌株B-66处理地面,可使桃小食心虫出土幼虫大量感病死亡,幼虫僵死率达85.6%,并显著降低蛾、卵数量。③防治蚜虫。在蚜虫发生严重时,喷洒白僵菌制剂,感染该菌的蚜虫死后表面呈白色,症状明显。

注意　利用白僵菌制剂防治害虫,菌液要随配随用,配好的菌液应在2小时内喷完,以免孢子过早萌发,失去致病力;田间湿度大、菌剂与虫体接触,防治效果才好。

⑩ 苏云金杆菌

属细菌。又叫Bt，亦称"424"。另外，杀螟杆菌、青虫菌、松毛虫杆菌、"7216"等都属于苏云金杆菌类。利用其制成的杀虫剂称为细菌杀虫剂。

防治对象 能杀死农林、果树等多种害虫，尤其对鳞翅目幼虫如刺蛾类、卷叶蛾类、桃蛀螟、桃小食心虫、枣尺蠖等防治效果好。且对草蛉、瓢虫等捕食性天敌无害。

作用机理 是目前世界上产量最大的微生物杀虫剂。已有100多种商品制剂。其制剂因采用的原料和方法不同，呈浅黄色、黄褐色或黑色粉末，每克含活孢子100亿~300亿个。可以喷雾、喷粉、泼浇或制成毒土和颗粒剂。杀虫细菌是一种好气性细菌，芽孢对高温忍耐力较强，制剂不受潮湿、保存适当可数年不丧失毒力。其杀虫机理是害虫食菌后破坏害虫的肠道，影响取食，致害虫死亡。杀虫效果对老熟幼虫比幼龄害虫好。

利用方法 ①喷雾防治桃蛀螟、刺蛾和卷叶蛾类。选择有露水的早晨或空气湿度较大的傍晚，用每克含活孢子数为100亿的菌粉300~500倍液喷雾，使用时加0.1%的洗衣粉或豆面作黏着剂，提高防治效果。②菌粉应放在干燥阴凉处保存，避免水湿、暴晒，对家蚕有毒，严禁在桑园使用。因杀虫速度比化学农药慢，施药期应稍加提前。

⑪ 核多角体病毒

感染昆虫的病毒有三大类，即多角体病毒（NPV）、颗粒病毒和无包涵病毒，利用最多的是多角体病毒。

防治对象 感染近200种昆虫发病，主要是鳞翅目昆虫幼虫，如大袋蛾等。

利用方法 饲养健康的幼虫至3龄末时，用带病毒的饲料喂食使其感染，3天后幼虫开始死亡。将死虫收集在棕色瓶里，即制成毒剂，贮存备用。防治大袋蛾时，可在卵盛期喷布。每亩用30~50头死虫研碎，用二层纱布过滤后再用少量清水冲洗加至所需水量，每亩所用病毒制剂内加30克充分研碎的活性炭保护剂提高防效。每代需喷2~3次，相隔5~7天。防治2次的防效达84%以上，高于其他化学农药，且可以保护天敌。

⑫ 食虫鸟类（图4-12-1至图4-12-5）

我国以昆虫为主要食料的鸟类约有600种。常见的有大山雀、燕子、大杜鹃、大斑啄木鸟、灰喜鹊、喜鹊、戴胜、黄鹂、柳莺等。

防治对象 可啄食多种农、林、果害虫，主要有叶蝉、叶蜂、蚜虫、木虱、椿象、金龟甲、蝶蛾类幼虫等，果园内所有害虫都可能被食，对害虫的控制作用非常大。虽然鸟类也啄食成熟的果实，使果实失去食用价值，但利大于弊。

生活习性

大山雀 山区、平原均有分布，地方性留鸟，喜在果园及灌木丛中活动，善跳跃和飞翔。多在树洞、墙洞中筑巢，产卵3~5枚。食量很大，1头大山雀一天捕食害虫的数量相当于自身体重，在大山雀的食物中，农林害虫数量约占80%。

大杜鹃 夏候鸟或旅鸟，和鸽子大小相近，喜栖息在开阔的林地，以取食大型害虫为主，特别喜食一般鸟类不敢啄食的毛虫，如刺蛾等害虫的幼虫，1头成年杜鹃一天可捕食300多头大型害虫。

大斑啄木鸟 身体上黑下白，尾下呈红色。在树上活动时，一面攀登，一面以嘴快速叩树，叩树之声不绝于耳，若树上有虫，则快速啄破树皮，用舌钩出害虫吞食，主要捕食鞘翅目害虫、椿象、天牛蛀干幼虫等。食量很大，每天可取食1000~1400头害虫幼虫。

灰喜鹊 留鸟。全体灰色，灵活敏捷，善飞翔，喜在密集的果园和森林中群居和筑巢。喜食金龟子、刺蛾、蓑蛾等30余种害虫，1只灰喜鹊全年可吃掉1.5万头害虫。

保护利用 ①禁止人为破坏鸟巢，禁止捕猎、毒害鸟类。②招引鸟类。冬季在果园为冬虫益鸟给饵、在干旱地区给水、在果园栽植益鸟食饵植物、在果园内设置人工鸟巢箱等，为益鸟的栖息和繁殖创造条件。③避免频繁使用广谱性杀虫剂，以免误伤鸟类。④人工饲养和驯化当地鸟类，必要时可操纵其治虫。

13 蟾蜍（癞蛤蟆）、青蛙（图4-13-1，图4-13-2）

蟾蜍是无尾目蟾蜍科动物的总称，全国各地均有分布，有300多种。青蛙是无尾目蛙科动物的总称，有650余种。蛙和蟾蜍的区别：皮肤比较光滑、身体比较苗条、善于跳跃、会游泳的称为蛙；而皮肤比较粗糙、身体比较臃肿、不善跳跃、不会游泳的称为蟾蜍。

防治对象 主要捕食蚱蜢、蝶蛾类幼虫、象鼻虫、蝼蛄、金龟甲、蚜虫等多种害虫。

生活习性 蛙和蟾蜍冬季多潜伏在水底淤泥里或烂草里，也有的在陆上泥土里越冬。从春末至秋末，白天栖息于石块下、草丛、土洞或池塘、水沟、小河内。黄昏和夜间捕食，有的昼夜均可取食，但以夜间的为多，尤其喜雨后捕食各种害虫，捕食量大，一头青蛙日捕食70多头害虫，对控制果园害虫效果明显。

利用方法 ①禁止捕食青蛙和捕捞蝌蚪。②合理使用农药，禁止使用高毒、高残留农药，保护蛙类。③有目的地饲养。当田埂边或将要断水的沟渠中有蛙卵和蝌蚪时，及时捞取，放入有水沟渠中，使蛙卵正常孵化和蝌蚪正常生长。

第5章

果园病虫草无公害综合防治

01 适宜果园使用的农药种类及其合理使用

无公害果品生产使用的农药药剂，必须是经国家正式登记的产品，不能使用有致癌、致畸、致突变的危险的或有嫌疑的药剂。

（一）允许使用的部分农药品种及使用要求

在果园无公害果品生产中，要根据防治对象的生物学特性和危害特点合理选择允许使用的药剂品种。主要种类有：

1. 植物源杀虫、杀菌素

包括除虫菊素、鱼藤酮、烟碱、苦参碱、植物油、印楝素、苦楝素、川楝素、茴蒿素、松脂合剂、芝麻素等。

2. 矿物源杀虫、杀菌剂

包括石硫合剂、波尔多液、机油乳剂、柴油乳剂、石悬剂、硫黄粉、草木灰、腐必清等。

3. 微生物源杀虫、杀菌剂

如Bt乳剂、白僵菌、阿维菌素、中生菌素、多氧霉素和农抗120等。

4. 昆虫生长调节剂

如灭幼脲、除虫脲、卡死克、性诱剂等。

5. 低毒低残留化学农药

（1）主要杀菌剂有5%菌毒清水剂、80%喷克可湿性粉剂、80%大生M-45可湿性粉剂、70%甲基硫菌灵可湿性粉剂、50%多菌灵可湿性粉剂、40%氟硅唑乳油、1%中生菌素水剂、70%代森锰锌可湿性粉剂、70%乙膦铝锰锌可湿性粉剂、834康复剂、15%三唑酮乳油、75%百菌清可湿性粉剂、50%异菌脲可湿性粉剂等。

（2）主要杀虫杀螨剂有1%阿维菌素乳油、10%吡虫啉可湿性粉剂、25%灭幼脲3号悬浮剂、50%辛脲乳油、50%蛾螨灵乳油、20%杀铃脲悬浮剂、50%马拉硫磷乳油、50%辛硫磷乳油、5%尼索朗乳油、20%螨死净悬浮剂、15%哒螨灵乳油、40%蚜灭多乳油、99.1%加德士敌死虫乳油、5%卡死克乳油、25%噻嗪酮可湿性粉剂、25%抑太保乳油等。

允许使用的化学合成农药每种每年最多使用2次，最后一次施药距安全采收间隔期应在20天以上。

（二）限制使用的部分农药品种及使用要求

限制使用的化学合成农药品种主要有48%哒嗪硫磷乳油、50%抗蚜威可湿性粉剂、25%辟蚜雾水分散粒剂、2.5%三氟氯氰菊酯乳油、20%甲氰菊酯乳油、30%桃小灵乳油、80%敌敌畏乳油、50%杀螟硫磷乳油、10%歼灭乳油、2.5%

溴氰菊酯乳油、20%氰戊菊酯乳油、40%乐果乳油等。

无公害果品生产中限制使用的农药品种,每年最多使用1次,施药距安全采收间隔期应在30天以上。

(三)禁止使用的农药

在无公害果品生产中,禁止使用剧毒、高毒、高残留、致癌、致畸、致突变和具有慢性毒性的农药,主要包括:

有机磷类杀虫剂:甲拌磷、乙拌磷、久效磷、对硫磷、甲基对硫磷、甲胺磷、甲基异柳磷、特丁硫磷、甲基硫环磷、治螟磷、内吸磷、氧化乐果、磷胺、灭线磷、硫环磷、蝇毒磷、地虫硫磷、氯唑磷、苯线磷、水胺硫磷。

氨基甲酸酯类杀虫剂:克百威、涕灭威、灭多威。

二甲基甲脒类杀虫剂:杀虫脒。

取代苯类杀虫剂:五氯硝基苯、五氯苯甲醇。

有机氯杀虫剂:滴滴涕、六六六、毒杀芬、二溴氯丙烷、林丹。

有机氯杀螨剂:三氯杀螨醇、克螨特。

砷类杀虫、杀菌剂:福美胂、甲基砷酸锌、甲基砷酸铁铵、福美甲、砷酸钙、砷酸铅。

氟制类杀菌剂:氟化钠、氟化钙、氟乙酰胺、氟铝酸钠、氟硅酸钠、氟乙酸钠。

有机锡杀菌剂:三苯基醋酸锡、三苯基氯化锡。

有机汞杀菌剂:氯化乙基汞(西力生)、醋酸苯汞(赛力散)。

二苯醚类除草剂:除草醚、草枯醚。

以及国家规定无公害果品生产禁止使用的其他农药。

(四)无公害果品生产中允许和禁止使用的天然植物生长调节剂及使用要求

允许使用的植物生长调节剂及使用要求:如赤霉素类、细胞分裂素类(如苄基腺嘌呤[BA]、玉米素等),要求每年最多使用一次,施药距安全采收期间隔应在20天以上。也可使用能够延缓生长、促进成花、改善树体结构、提高果实品质及产量的其他生长调节物质,如乙烯利、矮壮素等。

禁止使用污染环境及危害人体健康的植物生长调节剂。如比久(B9)、萘乙酸、2,4-二氯苯氧乙酸(2,4-滴)等。

(五)科学合理使用农药

1. 对症施药

根据田间的病虫害种类和发生情况选择农药,防治病虫害以保护性杀菌剂为基础。

2. 适时施药

根据预测预报和病虫害的发生规律，确定使用药剂的最佳时期。

3. 使用农药要喷布均匀周到

选择合适的药械和使用方法，保证使用的农药准确、均匀、到位。

4. 严格按照农药的使用剂量使用农药

同一种类的允许使用的药剂、一个生长周期：一般保护性杀菌剂可以使用3~5次；具有内吸性和渗透作用的农药可以使用1~2次，最好只使用1次；杀虫剂可以使用1~2次，最好使用1次。

5. 严格按农药的安全间隔期使用农药

允许使用的农药品种，禁止在采收前20天内使用。限制使用的农药禁止在采收前30天内使用。如果出现特殊情况，需要在采收前安全间隔期内使用农药，必须在植物保护专家指导下采取措施，确保食品安全。

6. 严格对使用农药的安全管理

每一个生产者，必须对果园中使用农药的时间、农药名称、使用剂量等进行严格、准确的记录。

7. 严禁使用未经国家有关部门核准登记的农药化合物

8. 其他情况按国家标准《农药合理使用准则》GB/T8321（所有部分）规定执行

02 病虫害无害化综合防治

（一）病虫害防治的基本原则

病虫无公害防治的基本原则是综合利用农业的、生物的、物理的防治措施，创造不利于病虫害发生而有利于各类自然天敌繁衍的生态环境，通过生态技术控制病虫害的发生。优先采用农业防治措施，本着"防重于治""农业防治为主、化学防治为辅"的无公害防治原则，选择合适的可抑制病虫害发生的耕作栽培技术，平衡施肥、深翻晒土、清洁果园等一系列措施控制病虫害的发生。尽量利用灯光、色彩、性诱剂等诱杀害虫，采用机械和人工以及热消毒、隔离、色素引诱等物理措施防治病虫害。病虫害一旦发生，需采用化学方法进行防治时，注意严禁使用国家明令禁止使用的农药、果树上不得使用的农药，并尽量选择低毒低残留、植物源、生物源、矿物源农药。

（二）病虫害防治的基本措施

1. 农业防治

农业防治是根据农业生态环境与病虫发生的关系，通过改善和改变生态环境，调整品种布局，充分应用品种抗病、抗虫性以及一系列的栽培管理技术，有目的地改变果园生态系统中的某些因素，使之不利于病虫害的流行和发生，达到控制病虫危害，减轻灾害程度，获得优质、安全的果品的目的。农业防治方法是果园生产管理中的重要部分，不受环境、条件、技术的限制，虽不如化学防治那样能够直接、迅速地杀死病虫，却可以长期控制病虫害的发生，大幅度减少化学药剂的使用量，有利于果园长期的可持续发展。

（1）植物检疫。植物检疫是贯彻"预防为主、综合防治"的重要措施之一，即凡是从外地引进或调出的苗木、种子、接穗、果品等，都应进行严格检疫，防止危险性病虫害的扩散。

（2）清理果园，减少病源。果园中多数病虫在病枝或残留在园中的病叶、病果上越冬、越夏，及时清理果园，可以破坏病虫越冬的潜藏场所和条件，有效地减少病害侵染源，降低害虫发生基数，可以很好地预防病害的流行和虫害的发生。秋季或早春清扫枯枝落叶，集中高温堆沤，可消灭其中越冬病菌和害虫。结合修剪，剪除病虫枝条、病芽，摘除病虫果、叶，剪除病虫枝条可以有效地防治天牛类、刺蛾类、食心虫、介壳虫等。对于病虫株残体和落在地面上的病虫果，应及时清除并高温堆沤或深埋，可以大大减少病虫的传播与危害。此外，及时清除田间杂草，不但减少杂草种子在果园的残留，亦可以大大减少害虫寄生的机会。

（3）合理整形修剪，改善果园通风透光条件。果园在密闭条件下病虫害发生严重，过于茂盛的枝叶常成为小型昆虫繁衍的有利场所。合理整形修剪，使树体枝组分布均匀，改善了树冠内通风透光条件，可以有效地控制病虫害的发生。

（4）科学施肥，合理灌溉。加强肥、水管理对提高树体抵抗病虫害能力有明显的效果，特别是对具有潜伏侵染特点的病害和具有刺吸口器害虫的抵抗作用尤其明显。施肥种类及用量与病虫害发生有密切关系，不要过量施用氮肥，避免引起枝叶徒长，树冠内郁闭，而诱发病虫发生。厩肥堆积过多，常成为蝇、蚊、蛴螬等土栖昆虫的栖息繁殖场所。因此，提倡配方施肥、平衡施肥、多施充分腐熟的有机肥、增施磷钾肥，以提高植株抗病性，增强土壤通透性，改善土壤微生物群落，提高有益微生物的生存数量，并保证根系发育健壮。此外，减少氮肥，增施磷钾肥，能增强树体对病害侵染的抵抗力。

果园湿度过大，易导致真菌类病害疫情的发生，湿度越大病害越重。而果树生长中后期灌水过多，易使果树贪青徒长，枝条发育不充实，冬季抵抗冻害的能力差。因此，果园浇水应尽量避免大水漫灌，以免造成园内湿度过大，诱发病害发生，宜尽量采用滴灌等节水措施。利用滴灌技术、覆盖地膜技术可以有效地控制园内空气湿度，防止病害的发生。遇大雨后应及时排水，避免影响果树生长和降低抵抗病虫害能力。

（5）刮树皮，刮涂伤口，树干涂白。危害果树的多种害虫的卵、蛹、幼虫、成虫,以及多种病菌孢子隐居在树体的粗翘皮裂缝里休眠越冬,而病虫越冬基数与来年危害程度密切相关,应刮除枝、干上的粗皮、翘皮和病疤,铲除腐烂病、干腐病等枝干病害的菌源,同时还可以促进老树更新生长。刮皮一般以入冬时节或第二年早春2月间进行,不宜过早或过晚,以防止树体遭受冻害以及失去除虫治病的作用。幼龄树要轻刮,老龄树可重刮。操作动作要轻,防止刮伤嫩皮及木质部,影响树势。一般以彻底刮去粗皮、翘皮,不伤及白颜色的活皮为限。刮皮后,皮层集中烧毁或深埋,然后用石灰水涂白剂,在主干和大枝伤口处进行涂白,既可以杀死潜藏在树皮下的病虫,还可以保护树体不受冻害。石灰涂白剂的配制材料和比例:生石灰10千克,食盐150~200克,面粉400~500克,加清水40~50千克,充分溶化搅拌后刷在树干伤口处,以不流淌、不起疙瘩为度。由虫伤或机械伤引起的伤口,是最容易感染病菌和害虫喜欢栖息的地方,应将腐皮朽木刮除,用刀削平伤口后,涂上5波美度石硫合剂或波尔多液消毒,促进伤口早日愈合。

(6)刨树盘。刨树盘是果树管理的一项常用措施,该措施既可起到疏松土壤、促进果树根系生长作用,还可将地表的枯枝落叶翻于地下,把土中越冬的害虫翻于地表。

(7)树干绑缚草绳,诱杀多种害虫。不少害虫喜在主干翘皮、草丛、落叶中越冬,利用这一习性,于果实采收后在主干分枝以下绑缚3~5圈松散的草绳,诱集消灭害虫。草绳可用稻草或谷草、棉秆皮拧成,绑缚要松散,以利于害虫潜入。

(8)人工捕虫。许多害虫有群集和假死的习性,如多种金龟子有假死性和群集危害的特点,可以利用害虫的这些习性进行人工捕捉。再如黑蝉若虫可食,在若虫出土季节,可以发动群众捕布食之。

(9)园内种植诱集作物,诱集害虫集中危害而消灭。利用桃蛀螟、桃小食心虫对玉米、高粱趋性更强的特性,园内种植玉米、高粱等,诱其集中危害而消灭。

(10)园内放养鸡、鸭等家禽,啄食害虫,减轻危害。

2. 物理防治

是根据害虫的习性而采取防治害虫方法。

(1)灯光诱杀(图5-1-1,图5-1-2)。①黑光灯诱杀。常用20瓦或40瓦黑光灯管做光源,在灯管下接一个水盆或一个广口瓶,瓶中放些毒药,以杀死掉落的害虫。此法可诱杀晚间出来活动的害虫,如桃蛀螟、黄刺蛾、茎窗蛾成虫等。②频振式杀虫灯。利用大多数害虫晚上有趋光的特性,运用光、波、色、味4种诱杀方式杀灭害虫,它的主要元件是频振灯管和高压电网,频振灯管能产生特定频率的光波,引诱害虫靠近,高压电网缠绕在灯管周围能将飞来的害虫杀死或击昏,即近距离用光、远距离用波、黄色光源、性信息等原理设计的杀虫灯,以达到防治害虫的目的。

频振式杀虫灯使用方法：可利用路两旁的电线杆或吊挂在牢固的物体上。灯间距离180~200米，离地面高度1.5~1.8米，呈棋盘式分布，挂灯时间为5月初至10月下旬。接通电源，按下开关，指示灯亮即进入工作状态。

（2）糖醋液诱杀。许多成虫对糖醋液有趋性，因此，可利用该习性进行诱杀。方法是在成虫发生的季节，将糖醋液盛在水碗或水罐内制成诱捕器，将其挂在树上，每天或隔天清除死虫。糖醋液的制备方法：酒、水、糖、醋按1∶2∶3∶4的比例，放入盆中，盆中放几滴农药，并不断补足糖醋液。

（3）黏虫板诱杀害虫（图5-2-1）。利用昆虫的趋黄性诱杀害虫，可防治潜蝇成虫、粉虱、蚜虫、叶蝉、蓟马等小型昆虫；而蓝色板诱杀叶蝉效果更好，配以性诱剂可扑杀多种害虫的成虫。

黏虫板制作方法：购买黏虫纸，或用柠檬黄色塑料板、木板、硬纸箱板等材料，大小约20厘米×30厘米，先在板两面涂抹柠檬黄色油漆后，再均匀涂上一层黏虫胶或黄油、机油即可。

挂板方法及时间：于4月初至10月下旬挂板。田间用竹（木）细棍支撑固定，每亩均匀插挂20块黄板，呈棋盘式分布，高度比植株稍高，太高或太低效果均较差。当纸或板上粘虫面积占板表面积的60%以上时更换，板上胶不黏时及时更换。为保证自制黄板的黏着性，需1周左右重新涂1次。悬挂方向以板面东西方向为宜。

（4）树干缠粘虫带。利用害虫在树干上爬行，上树为害、下树栖息或化蛹等习性，在树干上缠普通塑料带或缠上涂有粘虫胶、黄油、机油的塑料胶带，设置阻截障碍，达到杀灭害虫的目的，对防治尺蠖类害虫及一些频繁上下树的害虫防治效果很好，减少了用药，又避免了对人、益虫、鸟类、环境造成的危害和污染（图5-3-1至图5-3-3）。

（5）涂捕虫圈（图5-4-1）。用捕虫胶在树干与树杈交界处，涂一圈，宽3~4厘米，捕杀天牛效果好；天牛产卵前在树的枝干多次来回爬行找适宜产卵的地方。一般选择斜着向上光滑部位，用嘴扒开树皮长约1.5厘米、宽约0.8厘米的小穴，将一粒卵产入，再用树皮盖住，产一粒卵换一个地方。在树干上涂几道捕虫圈，捕杀天牛的效率非常高，将天牛等害虫消灭在产卵之前，使林果类树体少受危害。

（6）高浓度虫胶、黏鼠板捕鼠。鼠害重的果园在老鼠经常出没走道上，放置黏鼠板或摊一小块高浓度虫胶，又不引起老鼠注意。老鼠通过时踩上就被粘住。

（7）防虫网（图5-5-1）。通过覆盖在棚架上的防虫网，构建人工隔离屏障，将害虫拒之网外，切断害虫传播途径，有效控制被保护地各类害虫的发生危害和与害虫传播有关的病害发生，减少了果园化学农药的施用，并具有抵御暴风、雨冲刷和冰雹侵袭等自然灾害的功能，是一种简便、科学、有效的防虫、防病措施。防虫网的孔径，以20~32目为宜，好的防虫网，正确使用和保管可利用3~5年。

（8）性外激素诱杀（图5-6-1，图5-6-2）。昆虫性外激素是由雌成虫分泌的用以招引雄成虫来交配的一类化学物质。通过人工模拟其化学结构合成的昆虫性外激素已经进入商品化生产阶段。性外激素已明确的果树害虫种类有30多种。目前国内外应用的性外激素捕获器类型有5大类20多种。如黏着型、捕获型、杀虫剂型、电击型和水盘型。我国在果树害虫防治上已经应用的有桃蛀螟、桃小食心虫、桃潜蛾、梨小食心虫、苹果小卷叶蛾、苹果褐卷叶蛾、梨大食心虫、金纹细蛾等昆虫的性外激素。捕获器的选择要根据害虫种类、虫体大小、气象因素等，确定捕获器放置的地点、高度和用量。①利用性外激素诱杀。在果园放置一定数量的性外激素诱捕器，能够诱捕到雄成虫，导致雌、雄成虫的比例失调，减少了自然界雌、雄虫交配的机会，从而达到治虫的目的。②干扰交配（成虫迷向）。在果园内悬挂一定数量的害虫性外激素诱捕器诱芯，作为性外激素散发器。这种散发器不断地将昆虫的性外激素释放到田间，使雄成虫寻找雌成虫的联络信息发生混乱，从而失去交配的机会。在果园的试验结果表明，在每亩内栽植110棵果树的情况下，每棵树上挂3～5个桃小食心虫性外激素诱芯，能起到干扰成虫交配的作用。打破害虫的生殖规律，使大量的雌成虫不能产下受精卵，从而极大地降低幼虫数量。

（9）水喷法防治。在果树休眠期（11月中下旬）用压力喷水泵喷枝干，喷到流水程度，可以消灭在枝干上越冬的介壳虫。

（10）果实套袋（图5-7-1至图5-7-3）。果实套袋栽培是近几年我国推广的优质果品技术。果实套袋后，既能增加果实着色、提高果面光洁度、减少裂果，还能防止病菌和害虫直接侵染果实，减少农药在果品中的残留。目前国内用于果实套袋用袋按材质分主要有塑料薄膜袋、白色木浆纸袋、无纺布袋、双层纸袋等。

3. 生物防治

运用有益生物防治果树病虫害的方法称为生物防治法。生物防治是进行无公害果品生产、有效防治病虫害的重要措施。在果园自然环境中有数百种有益天敌昆虫资源和能促使果树害虫致病的病毒、真菌、细菌等微生物。保护和利用这些有益生物，是果品病虫无公害防治的重要手段。生物防治的特点是不污染环境，对人、畜安全无害，无农药残留，符合果品无公害生产的目标，应用前景广阔。但该技术难度较大，研究和开发水平较低，目前应用于防治实践的有效方法还较少。各果园可以因地制宜，选择适合自己的生物防治方法，并与其他防治方法相结合，采取综合治理的原则防治病虫害。

（1）利用寄生性天敌昆虫防治虫害（图5-8-1）。寄生性昆虫活动特点，是以雌成虫产卵于寄主体内或体外，以幼虫取食寄主的体液摄取营养，从而导致寄主（害虫）死亡。而它的成虫则以花粉、花蜜等为食或不取食。除了成虫以外，其他虫态均不能离开寄主而独立生活。果园害虫天敌主要有：寄生卷叶虫的中国齿腿姬蜂、卷叶蛾瘤姬蜂、卷叶蛾绒茧蜂；寄生梨小食心虫的梨小蛾姬蜂、梨小食心虫聚瘤姬蜂；寄生潜叶蛾、刺蛾的刺蛾紫姬蜂、刺蛾白跗姬蜂、潜叶蛾姬小蜂等寄生蜂类。寄生鳞翅目害虫幼虫和蛹的寄生蝇类，如寄生梨小食心虫的稻苞虫赛寄蝇、日本追寄蝇；寄生天幕毛虫的天幕毛虫追寄蝇、普通怯寄蝇等。

（2）利用捕食性天敌昆虫防治害虫。捕食性天敌昆虫靠直接取食猎物或刺吸猎物体液来杀死害虫，致死速度比寄生性天敌快得多。如捕食叶螨类的深点食螨瓢虫、腹管食螨瓢虫、大草蛉、中华通草蛉、食蚜瘿蚊等；捕食蚜虫的七星瓢虫；捕食介壳虫的黑缘红瓢虫、红点唇瓢虫等。此外，还有螳螂、食蚜蝇、食虫椿象、胡蜂、蜘蛛等多种捕食性天敌，抑制害虫的作用非常明显。

（3）利用食虫鸟类防治虫害。鸟类在农林生物多样性中占有重要地位，它与害虫形成相互制约的密切关系，是害虫天敌的重要类群。我国以昆虫为主要食料的鸟有600多种，如大山雀、大杜鹃、大斑啄木鸟、灰喜鹊、家燕、黄鹂等主要或全部以昆虫为食物，对控制害虫种群作用很大。

（4）利用病原微生物防治病虫害。①利用病原微生物防治害虫。在自然界中，有一些病原微生物，如细菌、真菌、病毒、线虫等，在条件合适时能引发害虫流行病，致使害虫大量死亡。利用病原微生物防治虫害主要有细菌、真菌、病毒三大类制剂。②利用病原微生物防治病害。主要是利用某些真菌、细菌和放线菌对病原菌的杀灭作用防治病害。方法是直接把人工培养的抗病菌施入土壤或喷洒在植物表面，控制病菌发育。目前国外已制成对部分病原微生物有抑制作用的微生物产品，如美国生产的防治根癌病的放射性土壤杆菌系K84，应用效果显著。国内也已分离了一些菌株。在土壤中多施用有机肥，促进多种天然存在的抗生菌的大量繁殖，可有效防治果树根系病害，也是利用病原微生物防治病害的可行措施。

目前国内应用病原微生物防治病虫害的制剂主要有苏云金杆菌、白僵菌制剂、病原线虫。

（5）利用昆虫激素防治害虫。对危害相对简单的关键害虫，以及对世代较长、单食性、迁移性小、有抗药性、蛀茎蛀果害虫更为有效。昆虫激素主要有保幼激素、蜕皮激素、性信息激素三大类。其杀虫机理是使害虫生长发育异常而死亡。利用性外激素不仅可以诱杀成虫、干扰交配，还可根据诱虫时间和诱虫量指导害虫防治，提高防效。

4. 化学防治

使用化学药剂防治病虫害具有作用迅速、见效快、方法简便的特点，在现阶段果品生产中仍具有不可替代的作用。然而化学药剂的长期使用，存在着引起害虫抗性、污染环境、减少物种多样性、在果品中残留有危害人体健康有毒物质等多方面的副作用。尤其随着人民生活水平的提高，消费者越来越注重食品安全问题，如何科学合理、正确的使用化学药剂，生产无公害果品日益受到重视。

无公害果品生产并非完全禁止使用化学药剂，使用时应当遵守有关无公害果品生产操作规程和农药使用标准，合理选择农药种类，正确掌握用药量。加强病虫测报工作，经常调查病虫发生情况，选择有利时机适时用药。选择对人、畜安全、不伤害天敌、不污染环境、同时又可以有效杀死有害病虫的农药品种。严禁使用一切汞制剂农药以及其他高毒、高残留、致畸、致癌、致残农药，严禁使用未取得国家农药管理部门登记和没有生产许可证的农药。

参考文献

1. 冯玉增. 软籽石榴优质高效栽培[M]. 北京:金盾出版社,2006.
2. 吕佩珂,等. 中国果树病虫原色图谱[M]. 2版. 北京:华夏出版社,2002.
3. 中国林业科学院. 中国森林昆虫[M]. 北京:中国林业出版社,1980.
4. 北京农业大学. 果树昆虫学:下册[M]. 北京:农业出版社,1981.
5. 中国农业科学院果树研究所. 中国果树病虫志[M]. 北京:农业出版社,1960.
6. 冯明祥. 无公害果园农药使用指南[M]. 2版. 北京:金盾出版社,2013.
7. 王守正,等. 河南省经济植物病虫志[M]. 郑州:河南科学技术出版社,1994.
8. 郭振贵,耿德勇. 果园除草技术[M]. 延边:延边人民出版社,2002.
9. 李正跃主. 云南石榴害虫的综合防治[M]. 北京:科学出版社,2017.
10. 白玲玲,张祖兵,杨仕生. 云南石榴新记录害虫井上蛀果斑螟的形态学及种群动态特征[J]. 云南农业大学学报,2005(2).
11. 日孜旺古丽·苏皮,王丽丽,李克梅. 新疆喀什地区石榴冠瘿病的发生及其病原鉴定[J]. 天津农业科学,2013,19(6).

附录

附录一　黄淮地区无公害石榴病虫周年优化防治历

1. 防治原则

石榴主要病害有干腐病、褐斑病、果腐病、煤污病、枝枯病、茎基枯病。石榴主要虫害有桃蛀螟、桃小食心虫、蚜虫、石榴巾夜蛾、中华金带蛾、黑蝉、黄刺蛾、大袋蛾、榴绒粉蚧、石榴茎窗蛾、豹纹木蠹蛾。防治原则是以农业和物理防治为基础,生物防治为核心,按照病虫害的发生规律和经济阈值,科学应用化学防治技术,有效控制病虫危害。

2. 防治方法

(1) 农业防治：采取摘拾病虫烂僵果、虫袋,剪除病虫枝、清除枯枝落叶、刮除树干翘皮、翻树盘、石灰水涂干、果实套袋,科学管理培养健壮树体等措施,改善条件,减少病虫基数,控制病虫害的发生。

(2) 物理防治：根据害虫生物学特性,采取黄油板、糖醋液、黑光灯、性诱剂、园内种植诱集作物玉米（高粱、向阳葵）、树干缠绕草绳等方法诱杀害虫。

(3) 生物防治：人工释放长盾金小蜂、姬小蜂、赤眼蜂、食蚜瓢虫、食蚜蝇、草蛉及大袋蛾多角病毒、苏云金杆菌等有益生物消灭害虫。

(4) 化学防治

①根据防治对象的发生规律和危害特点,提倡使用生物源、植物源、矿物源及低毒低残留化学农药。有限制地使用中等毒性农药。禁止使用剧毒、高毒、高残留农药和致畸、致癌、致突变农药。

②允许使用的农药及使用技术,严格按照 GB/T4285、GB／T8321（1~6）规定执行。

③允许使用的农药必须严格按照规定的浓度、安全间隔期施用,喷药均匀周到。提倡每种每年使用不超过2次,限制使用的农药每种每年最多使用1次,且要求7月上旬前使用。同时注意不同作用机理的农药交替使用和合理使用,农药混用时执行其中残留性最大的有效成分的安全间隔期。

④采果前20~25天停止使用农药,以保证果品中无残留或少有残留但不超标。

3. 病虫周年防治历

时间	防治对象	防治措施
3月至4月上旬(萌芽期)	桃蛀螟、蚜虫、介壳虫类、蛴螬、干腐病等及冻害	(1)捡拾僵果、虫袋、虫茧。清理落叶杂草等。(2)3月中下旬清树盘培土。(3)寒流来时熏烟防倒春寒

（续）

时间	防治对象	防治措施
4月中旬至5月上旬（春梢旺盛生长期）	桃小食心虫、蚜虫、桃蛀螟、小地老虎、巾夜蛾、干腐病、褐斑病等	（1）剪虫梢、开黑光灯、设糖醋液盆、性诱捕器等诱杀害虫成虫。（2）保护利用天敌七星瓢虫、草蛉、食蚜蝇等消灭蚜虫。（3）园内种植诱集作物玉米、高粱等，诱桃蛀螟、桃小食心虫等集中危害而消灭，每亩种植20～30株。（4）4月下旬至5月上旬，树冠下土壤喷50%辛硫磷乳剂800倍液或用50%辛硫磷乳剂0.5千克与50千克细沙土混合后均匀撒入树冠下，锄松桃树盘土，消灭桃小食心虫。（5）喷五氯酚钠300倍液防病。（6）用抗蚜威3000倍液防治蚜虫
5月中旬至6月下旬（开花坐果期）	桃蛀螟、桃小食心虫、木蠹蛾、茎窗蛾、茶翅蝽、袋蛾、绒蚧、干腐病、褐斑病等	（1）5月中旬桃蛀螟第一代幼虫出现，6月至7月下旬防治桃蛀螟关键时期，叶喷20%氟丙菊酯乳油2000倍液或40%杀螟硫磷1000倍液；防病用40%多菌灵胶悬剂5000倍液或40%代森锰锌1000倍液。（2）剪虫梢并烧毁或深埋。（3）萼筒抹药泥、塞药棉。用90%晶体敌百虫1000倍液与黄土配制的软泥或药浸的药棉，于果实坐稳后逐果堵塞萼筒；摘除紧贴果面的叶片。（4）喷杀虫剂和杀菌剂后用专用果袋套袋保护
7月至9月上旬（果实生长期）	桃蛀螟、桃小食心虫、茶翅蝽、袋蛾、巾夜蛾、刺蛾、黑蝉、木蠹蛾、茎窗蛾、龟蜡蚧、绒蚧、干腐病、果腐病、煤污病、褐斑病等	（1）7月上旬继续萼筒抹药泥、塞药棉、摘叶、套果袋。继续对园内诱集作物上的害虫集中消灭。（2）分于7月初、8月初、9月初喷洒200倍倍量式波尔多液或40%甲基硫菌灵400倍液或40%退菌特800倍液防病。（3）抓住7月防治桃蛀螟的关键时期，选用90%敌百虫1000倍液、50%辛硫磷1000倍液或低毒性菊酯类杀虫剂10～15天施药一次。8月至9月上旬用低毒性农药喷洒叶面兼治多种害虫。（4）摘虫果深埋，树干束麻袋片或草绳，诱虫化蛹收集杀之。（5）放养鸡鸭，利用其啄食桃蛀螟脱果幼虫。（6）剪除木蠹蛾、黑蝉、茎窗蛾危害的虫梢烧毁

(续)

时间	防治对象	防治措施
9月中旬至10月上(成熟期)	桃蛀螟、桃小食心虫、刺蛾、巾夜蛾、木蠹蛾、茎窗蛾、中华金带蛾、干腐病、果腐病、煤污病、褐斑病等	(1)剪虫梢、摘拾虫果,集中深埋或烧毁,碾轧束干废麻袋片或草绳中的化蛹幼虫。(2)10月上旬因品种成熟早晚,采收上市前20天停止用药。(3)贮藏果用40%代森锰锌500倍液或800倍液或40%多菌灵胶悬剂500倍液加入50%敌百虫1000倍液浸果杀菌、杀虫处理,晾干水分后装箱(袋)入库贮藏。即时上市果品不用杀虫剂处理
10月中旬至11月中旬(落叶前后)	桃蛀螟、桃小食心虫、木蠹蛾、茎窗蛾、巾夜蛾、中华金带蛾、干腐病等	(1)摘拾树上、地下虫果、病果,清除堆果场地及园内秸秆杂草,集中深埋或烧毁。(2)剪除有虫枝梢,烧毁
11月下旬至翌年2月下旬(休眠期)	桃蛀螟、桃小食心虫、刺蛾、袋蛾、龟蜡蚧、绒蚧、蚜虫、茎窗蛾、干腐病、果腐病、褐斑病、冻害	(1)清扫落叶杂草、刷枝干翘皮,剪除病虫枝、摘虫茧、虫袋、摘拾树上地下干僵虫果、病果,集中烧毁或深埋处理。(2)冬耕园地,低温冻死或鸟食土中越冬害虫、病菌。(3)11月下旬树盘覆草,或根茎培高50~80厘米上下大的土堆防冻。(4)12月上旬结合修剪全树及时喷3~5波美度的石硫合剂。(5)枝干涂石灰水,园内准备蒿草,秸秆等发烟材料,当天气预报有−13℃低温时,凌晨果园熏烟防冻。(6)2月上旬树盘覆地膜,中旬全树喷施5%轻柴油乳剂。(7)贮藏果品防腐烂、防冻

附录二 波尔多液的作用与配制方法

1. 作用

波尔多液是目前使用最广泛的保护性杀菌剂,其杀菌力强,防病范围广,对农作物、果树、蔬菜上的多种病害,如霜霉病、褐斑病、黑痘病、锈病、黑星病、轮纹病、果腐病、赤斑病病菌等有良好的杀灭作用。

2. 配制方法

(1) 1%等量式:硫酸铜、生石灰和水按1:1:100比例备好料,其配制方法有:

①稀硫酸铜注入浓石灰水法。用4/5水溶解硫酸铜,另用1/5水溶化生石灰,然后将硫酸铜液倒入生石灰水,边倒边搅即成。

②两液同时注入法。用1/2水溶解硫酸铜,另用1/2水溶化生石灰,然后同时将两液注入第三容器,边倒边搅即成。

③各用1/5水稀释硫酸铜和生石灰,两液混合后,再加3/5水稀释,搅拌方法同前。

上述3种配制方法以第一种方法最好。

(2) 非等量式:根据防治对象有目的地配制,用水数量根据施用作物的种类而异,一般在大田作物上用水100~150份,果树上200份,蔬菜上240份。

3. 注意事项

①选料要精,配料量要准,在混合时要等石灰乳凉后,再将硫酸铜液慢慢倒入石灰乳中,以保证产品质量。

②波尔多液为天蓝色带有胶状悬浊的药液,呈碱性反应。注意不能与酸性农药混用,以免降低药效。

③药液要随配随用,久置易发生沉淀,会降低药效。残效期一般为10~15天。

附录三 石硫合剂的作用与熬制方法

1. 作用

石硫合剂是常用的杀菌、杀螨、杀虫剂。适用于多种农作物和果树上的病、虫、螨害防治。

2. 熬制方法

（1）配方与选料：生石灰1份、硫黄粉1~2份、水10份。生石灰要求为纯净的白色块状灰，硫黄以粉状为宜。

（2）熬制步骤

①把硫黄粉先用少量水调成糊状的硫黄浆，搅拌越匀越好。

②把生石灰放入铁锅中，用少量水将其溶解开（水过多漫过石灰块时石灰溶解反而更慢），调成糊状，倒入铁锅中并加足水量，然后用火加热。

③在石灰乳接近沸腾时，把事先调好的硫黄浆自锅边缓缓倒入锅中，边倒边搅拌，并记下水位线。在加热过程中防止溅出的液体烫伤眼睛。

④然后强火煮沸40~60分钟，待药液熬至红褐色、捞出的灰渣呈黄绿色时停火，其间用热开水补足蒸发的水量至水位线。补足水量应在撤火15分钟前进行。

⑤冷却过滤出灰渣，得到红褐色透明的石硫合剂原液，测量并记录原液的浓度值。土法熬制的原液浓度一般为15~28波美度。熬制好后如暂不用装入带釉的缸或坛中密封保存，也可以使用塑料桶运输和短时间保存。

3. 注意事项

①桃、李、梅、梨等蔷薇科植物和紫荆、合欢等豆科植物对石硫合剂敏感，应慎用。可采取降低浓度或选用安全时期用药以免产生药害。

②本药最好随配随用，长期贮存易产生沉淀，挥发出硫化氢气体，从而降低药效。必须贮存时应在石硫合剂液体表面用一层煤油密封。

③要随配随用，配置石硫合剂的水温应低于30℃，热水会降低药效。气温高于38℃或低于4℃均不能使用。气温高，药效好。气温达到32℃以上时慎用，稀释倍数应加大至1000倍以上。

④石硫合剂呈强碱性，注意不能和酸性农药混用。忌与波尔多液、铜制剂、机械乳油剂、松脂合剂等农药混用。与波尔多液前后间隔使用时，必须有充足的间隔期。先喷石硫合剂的，间隔10~15天后才能喷波尔多液。先喷波尔多液的，则要间隔20天后才可喷洒石硫合剂。

4. 使用方法

（1）使用浓度要根据植物种类、病虫害对象、气候条件、使用时期不同而定，浓度过大或温度过高易产生药害。树木、花卉休眠期（早春或冬季）喷雾浓度一般掌握在3~5波美度，生长季节使用浓度为0.1~0.5波美度。

（2）常用方法：①喷雾法。②涂干法。在休眠期树木修剪后，使用石硫合剂原液涂刷树干和主枝。③伤口处理剂。石硫合剂原液涂抹剪锯伤口，可减少病菌的侵染，防止腐烂病、溃疡病的发生。

（3）使用前必须用波美比重计测量好原液度数，根据所需浓度，计算出加水量，加水稀释。

石硫合剂稀释可由下列公式计算：

重量稀释倍数＝原液浓度−需用浓度/需用浓度

溶量稀释倍数＝原液浓度×（145−需用浓度）/需用浓度×（145−原液浓度）

石硫合剂稀释还可直接用查表法，见附表1。

附表1 石硫合剂稀释倍数表(按容量计算)

原液浓度	使用浓度																
	0.1	0.2	0.3	0.4	0.5	0.6	0.7	0.8	0.9	1.0	1.5	2.0	2.5	3.0	3.5	4.0	4.5	5.0
	稀释倍数																
10	106	53	31.7	25.8	20.4	16.8	14.2	12.4	10.8	9.7	6.1	4.32	3.23	2.51	1.96	1.62	1.31	1.08
13	142	70	46.5	35.6	27.4	22.7	19.3	16.7	14.7	13.2	8.5	6.1	4.62	3.66	2.98	2.47	2.07	1.76
15	166	82	56	40.7	32.5	26.8	22.7	20	17.4	15.6	10.1	7.6	5.6	4.46	3.66	3.07	2.6	2.24
17	191	95	64	47	37.3	30.9	26.3	22.9	20.2	18.1	11.7	8.5	6.6	5.3	4.37	3.68	3.14	2.72
20	231	114	77	57	45.1	37.5	31.9	27.8	24.6	22	14.4	10.5	8.1	6.6	5.5	4.65	3.99	3.49
22	248	128	86	64	51	42	35.8	31.2	27.6	24.7	16.2	11.8	9.2	7.5	6.2	5.3	4.58	4.03
25	300	150	101	77	59	49.1	42	36.5	32.3	29	18.9	13.9	10.8	8.9	7.4	6.4	5.5	4.84
26	315	157	106	78	62	52	44	38.4	33.9	30.4	19.7	14.7	11.5	9.3	7.8	6.7	5.8	5.1
27	330	165	110	82	65	54	46.1	40.2	35.6	31.9	20.9	15.4	12.1	9.8	8.3	7.1	6.1	5.42
28	345	172	116	86	68	57	48.4	42.1	37.2	33.3	21.9	16.2	12.7	10.3	8.7	7.4	6.5	5.7
29	361	179	120	89	71	59	50	44.1	38.7	34.8	23	16.9	13.3	10.8	9.1	7.8	6.8	6
30	377	188	126	93	74	62	53	46	40.7	36.5	24	17.7	13.9	11.3	9.5	8.2	7.1	6.3
31	393	196	131	97	77	64	55	48	42.5	38.1	25.1	18.5	14.5	11.9	9.9	8.6	7.5	6.6
32	409	204	137	101	81	67	57	50	44.2	39.7	26.2	19.3	15.2	12.4	10.5	9.0	7.8	7
33	426	212	142	106	84	70	60	52	46.1	41.4	27.3	20.2	15.8	12.9	10.9	9.4	8.2	7.3
34	442	221	148	110	87	73	62	54	48.6	43.7	28.4	21	16.5	13.5	11.4	9.8	8.6	7.6

附录三 果园（落叶果树）允许使用农药通用名、商品名、剂型、毒性、防治对象简表

农药类型	常用名	又名	常用剂型	毒性	防治对象
有机磷杀虫剂	敌百虫	三氯松、毒霸	80%、90%原粉，80%、50%可湿性粉剂，90%、95%晶体	低毒。对多数天敌、昆虫、鱼类和蜜蜂低毒	各种食心虫、杏仁蜂、杏虎象、桃蛀螟、卷心虫、刺蛾、各种毛虫、舞毒蛾等
	辛硫磷	肟硫磷、倍腈松、腈肟磷、巴赛松	40%、45%、50%乳油,25%微胶囊剂,5%、10%颗粒剂	对高等动物低毒，对蜜蜂、鱼类以及瓢虫、捕食螨、寄生蜂等天敌昆虫毒性大	各种食心虫、杏仁蜂、李实蜂、杏象甲、蚜虫、卷叶虫、各种毛虫、刺蛾、尺蠖、舞毒蛾、叶蝉等
	杀螟硫磷	杀螟松、速灭松、扑灭松、杀螟磷、苏米松、灭蟑百特	50%乳油	对高等动物低毒，对鱼毒性中等，对青蛙无害，对蜜蜂高毒	各种食心虫、蠹蛾、桃蛀螟、李实蜂、杏仁蜂、卷毛虫、星毛虫、刺蛾、苹掌舟蛾、介壳虫、蚜虫等
	二嗪磷	地亚农、二嗪农、大利松、大亚仙农	40%、50%乳油	对高等动物中毒，对皮肤和眼睛有轻微的刺激作用。对鱼毒性中等，对蜜蜂高毒	桃小食心虫、蚜虫、卷毛虫、介壳虫、盲蝽、叶螨等
	毒死蜱	乐斯本、氯吡硫磷	40%、40.7%、48%乳油,14%颗粒剂	对高等动物中毒，对眼睛、皮肤有刺激性。对鱼、虾等有毒，对蜜蜂毒性较高	桃小食心虫、介壳虫、卷叶蛾、毛虫、刺蛾、潜叶蛾等

(续)

农药类型	常用名	又名	常用剂型	毒性	防治对象
有机磷杀虫剂	哒嗪硫磷	苯哒磷、苯哒嗪硫磷、哒净松、哒净硫磷	20%乳油,2%粉剂	对高等动物低毒	各种食心虫、蚜虫、叶蝉、盲蝽、叶螨、毛虫、刺蛾等
	乙酰甲胺磷	高灭磷、杀虫灵、全效磷、多灭磷、杀虫磷	30%、40%乳油,25%可湿性粉剂,4%粉剂	低毒。对鱼类、家禽和鸟类低毒	各种食心虫、杏仁蜂、李实蜂、桃蛀螟、刺蛾、苹小卷叶蛾、黄斑卷叶蛾、蚜虫、介壳虫等
	马拉硫磷	马拉松、马拉赛昂、4049、防虫磷	45%、50%、70%乳油,5%粉剂,25%油剂	低毒。对眼睛和皮肤有刺激性,对蜜蜂高毒,对鱼中毒,对寄生蜂、瓢虫及捕食螨等天敌昆虫毒性高	木虱、盲蝽、刺蛾、毛虫、蚜虫、介壳虫、小绿叶蝉、害螨等
	丙硫磷	低毒硫磷	50%乳油,40%可湿性粉剂	低毒。对鱼类和鸟类有一定毒性,对蜜蜂低毒	蚜虫、蓟马、食心虫、卷叶蛾等鳞翅目害虫
拟除虫菊酯类	甲氰菊酯	灭扫利	20%乳油	中毒。对鱼类、蜜蜂、家蚕以及天敌昆虫高毒,对皮肤和眼睛有刺激性	各种食心虫、毛虫类、刺蛾、桃潜蛾、害螨等
	氯氰菊酯	灭百克、安绿宝、兴棉宝、赛波凯、阿锐克	10%乳油	中毒。对家禽和鸟类低毒,对蜜蜂、家蚕和天敌昆虫高毒,对鱼、虾等水生物高毒	各种食心虫、蠹蛾、蚜虫、卷叶虫、刺蛾、毛虫、梨木虱等

(续)

农药类型	常用名	又名	常用剂型	毒性	防治对象
拟除虫菊酯类	溴氰菊酯	敌杀死、凯素灵、凯安保	2.5%乳油	中毒。对鱼类、蜜蜂和家蚕剧毒，对寄生蜂、瓢虫、草蛉等天敌昆虫毒性大，对鸟类毒性低	各种食心虫、桃蛀螟、褐卷蛾、褐带卷蛾、黄斑长翅蛾、蚜虫等
	联苯菊酯	天王星、氟氯菊酯、虫螨灵、毕芬宁	2.5%和10%乳油	中毒。对蜜蜂、家禽、水生生物及天敌昆虫毒性大，对鸟类低毒	各种食心虫、蚜虫、害螨等
	氟氯氰菊酯	百树菊酯、百树得、百治菊酯、氟氯氰醚菊酯	5.7%乳油	低毒。对鱼、蜜蜂、蚕高毒，对天敌昆虫杀伤力大，对鸟类低毒	各种食心虫、各种卷叶蛾、刺蛾、舟型毛虫、蚜虫等
	氰丙菊酯	罗速发、杀螨菊酯	2%乳油	低毒。对天敌小花蝽、草蛉、食螨瓢虫、鸟类安全，对鱼类剧毒	各种害螨、桃小食心虫等
	氰戊菊酯	速灭杀丁、氰戊菊酯、敌虫菊酯、速灭菊酯、中西氰戊菊酯、虫畏灵、百虫灵	20%乳油	低毒。对鱼、虾等水生生物和蜜蜂、家蚕高毒，对害虫天敌毒性较大	各种食心虫、各种卷叶蛾、毛虫、刺蛾等
	顺式氰戊菊酯	来福灵、S-氰戊菊酯、高效氰戊菊酯	5%乳油	中毒。对水生生物、家禽、蜜蜂均有毒	防治蝶、刺蛾、尺蠖等，但对螨无效
	氯菊酯	二氯苯醚菊酯、苄氯菊酯、除虫精、克死命	10%乳油	低毒。对眼睛有轻微刺激，对蜜蜂、鱼、蚕毒性高	各种食心虫、尺蠖、刺蛾、蟥、毛虫、葡萄二斑叶蝉、蚜虫等

(续)

农药类型	常用名	又名	常用剂型	毒性	防治对象
拟除虫菊酯类	乙氰菊酯	杀螟菊酯、赛乐收、稻虫菊酯	10%乳油,2%颗粒剂	低毒。对家蚕和蜜蜂有毒,对鱼类、鸟类毒性低	金龟子、卷叶虫、各种食心虫、毛虫、蚜虫等
	醚菊酯	苄醚菊酯、多来宝、MT1500	10%悬浮剂,20%乳油,5%可湿性粉剂	低毒。对鱼毒性中等,对鸟类低毒,对蜜蜂和家蚕毒性较高	各种食心虫、各种食叶害虫、卷叶虫、蚜虫、盲蝽、尺蠖、刺蛾等
	戊菊酯	中西除虫菊酯、杀虫菊酯、多虫畏、戊酯醚酯	20%乳油	低毒。对鱼类、蚕和蜜蜂毒性较高	各种食心虫、蚜虫、刺蛾、凤蝶、尺蠖等
氨基甲酸酯类	甲萘威	西维因、胺甲萘、US-7744、OMS-29	25%可湿性粉剂、2%粉剂	低毒。对鸟类和鱼低毒,对蜜蜂毒性大	各种食心虫和刺蛾、毛虫等害虫
	抗蚜威	辟蚜雾、PP602	50%可湿性粉剂、50%颗粒剂	中毒。对天敌和蜜蜂无影响,对鱼类和鸟类低毒	多种果树上的蚜虫,但对棉蚜无效等
	异丙威	叶蝉散、灭扑威、异灭威	2%粉剂、10%可湿性粉剂、20%乳油、4%颗粒剂	中毒。对鱼类低毒,对蜜蜂和寄生蜂高毒	多种果树上的飞虱、叶蝉、蓟马、蚜虫、椿象、潜叶蛾等
	仲丁威	巴沙、丁苯威、BPMC	25%、50%乳油,2%粉剂	低毒。对鱼类低毒	叶蝉、椿象、卷叶蛾、蚜虫、食叶毛虫等

(续)

农药类型	常用名	又名	常用剂型	毒性	防治对象
沙蚕毒类	杀螟丹	巴丹、派丹、卡塔普	50%可溶性粉剂	中毒	各种食心虫、桃蛀螟、苹果蠹蛾等
	杀虫双	杀虫丹	18%、25%、30%水剂,5%颗粒剂	中毒。对鱼类低毒,对家蚕剧毒,残效期达2个月左右	多种蚜虫、叶蝉、梨星毛虫、卷叶蛾、害螨等
昆虫生长调节剂类	噻嗪酮	扑虱灵、优乐得、稻虱净、亚得乐	25%可湿性粉剂	低毒。对鱼类和鸟类低毒,对家蚕、蜜蜂和天敌昆虫安全	多种果树上的介壳虫、蛴螬、粉虱等
	抑食肼	虫草死净	20%可湿性粉剂、25%悬浮剂	中毒	卷叶蛾类、凤蝶、尺蠖等
	灭幼脲	灭幼脲3号、苏脲1号	25%悬浮剂	低毒。对鱼类、蜜蜂、鸟类及天敌昆虫安全	各种食心虫、桃蛀螟、潜叶蛾类及毒蛾、刺蛾、苹掌舟蛾、剑纹夜蛾等
	除虫脲	灭幼脲1号、敌灭灵	20%悬浮剂、25%可湿性粉剂、5%乳油	低毒	卷叶蛾、毛虫、刺蛾、桃潜蛾类等
	氟苯脲	农梦特、伏虫隆、特氟脲、CME134	5%乳油	低毒。对鱼、鸟低毒,对蜜蜂无毒,对作物安全、对天敌昆虫和捕食螨安全	潜叶蛾类、卷叶蛾、刺蛾、尺蠖等
	氟啶脲	定虫隆、抑太保、定虫脲、氯氟脲	5%乳油	低毒。对鱼类低毒,对蜜蜂、鸟类安全	潜叶蛾类、卷叶蛾类、尺蠖、各种食心虫、桃蛀螟等

(续)

农药类型	常用名	又名	常用剂型	毒性	防治对象
昆虫生长调节剂类	氟虫脲	卡死克、氟虫隆	5%乳油	低毒。对鱼类和鸟类低毒	各种食心虫、桃蛀螟、卷叶蛾类、潜叶蛾类、螨类等
	米满	RH5992	24%悬浮剂	低毒。对鱼中毒。对捕食螨、食螨瓢虫、捕食性黄蜂、蜘蛛等天敌安全	卷叶蛾类、尺蠖等
	虱螨脲		5%乳油	低毒	各种食心虫、卷叶蛾、食叶害虫、潜叶蛾类、凤蝶等
其他类	吡虫啉	大功臣、一遍净、扑虱蚜、蚜虱净、康福多	10%、20%、25%可湿性粉剂，2.5%、5%乳油	中毒。对鱼低毒	各种果树蚜虫、飞虱、蓟马、粉虱、叶蝉、绿盲蝽、潜叶蛾类等
	啶虫脒	乙虫脒、莫比朗	20%可湿性粉剂，3%乳油，2%颗粒剂	中毒。对鱼和蜜蜂低毒	蚜虫、叶蝉、粉虱、蚧类、蓟马、潜叶蛾类等
	阿克泰	—	25%水分散粒剂	低毒	各种蚜虫、飞虱、粉虱、介壳虫、潜叶蛾类等
	机油	绿颖、敌死虫、机油乳剂	99%乳油	低毒	多种果树上的害螨、介壳虫、粉虱、蓟马、潜叶蛾、蚜虫、木虱、叶蝉等害虫，也可控制白粉病、煤烟病、灰煤病等

(续)

农药类型	常用名	又名	常用剂型	毒性	防治对象
复配剂	辛·阿维	辛·阿维乳油	15%、20%乳油	低毒	蚜虫、叶螨、潜叶蛾、食心虫等
	辛·氰	辛·氰乳油	20%、30%、40%、50%乳油	20%、30%为中毒,40%、50%为低毒	蠹蛾、蛀果害虫、刺蛾、天幕毛虫、苹掌舟蛾、食叶性害虫、蚜虫等
	辛·甲氰	辛硫·甲氰菊酯、克螨王	20%、30%乳油	中毒。对鱼、蜜蜂和家蚕高毒	多种食心虫、蚜虫和螨类等
	辛·溴	杀虫王、常胜杀、扑虫星、多格灭除、铃蛾虫清	15%、25%、26%、50%乳油	低毒	各种食心虫、星毛虫、天幕毛虫、舞毒蛾、尺蠖、刺蛾、蚜虫、卷叶蛾类、叶斑蛾等
	乐·氰	菊乐合酯、速杀灵、蚜青灵、多歼、杀虫乐、灭虫乐	15%、25%、30%、40%乳油	中等偏低	多种食心虫、多种食叶性害虫、潜叶蛾类
	菊·马	灭杀毙、增效氰马、桃小灵、害克杀、杀特灵	20%、40%、21%乳油	对哺乳动物毒性中等。对鱼、虾、蜜蜂、家蚕和天敌毒性很高	各种蚜虫、多种食心虫、卷叶蛾、杏仁蜂、李实蜂、杏虎象、桃蛀螟
	菊·杀	菊·杀乳油	20%、40%乳油	低毒	各种卷叶蛾、梨星毛虫、刺蛾、蚜虫、多种食叶害虫等
	克螨·氰戊	克螨·氰菊、克螨虫、灭净菊酯	20%乳油	低毒	多种害螨、多种食心虫、蚜虫、潜叶蛾类等

(续)

农药类型	常用名	又名	常用剂型	毒性	防治对象
复配剂	马·联苯	马·联苯乳油、药王星	14%乳油	中毒	食心虫类、害螨等
	尼索·甲氰	农螨丹	7.5%乳油	中毒。对鱼类、蜜蜂、家蚕有毒	多种食心虫、害螨等
	蚍·氯	农地乐、除虫净、虫多杀、迅歼、虫地乐、易虫锐	25%、52.25%、55%乳油	对人畜中毒,对蜜蜂、家蚕剧毒	食心虫类、梨木虱、各种蚜虫、潜叶蛾类等
	吡·毒	拂光、保护净、赛锐、爱林、千祥	22%乳油	对人畜毒性中等,对鱼低毒,对天敌昆虫和作物安全	各种蚜虫、木虱、叶蝉等
	烟·参碱	烟·参碱乳油	1.2%乳油	低毒	各种蚜虫、卷叶蛾、叶蝉、螨类、蓟马、蜡类等
植物源	烟碱	—	40%硫酸烟碱,自制烟草水	中毒。对鱼类等水生动物毒性中等,对家蚕高毒	蚜虫、卷叶蛾、叶蝉、螨类、蓟马、蜡类等
	鱼藤酮	鱼藤精	4%粉剂,2.5%、7.5%乳油	中毒,对鱼类、家蚕高毒,对蜜蜂低毒,对作物安全	果、菜、茶等多种植物上的尺蠖、毛虫、卷叶蛾、蚜虫等
	苦参碱	苦参素	0.2%、0.26%、0.3%、0.36%、1.1%水剂	低毒	各种蚜虫、兼治毛虫等食叶害虫幼虫

(续)

农药类型	常用名	又名	常用剂型	毒性	防治对象
微生物源	苏云金杆菌	Bt乳剂、青虫菌、敌宝、灭蛾灵、先得力、先力	100亿活芽孢悬浮剂、100亿活芽胞可湿性粉剂、100亿孢子/毫升Bt乳剂	低毒。对家禽、鸟类、鱼类和猪等低毒。对天敌安全但对蚕高毒	卷叶虫、食叶性毛虫、刺蛾、凤蝶、尺蠖等
	阿维菌素	害极灭、阿巴尔、阿维虫清、爱福丁、虫螨光、齐螨素、螨虫素、杀虫素、虫螨克、农哈哈、爱比菌素、阿发米丁、除虫菌素	2%、1.8%、1%、0.9%、0.6%、0.5%、0.2%乳油	高毒。对蜜蜂高毒,对鱼类中毒,对鸟类安全	螨类、蚜虫、蝇类、潜叶蛾、食心虫、梨木虱等
	白僵菌	—	含活孢子50亿~80亿个/克可湿性粉剂	对人、畜毒性极低。对蚕有毒	防治桃小食心虫、蛾类、蝶等多种害虫
性外激素	桃小食心虫性外激素	—	500微克/诱芯	无毒。作用:预测预报,指导用药	桃小食心虫
	苹果小卷蛾性外激素	—	500微克/诱芯	无毒。作用:预测预报,指导用药,干扰成虫交配	苹果小卷蛾
	桃潜蛾性外激素	—	200微克/诱芯	无毒。作用:预测预报,指导用药	桃潜蛾
	桃蛀螟性外激素	—	500微克/诱芯	无毒。作用:预测预报,指导用药,干扰成虫交配	桃蛀螟

(续)

农药类型	常用名	又名	常用剂型	毒性	防治对象
性外激素	枣镰翅小卷蛾性外激素	—	150微克/诱芯	无毒。作用：预测预报，指导用药，干扰成虫交配	枣镰翅小卷蛾
	金纹细蛾性外激素	—	200微克/诱芯	无毒。作用：预测预报，指导用药	金纹细蛾
	葡萄透翅蛾性外激素	—	300微克/诱芯	无毒。作用：预测预报，指导用药	葡萄透翅蛾
杀螨剂	双甲脒	螨克、双虫脒	20%乳油，25%、50%可湿性粉剂	低毒。对鱼类中毒，对蜜蜂、鸟及天敌昆虫低毒	害螨、梨木虱、蚜虫、介壳虫等
	苯丁锡	托尔克、克螨锡、螨完锡、SD14114	25%、50%可湿性粉剂，20%悬浮剂	低毒。对鱼高毒，对蜜蜂和鸟低毒	防治多种果树上的害螨
	四螨嗪	阿波罗、螨死净	20%悬浮剂	低毒	多种果树上的叶螨、瘿螨、跗线螨
	哒螨灵	扫螨净、哒螨酮、速螨酮、牵牛星、哒螨尽、NC-129	20%可湿性粉剂，15%乳油	低毒。对鱼类毒性较高	多种害螨及蚜虫、叶蝉、介壳虫等
	炔螨特	克螨特、丙炔螨特	73%乳油	低毒。对鱼类高毒，对蜜蜂低毒	果树、茶树、多种作物上的害螨
	苯螨特	西斗星	5%、10%、20%乳油	低毒。对鱼类中毒	防治果树上多种叶螨，但对锈螨无效

（续）

农药类型	常用名	又名	常用剂型	毒性	防治对象
杀螨剂	苯硫威	排螨净、苯丁硫威、克螨威	35%乳油	低毒。对鸟类和蜜蜂低毒	防治多种果树上的害螨
	唑螨酯	霸螨灵、杀螨王	5%悬浮剂	中等毒性。对鱼、虾、贝类高毒，对家蚕有拒食作用	叶螨、瘿螨、跗线螨等
	吡螨胺	必螨立克、MK-239	20%乳油，10%和20%可湿性粉剂	低毒。对鱼类高毒，对鸟类和蜜蜂低毒	叶螨、锈螨、跗线螨、细须螨和蚜虫、粉虱等
	噻螨酮	尼索朗、除螨威	5%乳油，5%可湿性粉剂	低毒。对鱼类中毒，对蜜蜂和天敌安全	叶螨、二斑叶螨、全爪螨
	螨威多	—	24%悬浮剂	对人、畜低毒，对鱼类急性毒性较高，对鸟类和蜜蜂成虫毒性低	叶螨、锈螨
无机类杀菌剂	硫黄	硫	45%、50%悬浮剂	对人、畜安全，对水生生物低毒，对蜜蜂几乎无毒	多种病害，也可杀螨
	石硫合剂	多硫化钙、石灰硫黄合剂、可隆	45%结晶体、20%膏体、29%水剂	低毒	多种病害、介壳虫、害螨等
	波尔多液	硫酸铜-石灰混合液	石灰半量式、等量式、倍量式	低毒。对蚕毒性较大	多种真菌病害，如干腐病、黑斑病、煤污病
	多硫化铜	石钡合剂、硫钡粉	70%粉剂	低毒	炭疽病、疮痂病、黑星病、轮纹病、黑斑病、腐烂病、干腐病等

(续)

农药类型	常用名	又名	常用剂型	毒性	防治对象
无机类杀菌剂	氢氧化铜	可杀得、冠菌铜、丰护安、根灵	77%可温性粉剂,53.8%、61.4%干悬浮剂,7.1%根灵悬浮剂	低毒	炭疽病、白粉病、黑痘病、落叶病、黑斑病、锈病等
	王铜	氧氯化铜、碱式氯化铜、好宝多	30%悬浮剂,10%、25%粉剂,84.1%可湿性粉剂	低毒	多种病害
	碱式硫酸铜	绿得保、保果灵、杀菌特、铜高尚	80%可湿生粉剂,27.12%、30%、35%悬浮剂	低毒	溃疡病、黑痘病、霜霉病等
	氧化亚铜	铜大师、靠山、氧化低铜	56%水分散粒剂,86.2%可湿性粉剂,86.2%干悬浮剂	低毒	白腐病、黑痘病、叶病、轮纹病、黑斑病等
有机硫、有机磷类杀菌剂	福美双	秋兰姆、赛欧散	50%可湿性粉剂	中毒	白腐病、炭疽病、黑星病、穿孔病等
	代森锌	什来特、锌来特	65%、80%可湿性粉剂	低毒	多种病害
	代森锰锌	大生、大生M-45、喷克、速克净、大生富、新万生、百乐、大丰、山德生	50%、70%、80%可湿性粉剂	低毒	落叶病、花腐病等多种病害
	福美锌	—	65%可湿性粉剂	低毒	花腐病、炭疽病、褐腐病等
	丙森锌	安泰生、甲基代森锌	70%可湿性粉剂	低毒	斑点落叶病、霜霉病、炭疽病等

(续)

农药类型	常用名	又名	常用剂型	毒性	防治对象
取代苯基类杀菌剂	百菌清	达科宁、大克灵、克劳优、桑瓦特、霉必清	50%、75%可湿性粉剂,40%悬浮剂,30%、45%烟剂,10%乳油	低毒	炭疽病、褐腐病、疮痂病、轮纹病、斑点病、褐斑病、白粉病等
	乙霉威	硫菌霉威、保灭灵、万霉灵、抑霉灵、抑菌威	25%可湿性粉剂	低毒	斑点病、青霉病、绿霉病等
	甲基硫菌灵	甲基硫菌灵	50%、70%可湿性粉剂,36%、50%悬浮剂	低毒	炭疽病、花腐病、霉心病、黑点病等
	甲霜灵	瑞毒霉、雷多米尔、阿普隆、瑞毒霜、甲霜安	25%可湿性粉剂	低毒	苗期立枯病、霜霉病等
杂环类杀菌剂	多菌灵	苯骈咪44号、棉萎灵、棉萎丹、保卫田、枯萎立克	25%、50%、80%可湿性粉剂,40%悬浮剂	低毒	果树上的多种真菌性病害
	噻菌灵	特克多、硫苯唑、腐绝、涕灭灵、噻苯灵	45%、42%悬浮剂,60%可湿性粉剂	低毒	青霉病、炭疽病、黑星病等
	粉锈宁	三唑酮、百理通、百菌酮	15%、25%可湿性粉剂,20%乳油	低毒	白粉病、炭疽病、黑星病等
	腈菌唑	迈可尼	25%、40%可湿性粉剂,12.5%、25%乳油	低毒	黑星病、锈病、青霉病、绿霉病等
	烯唑醇	速保利、达克利、特灭唑、特普唑	12.5%可湿性粉剂	低毒	黑星病、轮纹病、叶斑病、黑腐病等

(续)

农药类型	常用名	又名	常用剂型	毒性	防治对象
杂环类杀菌剂	氟硅唑	福星、克攻星	40%乳油	低毒	黑星病、白粉病、黑痘病等
	异菌脲	扑海因、咪唑霉、依扑同	50%可湿性粉剂,25%悬浮剂	低毒	水果贮藏期病害、花腐病、灰霉病等
	腐霉利	速克灵、二甲基核利、杀霉利、扑灭宁	50%可湿性粉剂	低毒	霜霉病、褐腐病、灰霉病等
	乙烯菌核利	农利灵、烯菌酮、免克宁	50%可湿性粉剂	低毒	褐腐病、灰霉病、褐斑病、核果类菌核病等
	唑菌腈	应得、腈苯唑、苯腈唑	24%悬浮剂	低毒	褐腐病、黑星病、叶斑病等
	噁醚唑	世高	10%水分散颗粒剂	低毒	斑点落叶病、炭疽病、疮痂病、叶斑病等
	氯苯嘧啶醇	乐必耕、异嘧菌醇	6%可湿性粉剂	低毒	黑星病、炭疽病、白粉病、锈病、轮纹病等
其他杀菌剂	溴菌清	炭特灵、休菌清	25%可湿性粉剂,25%乳油	低毒	炭疽病、褐腐病、白腐病等
	菌毒清	环中菌毒清、菌必净	5%水剂	低毒	腐烂病、轮纹病、根部病害、炭疽病等
	双胍辛胺	双胍辛胺、别腐烂、派克定、百可得	25%水剂,3%糊剂(涂布剂),40%可湿性粉剂	中等毒性	果实腐烂病、落叶病、黑痘病等

(续)

农药类型	常用名	又名	常用剂型	毒性	防治对象
其他杀菌剂	霜脲氰	清菌脲、霜疫清、菌疫清	10%可湿性粉剂	低毒	霜霉病、白粉病、霜疫霉病等
	嘧菌酯	阿米西达	25%悬浮剂	低毒	霜霉病、白粉病、枝枯病、黑腐病、褐斑病、轮纹病。苹果果实生长期喷雾,果实无病斑
	银果	绿帝、银泰	10%乳油,20%可湿性粉剂	低毒	黑星病、白粉病、腐烂病、轮纹病等
复配杀菌剂	腈菌唑·代森锰锌	仙生	62.25%可湿性粉剂	低毒	黑星病、白粉病、落叶病、黑斑病、疮痂病、炭疽病等
	代森锰锌·波尔多液	科博	78%可湿性粉剂	低毒	落叶病、白粉病、黑斑病、褐斑病等
	噁霜灵·代森锰锌	噁霜锰锌、杀毒矾	64%可湿性粉剂	低毒	褐斑病、黑腐病等
	烯酰吗啉·代森锰锌	安克锰锌、安克	69%可湿必粉剂、69%水分散颗粒剂	低毒	霜霉病、疫霉病等
	多菌灵·代森锰锌	多·锰、多·代	40%可湿性粉剂	低毒	轮纹病、黑斑病、黑星病、褐腐病、疮痂病等
	霜脲·锰锌	克露、克抗灵	72%可湿性粉剂	低毒	霜霉病等
	乙膦铝·锰锌	乙锰	70%可湿性粉剂	低毒	落叶病、霜霉病等

(续)

农药类型	常用名	又名	常用剂型	毒性	防治对象
复配杀菌剂	甲霜灵·锰锌	雷多米尔锰锌、瑞毒霉锰锌	58%可湿性粉剂	低毒	霜霉病、白粉病、炭疽病、干腐病等
	福美双·多菌灵	福·多、葡灵	40%、50%可湿性粉剂	低毒	白腐病、炭疽病、霜霉病、黑星病等
	多菌灵·硫黄	多·硫、多菌灵Ⅱ、灭病威	40%、50%悬浮剂	低毒	轮纹病、白粉病、灰霉病等
	多菌灵·井冈霉素	多井悬浮剂	28%悬浮剂	低毒	黑星病、褐枯病、黑痘病等
	甲基硫菌灵·福美双	甲·福·福·甲、甲硫·福、丰米	70%可湿性粉剂	低毒	轮纹病、炭疽病、早期落叶病、霉心病、白粉病等
	甲基硫菌灵·硫磺	混杀硫	50%悬浮剂、70%可湿性粉剂	低毒	白粉病、霉心病、轮纹病、炭疽病、黑星病、褐腐病等
	硫菌·霉威	抗霉威、克得灵	65%可湿性粉剂	低毒	黑星病、灰霉病等
	炭疽福美	锌双合剂	80%可湿性粉剂	低毒	多种果树上的炭疽病

(续)

农药类型	常用名	又名	常用剂型	毒性	防治对象
复配杀菌剂	百菌清·福美双	百·福	70%可湿性粉剂	低毒	炭疽病、白腐病、霜霉
	宝丽安·克丹	多克菌	65%可湿性粉剂	低毒	落叶病、灰霉病、炭疽病等
	甲霜灵·二羧酸铜	甲霜铜、瑞毒铜	40%可湿性粉剂	低毒	霜霉病等
	腐植酸·铜	腐植酸·硫酸铜、843康复剂	2.12%、2.2%、3.3%水剂	低毒	腐烂病等
	春雷霉素·王铜	加瑞农	47%、50%可湿性粉剂	低毒	炭疽病、白粉病、霜霉病等
微生物源杀菌剂	春雷霉素	春日霉素、加收米	2%液剂、2%、4%可湿性粉剂、0.4%粉剂	低毒	溃疡病、脚腐病等
	井冈霉素	多效霉素	5%、10%水剂，10%、12%、15%、17%、20%水溶性粉剂	低毒	轮纹病、褐斑病、缩叶病、立枯病等
	多抗霉素	多氧霉素、宝丽安、多效霉素、多克菌	2%、3%、5%可湿性粉剂、10%、3%水剂	低毒	斑点落叶病、黑星病、灰霉病等

（续）

农药类型	常用名	又名	常用剂型	毒性	防治对象
微生物源杀菌剂	农抗120	抗霉菌素120、120农用抗菌素、	2%、4%水剂	低毒	轮纹病、斑点落叶病、炭疽病、白粉病、疮痂病等
	中生菌素	克菌康、农抗751	1%水剂、3%可湿性粉剂	低毒	轮纹病、落叶病、炭疽病、黑点病、穿孔病等
	链霉素	农用硫酸链霉素、农用链霉素	72%、10%可湿性粉剂	低毒	穿孔病、溃疡病等
植物生长调节剂	赤霉素	九二〇、GA	10%、85%粉剂，40%水水溶性乳剂	无毒	打破休眠、促进种子发芽、果实早熟、调节开花、减少花果脱落、延缓衰老、保鲜等
	氯吡脲	吡效隆、施特优、CPPU	0.1%溶液	对人畜安全	促进植物细胞分裂、分化和器官形成、增强抗逆性、抗衰老、促进果实膨大、诱导单性结实等
	乙烯利	一试灵、催熟剂	40%水剂	低毒	调节植物生长、发育，促进果实成熟，加快叶片、果实脱落、促进植株矮化等

(续)

农药类型	常用名	又名	常用剂型	毒性	防治对象
植物生长调节剂	多效唑	PP$_{333}$、氯丁唑	15%可湿性粉剂	低毒	抑制根系和植株生长,抑制顶芽生长,促进侧芽萌发和花芽的形成,提高坐果率,增强抗逆性等
	抑芽丹	青鲜素、马来酰肼	25%钠盐水剂、50%可湿性粉剂	低毒	暂时性植物生长抑制剂,抑制细胞分裂,控制芽和枝梢的生长
除草剂	草甘膦	镇草宁、草克灵、农达、奔达、飞达、罗达普、农旺、春多多	5%、10%、31%、41%、65%水剂、50%可溶性粉剂	低毒	杀草谱广,可灭除禾本科、莎草科、阔叶杂草及藻类、蕨类和灌木等
	噁草铜	噁草灵、农思它、G-315、RP-17623	12%、25%乳油	低毒	一年生禾本科及阔叶杂草等
	灭草松	排草丹、苯达松、噻草平、百草克、百草丹	25%、48%水剂,50%可湿性粉剂,10%颗粒剂	低毒	多年生的莎草科杂草和阔叶杂草等
	萘氧丙草胺	大惠利、草萘胺、敌草胺、萘丙酰草胺	50%可湿性粉剂、20%水剂,10%颗粒剂	低毒	一年生禾本科、莎草科和阔叶杂草
	异丙甲草胺	都尔、甲氧毒草胺、杜耳、稻乐思、屠莠胺	50%、72%、96%乳油	低毒	一年生禾本科、阔叶杂草和碎米莎草等

（续）

农药类型	常用名	又名	常用剂型	毒性	防治对象
除草剂	吡氟禾草灵	稳杀得、氟草除、氟草灵、吡氟丁禾灵	15%、25%、35%乳油	低毒	一年生和多年生禾本科杂草
	乙氧氟草醚	果尔、割地草、杀草狂、乙氧醚、割草醚	23.5%、24%乳油，24%粉剂，0.5%颗粒剂	低毒	莎草科、禾本科和阔叶杂草
	稀禾定	拿捕净、乙草丁、西杀草、禾莠净、硫乙草灭	20%乳油，12.5%机油乳剂	低毒	一年生和多年生禾本科杂草等
	氟乐灵	特福力、氟利克、氟特力、茄科宁	24%、48%乳油，2.5%、5%、50%颗粒剂	低毒	一年生禾本科杂草、种子繁殖的多年生杂草、阔叶草等
	茅草枯	达拉朋	60%、65%钠盐，85%可湿性粉剂	低毒	禾本科杂草